高等职业教育创新系列教材

电子技术及应用

隆　平　罗智勇　主　编
陈　平　张朝霞　吴沁园　副主编

化学工业出版社
·北京·

内容简介

本书主要内容包含直流稳压电源电路的组装、调试与故障排除，音频放大器电路的组装、调试与故障排除，信号发生器电路的组装、调试与故障排除，逻辑测试笔电路的组装、调试与故障排除，多路抢答器电路的组装、调试与故障排除五个项目，以这五个项目为载体，采用任务驱动方式，讲解了模拟电子技术和数字电子技术的基础知识及电路组装、测试等基本技能。本书配备丰富的二维码资源和教学课件，通过"微学习"引入微思政，将二十大报告的相关精神、要求融入教学过程。

本书可作为职业院校装备制造大类和电子信息大类专业教材，也可作为岗位培训教材和电子爱好者的参考用书。

图书在版编目（CIP）数据

电子技术及应用 / 隆平，罗智勇主编. —北京：化学工业出版社，2023.6
高等职业教育创新系列教材
ISBN 978-7-122-43057-1

Ⅰ. ①电… Ⅱ. ①隆… ②罗… Ⅲ. ①电子技术-高等职业教育-教材 Ⅳ. ①TN

中国国家版本馆 CIP 数据核字（2023）第 039938 号

责任编辑：潘新文
责任校对：边 涛　　装帧设计：王晓宇

出版发行：化学工业出版社（北京市东城区青年湖南街 13 号　邮政编码 100011）
印　　刷：三河市航远印刷有限公司
装　　订：三河市宇新装订厂
787mm×1092mm　1/16　印张 14½　字数 343 千字　　2023 年 8 月北京第 1 版第 1 次印刷

购书咨询：010-64518888　　售后服务：010-64518899
网　　址：http://www.cip.com.cn
凡购买本书，如有缺损质量问题，本社销售中心负责调换。

定　　价：49.00 元

前言

PREFACE

“电子技术及应用”课程是职业院校装备制造和电子信息大类专业的一门重要的专业技术基础课程。本教材的开发以党的二十大精神为指引，基于理论与实践并重的高职教育教学理念，采取基于行动导向教学原则和工作过程系统化的课程开发思路，以实际项目为载体编写。各个项目明确学习目标，包括素养目标，知识目标，技能目标；每个任务中包含“微学习”栏目，形成系列“微思政”教学库，将科技强国的爱国精神和精细严谨、团结协作、开拓创新的工匠精神培育融入项目教学实施全程；把知识、技能和素养教学目标有机融于项目执行过程中。本书内容架构完全按照实施项目式教学模式设计，采用立体化体系，把大项目分解为若干个任务来完成，使教材的整体框架形成“项目引领，任务驱动”的格局，同时每个任务的教学内容安排兼顾行动体系框架下的“资讯—决策—计划—实施—检查—评价”串行结构，既方便教师实施基于行动导向的教学方法，根据新工艺、新技术发展更新教学内容，同时保证了必要的原理性知识的传授。

本教材是理实一体化教材，由五个项目组成，包括直流稳压电源电路的组装、调试与故障排除，音频放大器电路的组装、调试与故障排除，信号发生器电路的组装、调试与故障排除，逻辑测试笔电路的组装、调试与故障排除，多路抢答器电路的组装、调试与故障排除。把电子器件功能与使用介绍、模拟电子线路的构成及工作原理、基本放大电路静态动态参数的估算、模拟电子电路的性能指标测试、检测工具和常用电子仪器的使用、手工焊接技术、面包板与集成块应用等有机融入各项目的具体任务中。五个项目按照由易到难递进式串行模式设计，并且相对独立完整；每个项目的任务可以进行模块化组合，教师可以根据具体专业人才培养方案要求（课程目标、课时安排等）进行选择性使用，如选择项目一、二、四，或项目一、四、五，或项目一、二、三，进行组合，其他作为选修项目。本教材配有丰富的二维码教学资源以及课件资源，书中习题配有参考答案。

本书在任务中有机穿插“微学习”二维码，形成了系列微思政教学案例库，将党的二十大报告中明确的科技强国要求，以及精微严谨、团结协作、开拓创新的工匠精神的培育融入项目教学实施全过程。

本教材由校企合作开发，湖南化工职业技术学院隆平、罗智勇任主编，湖南化工职业技术学院陈平、张朝霞、吴沁园任副主编，中盐集团株洲化工有限责任公司杨军和湖南化工职业技术学院何志杰、佘知资（思政课教师）参编。

本书可作为职业院校装备制造大类和电子信息大类专业教材，也可作为岗位培训教材和电子爱好者的参考用书。

鉴于编者水平有限，且时间仓促，书中疏漏在所难免，敬请读者批评指正。

编者
2023.6

目录
CONTENTS

项目五 多路抢答器电路的组装、调试与故障排除

参考文献

项目一 直流稳压电源电路的组装、调试与故障排除

学习目标

① 素养目标　培养精准、严谨的处事作风和善于思考探索的科学精神，养成对电子电路现象仔细观察和分析的习惯；培养团队合作精神，具备与人沟通和协调的能力。

② 知识目标　熟悉二极管器件的符号、参数及主要应用范围；了解直流稳压电源电路的基本组成部分；熟悉整流和滤波电路的种类与工作原理；了解并联稳压电路、串联稳压电路和稳压集成电路的性能参数、功能与应用。

③ 技能目标　会识读二极管参数、符号，并能检测二极管的极性；能对并联稳压电路、串联稳压电路和直流电源的整体电路进行分析；能根据原理图进行正确焊接，对装接的电路进行测试；能测试直流电源的特性参数，判断直流电源的质量，并能根据要求进行简单电源电路设计；会综合使用电子测量仪器，对直流稳压电源进行故障检修。

任务一　二极管器件的认知与检测

任务描述

给定学生 2AP9、2CZ12、1N4001 等不同型号二极管各一只，要求用万用表检测二极管正反向电阻的值，学会借助资料查阅二极管的型号及主要参数。

任务分析

要让学生完成此任务，首先要了解半导体的基本知识、PN 结的形成及 PN 结的特性，掌握二极管的类型、典型二极管的应用、万用表的使用及二极管极性的判别。

认识半导体

知识准备

一、半导体的基础知识

导电能力介于导体和绝缘体之间的物质称为半导体。在自然界中属于半导体的物质很多，用来制造半导体器件的材料主要是硅（Si）、锗（Ge）和砷化镓（GaAs）等，其中硅用得最广泛。

1. 半导体的特性

① 热敏性。当温度升高时，半导体的导电性会增强，温度越高，导电能力越强。利用这一特性可以制成热敏电阻。

② 光敏性。光照加强时，半导体的阻值显著下降，导电能力增强。利用这一特性可以制成光敏传感器、光电控制开关及火灾报警装置等。

③ 掺杂性。在纯度很高的半导体中掺入微量的某种杂质元素，其导电性将会显著增加。利用掺杂性可制成各种不同性能、不同用途的半导体器件，例如二极管、三极管、场效应管等。如果在本征半导体（不含杂质的半导体）硅中掺入微量的三价元素硼（B），就形成 P 型半导体，P 型半导体的空穴（带正电荷的载流子）浓度比自由电子浓度高，因此又叫空穴型半导体。P 型半导体主要靠空穴导电，称空穴为多数载流子，而自由电子远少于空穴的数量，称自由电子为少数载流子。在本征半导体中掺入微量的五价元素磷（P）就形成 N 型半导体，N 型半导体的自由电子浓度比空穴浓度高，因此又叫电子型半导体。N 型半导体主要靠自由电子导电，称自由电子为多数载流子，而空穴数量远少于自由电子数量，称空穴为少数载流子。

2. PN 结的形成与特性

当 P 型半导体和 N 型半导体接触以后，由于交界两侧半导体类型不同，存在电子和空穴的浓度差。这样，P 区的空穴向 N 区扩散，N 区的电子向 P 区扩散，如图 1.1 所示。由于扩散运动，在 P 区和 N 区的接触面产生正负离子层，N 区失掉电子产生正离子，P 区得到电子产生负离子。通常称这个正负离子层为 PN 结。PN 结的 P 区一侧带负电，N 区一侧带正电。PN 结便产生了内电场，内电场的方向从 N 区指向 P 区。内电场对扩散运动起到阻碍作用。

PN 结的形成

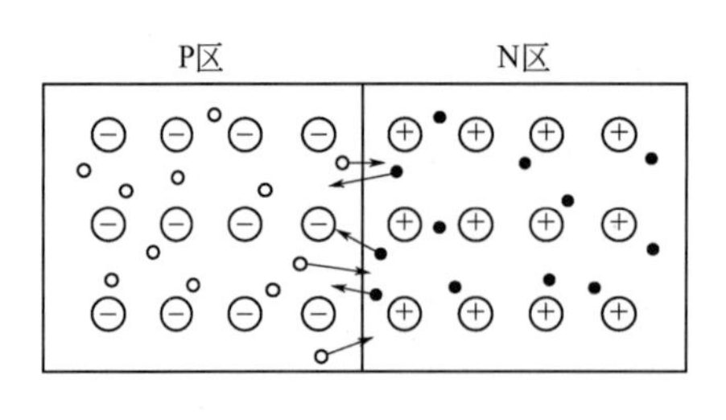

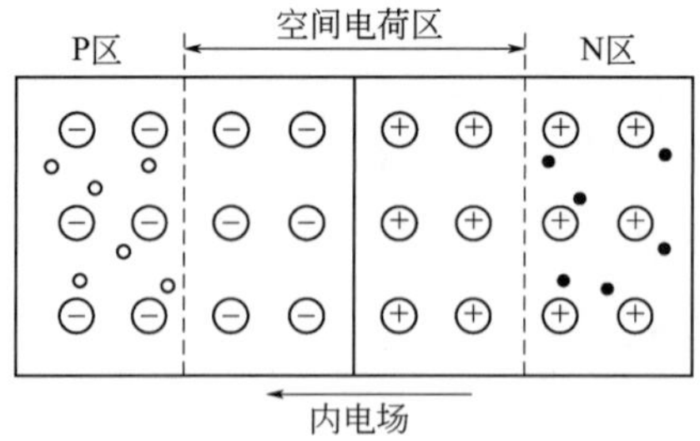

图 1.1 PN 结的形成

扩散运动随着内电场的加强而逐步停止，形成稳定的空间电荷区。PN 结有如下特性：

① 正向导通特性。给 PN 结加正向电压，即 P 区接正电源，N 区接负电源，此时称 PN 结为正向偏置，如图 1.2（a）所示。这时 PN 结外加电场与内电场方向相反，当外电场大于

笔记

内电场时，外加电场抵消内电场，使空间电荷区变窄，有利于多数载流子运动，形成正向电流。外加电场越强，正向电流越大，这意味着PN结的正向电阻变小。

② 反向截止特性。给PN结加反向电压，即电源正极接N区，负极接P区，称PN结反向偏置，如图1.2（b）所示。这时外加电场与内电场方向相同，使内电场的作用增强，PN结变厚，多数载流子运动难于进行，有助于少数载流子运动，形成电流I_R，少数载流子很少，所以电流很小，接近于零，即PN结反向电阻很大。

PN结的单向导电性

综上所述，PN结具有单向导电性，加正向电压时，PN结电阻很小，电流较大，是多数载流子的扩散运动形成的；加反向电压时，PN结电阻很大，电流很小，是少数载流子运动形成的。

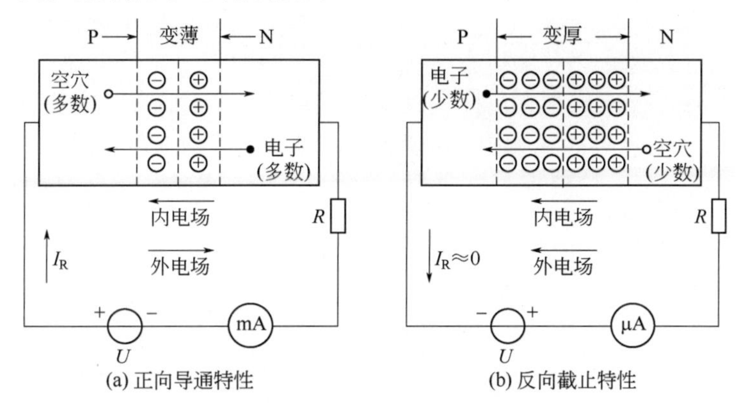

(a) 正向导通特性　(b) 反向截止特性

图1.2　PN结的导电特性

二、半导体二极管

1. 二极管的结构和类型

认识二极管

如图1.3所示，将一个PN结加上相应的两根外引线，其中正极从P区引出，负极从N区引出，然后用塑料、玻璃或铁皮等材料做外壳封装，就成为最简单的二极管。

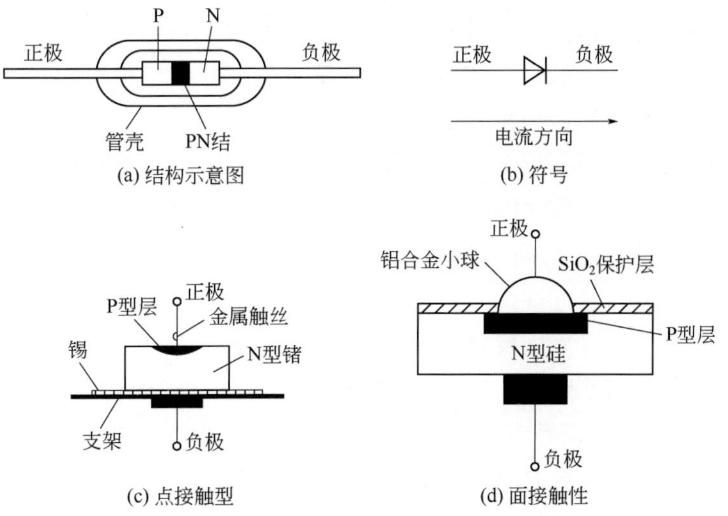

(a) 结构示意图　(b) 符号　(c) 点接触型　(d) 面接触性

图1.3　二极管的结构和符号

二极管有许多类型。按材料分，二极管可分为锗管和硅管；按工艺分，有点接触型和面接触型；按用途分，有整流管、检波二极管、稳压二极管、光电二极管和开关二极管等。

点接触型二极管是用一根含杂质元素的金属丝压在半导体晶片上，经特殊工艺方法使金属丝上的杂质掺入到晶体中，形成导电类型与原晶体相反的区域，构成 PN 结，其结接触面积小，允许通过的电流小，结电容小，工作频率高，适合用作高频检波器件。

面接触型二极管的 PN 结接触面积较大，允许通过较大电流，具有较大功率，一般适用于在较低的频率下工作；由于结接触面积大，它适合作为整流器件。

2. 二极管的特性及参数

（1）二极管伏安特性

① 正向特性。半导体二极管电流 I 与端电压 U 之间的关系可表示为 $I = I_s(e^{\frac{U}{U_T}} - 1)$，此式称为理想二极管电流方程，式中，$I_s$ 称为反向饱和电流，U_T 称为温度的电压当量，常温下 $U_T \approx 26\text{mV}$。二极管伏安特性曲线如图 1.4 所示。图中，实线对应硅材料二极管，虚线对应锗材料二极管。

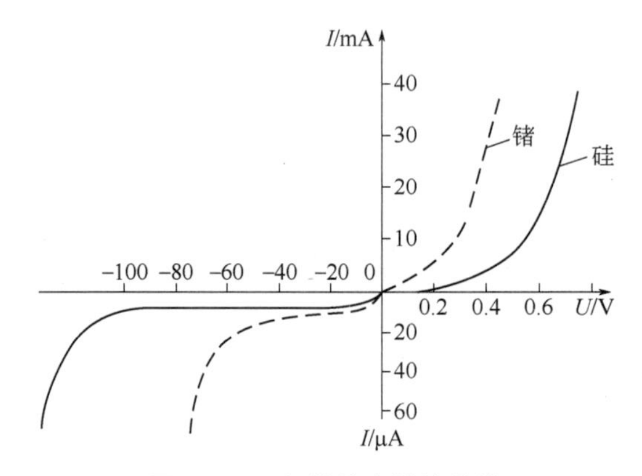

图 1.4 二极管伏安特性曲线

二极管承受的正向电压小于某一数值（称为死区电压），还不足以克服 PN 结内电场对多数载流子运动的阻挡作用时，这一区段二极管正向电流很小，称为死区。死区电压的大小与二极管的材料有关，并受环境温度影响。通常情况下，硅材料二极管的死区电压约为 0.5V，锗材料二极管的死区电压约为 0.1V。

当正向电压超过死区电压值时，外电场抵消了内电场，正向电流随外加电压的增加而明显增大，二极管正向电阻变得很小。当二极管完全导通后，正向压降基本维持不变，称为正向导通压降。二极管正向导通后其管压降很小（硅管为 0.6～0.8V，锗管为 0.2～0.3V）。

② 反向特性。当二极管承受反向电压时，外电场与内电场方向一致，只有少数载流子的漂移运动，形成的反向电流极小，二极管接近于截止状态。由于少数载流子的数目很少，即使增加反向电压，反向电流仍基本保持不变，此电流称为反向饱和电流。

③ 反向击穿特性。当反向电压增大到某一数值时，反向电流将随反向电压的增加而急剧增大，这种现象称为二极管反向击穿。反向击穿时对应的电压称为反向击穿电压。普通二极

笔记

管发生反向击穿后，造成二极管永久性损坏，失去单向导电性。

（2）二极管的主要参数

① 最大整流电流 I_{FM}。是指二极管长期工作时允许通过的最大正向平均电流值，由 PN 结的面积和散热条件所决定。二极管通过的电流不应超过这个数值，否则将导致二极管过热而损坏。

② 最大反向工作电压 U_{RM}。是指二极管不击穿所允许加的最高反向电压。超过此值二极管就有被反向击穿的危险。U_{RM} 通常为反向击穿电压的 1/2～2/3，以确保二极管安全工作。

③ 最大反向电流 I_{RM}。是指二极管在常温下承受最高反向工作电压 U_{RM} 时的反向漏电流，一般很小，但其受温度影响较大。当温度升高时，I_{RM} 显著增大。

④ 最高工作频率 f_M。是指保持二极管单向导通性能时，外加电压允许的最高频率。二极管工作频率与 PN 结的极间电容大小有关，容量越小，工作频率越高。

二极管的参数很多，除上述参数外，还有结电容、正向压降等。

3. 半导体二极管的应用

（1）整流

整流就是将交流电变为单方向脉动的直流电。利用二极管的单向导电性可组成单相、三相等各种形式的整流电路，然后再经过滤波、稳压，便可获得平稳的直流电。

（2）钳位

利用二极管正向导通时压降很小的特性，可组成钳位电路，如图 1.5 所示。图中，若 A 点电位 U_A=0，二极管 VD 正向导通时 F 点的电位也被钳制在 0V 左右。

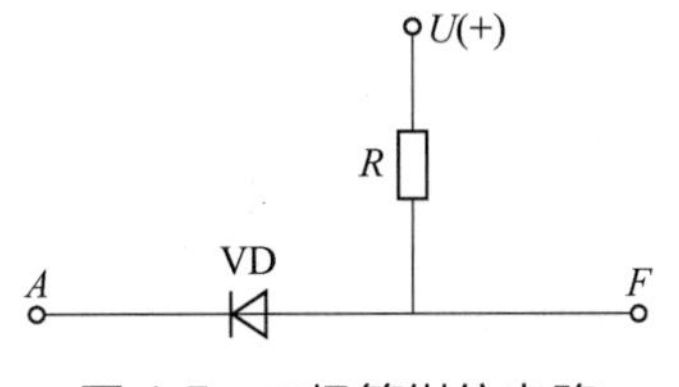

图 1.5　二极管钳位电路

（3）限幅

利用二极管正向导通后其两端电压很小且基本不变的特性，可以构成各种限幅电路，使输出电压幅度限制在某一电压值以内，见图 1.6。

设图 1.6 中输入电压 $u_i=10\sin\omega t(\mathrm{V})$，$U_{s1}=U_{s2}=5\mathrm{V}$，输出电压被限制在 $+U_{s1}$ 与 $-U_{s2}$ 之间，好像将输入信号的高峰和低谷部分削掉一样，因此这种电路又称为削波电路。

（4）元件保护

在电子线路中，常用二极管来保护其他元器件免受过高电压的损害，如图 1.7 所示。

在开关 S 由接通到断开的瞬时，电流突然中断，L 中将产生一个高于电源电压很多倍的自感电动势 e_L，在 S 的端子上产生电火花放电，这将影响设备的正常工作。接入二极管 VD 后，通过二极管 VD 产生放电电流 I，使 L 中储存的能量不经过开关 S 放掉，从而保护了开关 S。

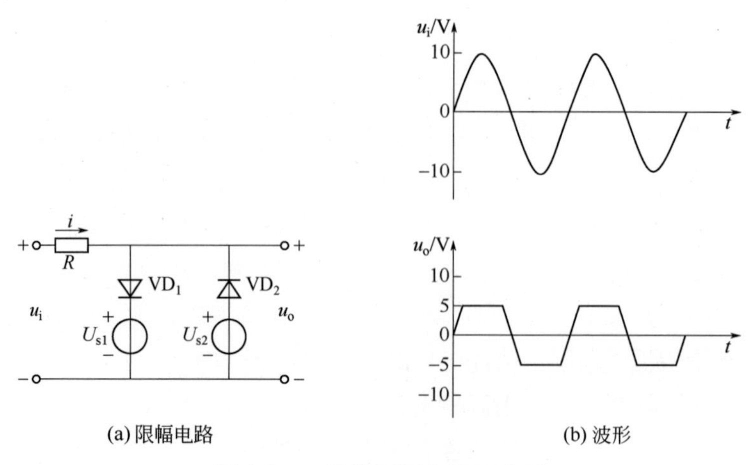

图 1.6　二极管限幅电路及波形

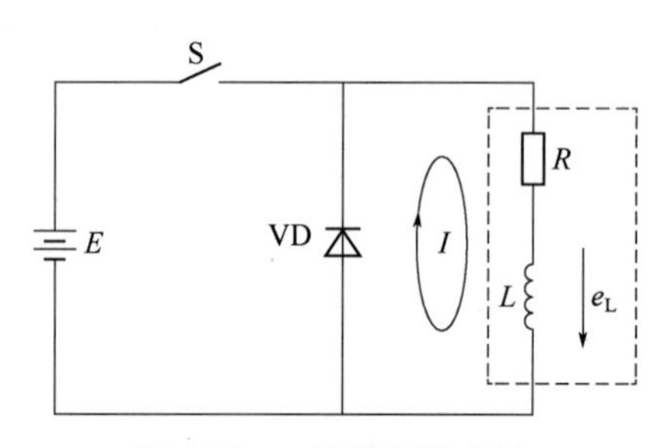

图 1.7　二极管保护电路

4. 特殊二极管

（1）发光二极管

发光二极管简称 LED，符号和伏安特性如图 1.8 所示。它在正向导通时能将电能直接转换成光能。发光二极管体积小、可靠性高、耗电省、寿命长。发光二极管的部分参数如表 1.1 所示。

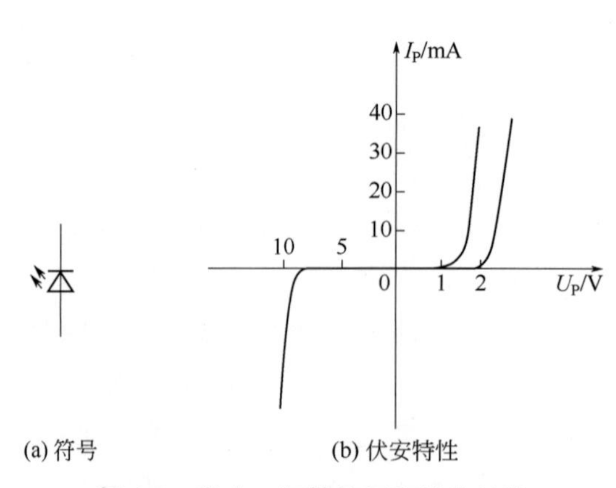

图 1.8　发光二极管符号和伏安特性

笔记

表 1.1　发光二极管的部分参数

发光	波长/nm	基本材料	正向电压（10mA 时）/V	光强(10mA 时，张角±45°)/mcd	光功率/μW
红外	900	GaAs	1.3～1.5		100～500
红	655	GaAsP	1.6～1.8	0.4～1	1～2
鲜红	635	GaAsP	2.0～2.2	2～4	5～10
黄	583	GaAsP	2.0～1.2	1～3	3～8
绿	565	GaP	2.2～2.4	0.5～3	1.5～8

图 1.9 所示是用发光二极管组成的七段数码管，有共阳极和共阴极之分。数码管的驱动方式有直流驱动和脉冲驱动两种。数码管应用十分广泛。

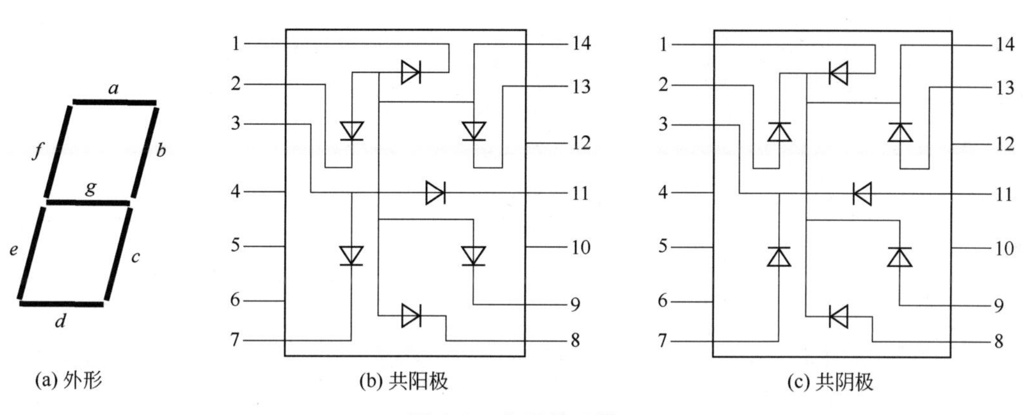

图 1.9　七段数码管

（2）稳压二极管

硅稳压二极管简称稳压管，用来稳定电压。稳压管伏安特性和符号见图 1.10。

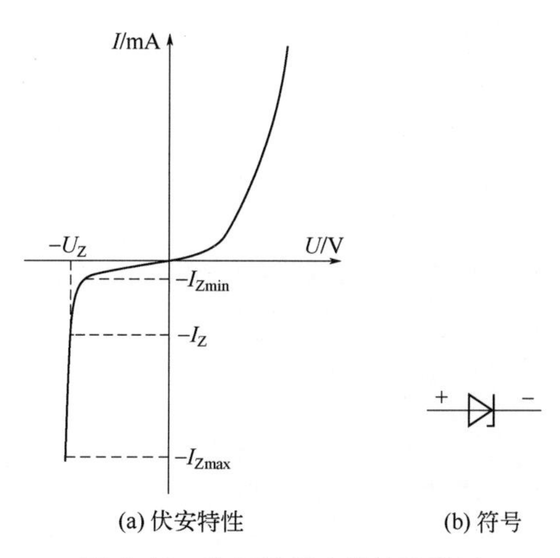

图 1.10　稳压管伏安特性和符号

稳压管正向偏压时，其特性和普通二极管一样；反向偏压时，开始一段和二极管一样，当反向电压达到一定数值后，反向电流突然上升，而且电流在一定范围内增长时，管两端电压只有少许增加，具有稳压性能。这种“反向击穿”是可恢复的，只要保障电流在限定范围内，就不致引起热击穿而损坏稳压管。

稳压管的主要参数如下。

① 稳定电压 U_Z：指稳压管在正常工作时管子的端电压，一般为 3～25V，高的可达 200V。

② 稳定电流 I_Z：指稳压管工作至稳压状态时流过的电流。

③ 动态电阻 r_Z：稳压管端电压的变化量 ΔU_Z 与对应电流变化量 ΔI_Z 之比。

④ 稳压管额定功耗 P_{ZM}：保证稳压管安全工作所允许的最大功耗。

用稳压二极管构成的稳压电路如图 1.11 所示。

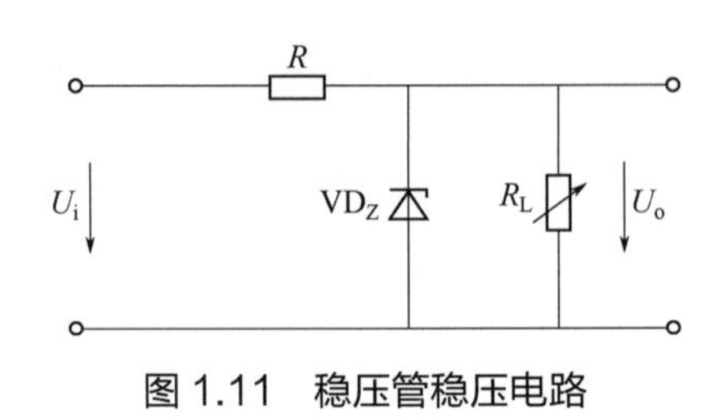

图 1.11　稳压管稳压电路

（3）变容二极管

变容二极管是用于自动频率控制（AFC）、调频、调谐等的小功率二极管，通过施加反向电压，使其 PN 结的静电容量发生变化。

（4）肖特基二极管

肖特基二极管是具有金属-半导体结的二极管，其金属层采用银、铝、金、钼、镍、钛、铂等材料，半导体材料采用硅或砷化镓，多为 N 型半导体，可以用来制作太阳能电池。

除上述二极管外，电子电路中用到的二极管还有开关二极管、光电二极管、隧道二极管、微波二极管、激光二极管等。

任务实施

学生分组查阅资料、测量下列表格中的数据，分析测试数据，得出结论或画出相关曲线，做好报告。

① 查阅资料，认识表 1.2 中二极管的型号。

表 1.2　二极管各部分的含义

型号	第一部分	第二部分	第三部分	第四部分
2AP9				
2CZ12				
1N4001				

② 判别二极管的极性，填表 1.3。

笔记

表 1.3　二极管极性判别测量表

型号	电阻值/Ω						质量判别	
	$R\times1\text{k}\Omega$ 挡		$R\times100\Omega$ 挡		$R\times10\Omega$ 挡			
	正向	反向	正向	反向	正向	反向	正向	反向
2AP9								
2CZ12								
1N4001								

③ 按图 1.12 连线，选取两个二极管 1N4007 和 1N4733A，将 1N4007 接入输出端，将电源电压调至 2V 左右，然后用电位器 R_{P1} 调节输出电压 u_{D} 为表 1.4 所示的值。填表 1.4。根据表 1.4 数据，画出二极管正向特性曲线。

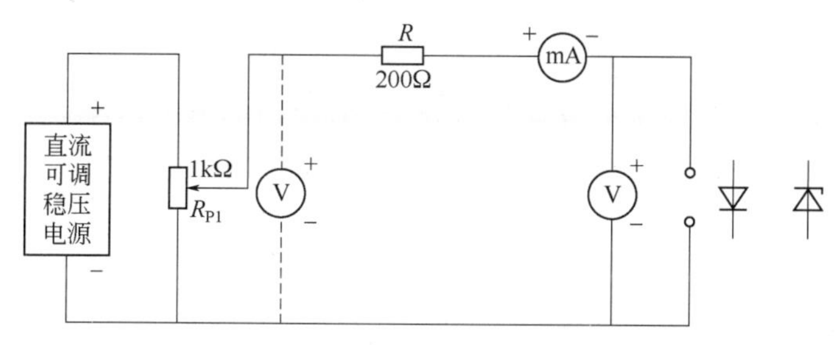

图 1.12　二极管性能测试电路

表 1.4　二极管的正向特性

u_{D} / V	0	0.05	0.1	0.15	0.2	0.3	0.4	0.5	0.6	0.7
i_{D} /A										

将 1N4733A 接入输出端，测定其稳压特性（伏安特性）。将电源电压调至 6V，调节电位器 R_{P1}，按表 1.5 所示逐步加大电压，测定并记录稳压管工作电流。

表 1.5　稳压管伏安特性

U_{Z} / V	1.0	2.0	3.0	4.0	4.5	4.8	5.0		
I_{Z} / mA									

根据表 1.5 数据，画出稳压管伏安特性曲线，指出其工作区域。

任务自测

任务自测 1.1

 微学习

微学习 1.1

任务二　整流电路的认知

 任务描述

给定学生一个整流电路图及相关参数，要求学生能指出整流电路的组成元件及工作原理，说出直流电压（电流）平均值与交流电压（电流）有效值之间的关系。能够根据电路要求选用合适的二极管型号。

任务分析

要顺利完成此任务，首先要建立整流电路的概念，了解整流电路的组成元件和电路特点，学会分析整流电路的工作原理，然后掌握整流电路电流、电压的计算，根据需要选择整流电路元器件。在此基础上熟悉直流稳压电源中的整流电路结构，分析整流电路的工作原理，掌握整流电路相关参数的计算和合理选择整流电路元器件。

单相半波整流

 知识准备

将交流电变换成单向脉动直流电的过程叫整流。整流电路可分为单相整流、三相整流等。在小功率电路中一般采用单相整流，常见的有单相半波、全波和桥式整流电路。

1. 单相半波整流电路

图 1.13 所示为单相半波整流电路。图 1.14 所示为整流波形，设电源变压器次级绕组的交流电压 u_2 为：

$$u_2 = \sqrt{2}U_2 \sin \omega t$$

当 u_2 在正半周时，变压器次级绕组的瞬时极性是上端为正，下端为负。二极管 VD 因正向偏置而导通，电流自上而下流过负载电阻 R_L，则 $u_D=0$，$u_L=u_2$。当 u_2 在负半周时，变压器次级绕组的瞬时极性是上端为负，下端为正。二极管 VD 因反向偏置而截止，没有电流通过负载电阻 R_L，则 $u_L=0$，$u_D=u_2$。这种电路在交流电的半个周期里才有电流通过负载，故称为半波整流电路。

一个周期内负载上的脉动电压的平均值称为输出直流电压（U_L），对于半波整流电路，其值为：

$$U_{L}=\frac{1}{2\pi}\int_{0}^{2\pi}u_{L}\mathrm{d}(\omega t)=\frac{1}{2\pi}\int_{0}^{2\pi}\sqrt{2}U_{2}\sin\omega t\mathrm{d}(\omega t)$$

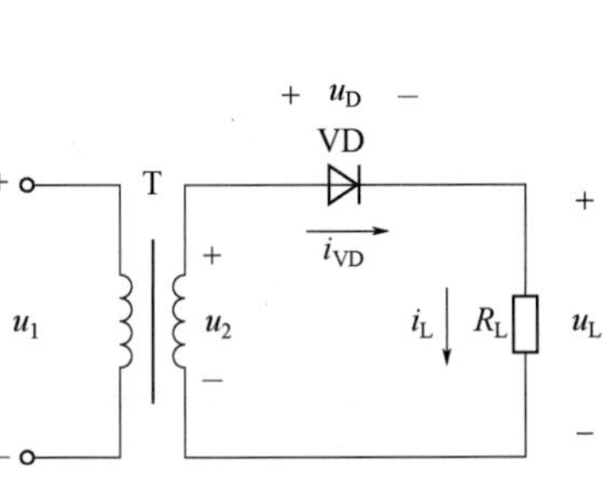
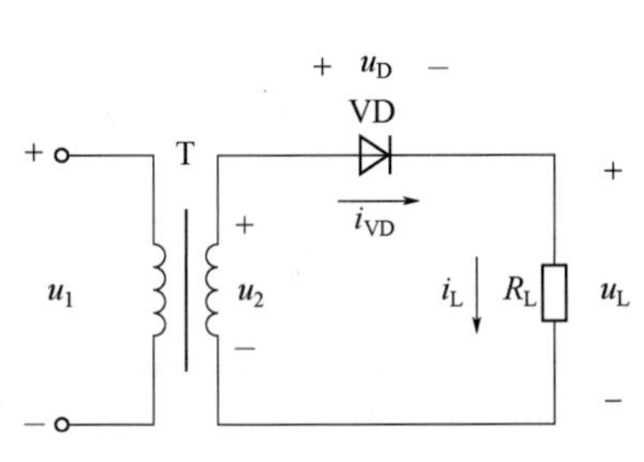

图 1.13　单相半波整流电路

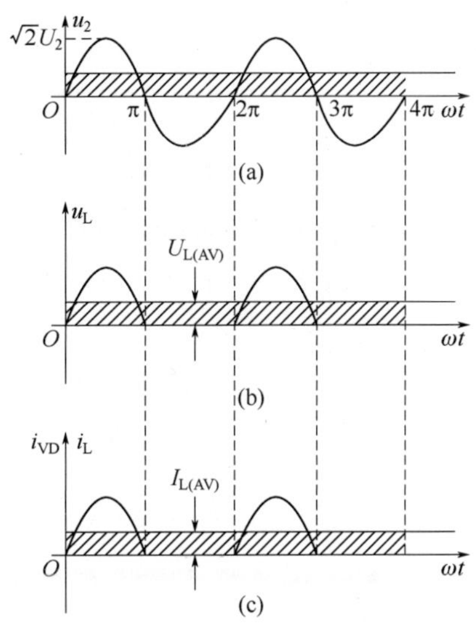

图 1.14　单相半波整流波形

即：

$$U_{L}=\frac{\sqrt{2}}{\pi}U_{2}\approx0.45U_{2}$$

流经负载的直流电流 I_L 与流过二极管的直流电流 I_{VD} 相同，即 $I_{L}=\frac{U_{L}}{R_{L}}=0.45\frac{U_{2}}{R_{L}}=I_{VD}$。二极管承受的最大反向电压（$U_{RM}$）为二极管截止时两端电压的最大值，即 $U_{RM}=\sqrt{2}U_{2}$。通过查阅有关半导体器件手册，选用合适的二极管型号，使其定额接近或略大于计算值。半波整流电路结构简单，但输出电压低、脉动大，只适用于要求不高的场合。

2. 单相桥式整流电路

单相桥式整流电路如图 1.15 所示，整流波形见图 1.16。电路由降压变压器 T、四个相同的二极管 VD_1～VD_4 和负载 R_L 组成，二极管极性相同的一对顶点接负载电阻 R_L，二极管极性不同的一对顶点接变压器次级绕组。

单相桥式整流

设电源变压器次级绕组的交流电压 u_2 为：

$$u_{2}=\sqrt{2}U_{2}\sin\omega t$$

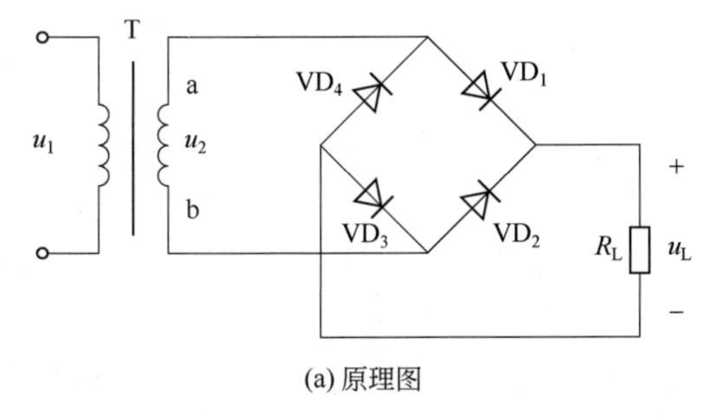

(a) 原理图　　(b) 简化画法

图 1.15　单相桥式整流电路

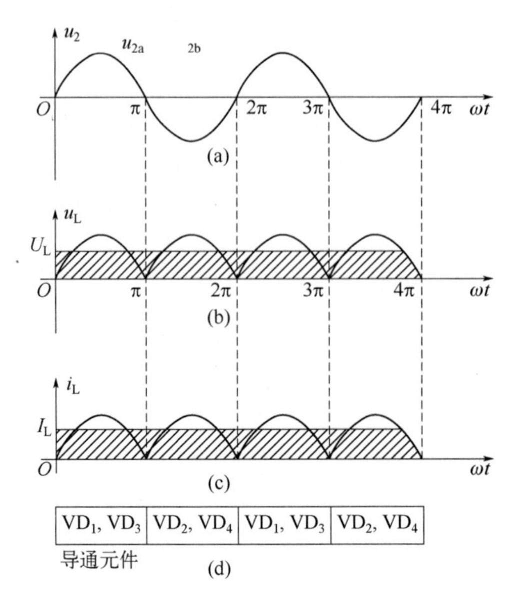

图 1.16　桥式整流波形

当 u_2 在正半周时，变压器次级绕组的瞬时极性 a 点为正，b 点为负，二极管 VD_1、VD_3 因正向偏置而导通，VD_2、VD_4 因反向偏置而截止，电流由 a 点流出，经 VD_1、R_L、VD_3 回到 b 点。当 u_2 在半负周时，变压器次级绕组的瞬时极性 a 点为负，b 点为正。二极管 VD_1、VD_3 因反向偏置而截止，VD_2、VD_4 因正向偏置而导通，电流由 b 点流出，经 VD_2、R_L、VD_4 回到 a 点。由于 VD_1、VD_3 和 VD_2、VD_4 轮流导通，所以负载 R_L 上得到的是单方向全波脉动的直流电压和电流。因此输出电压和电流为：

$$U_L \approx 0.9U_2，\ I_L = 0.9\frac{U_2}{R_L}$$

由于每个二极管只在半个周期内导通，所以通过每个二极管的电流平均值为：

$$I_{VD} = \frac{1}{2}I_L = 0.45\frac{U_2}{R_L}$$

每个二极管承受的最大反向电压为二极管截止时两端电压的最大值，即：

$$U_{RM} = \sqrt{2}U_2$$

桥式整流电路中整流二极管的选择条件与半波整流电路完全相同。单相桥式整流电路的直流输出电压较高，脉动较小，效率较高，因此这种电路获得了广泛的应用。

为了使用方便，工厂已生产出桥式整流的组合器件——硅桥式整流器，又称硅桥堆，它是将四个二极管集中在同一硅片上，具有体积小、特性一致、使用方便等优点。其外形如图 1.17 所示，其中标有“～”符号的两个引出端为交流电源输入端，另外两个引出端为负载端。

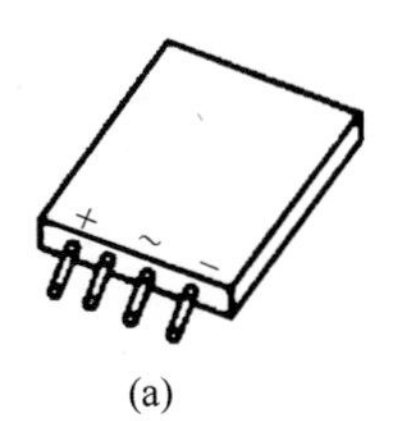

(a)

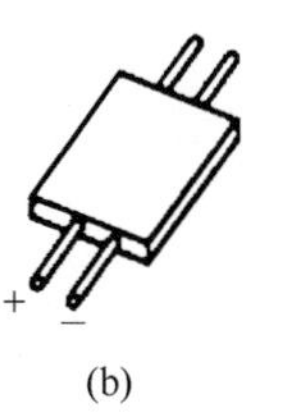

(b)

(c)

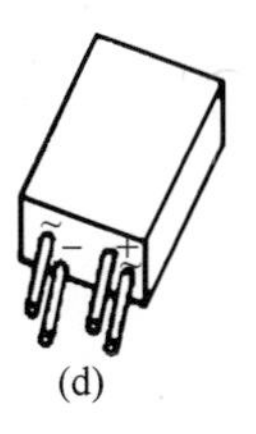

(d)

图 1.17　硅桥式整流器外形图

任务实施

在教师安排下，学生分为若干小组，分析讨论以下各问题，完成后各组进行汇报，然后互评，最后教师小结。

① 某负载电阻 R_L=30Ω，U_L=18V，用桥式整流电路供电，讨论变压器次级电压的有效值的计算，并选择整流二极管的型号。

变压器次级电压的有效值为：

$$U_2=\frac{U_L}{0.9}=\frac{18}{0.9}=20(\text{V})$$

负载电流为：

$$I_L=\frac{U_L}{R_L}=\frac{18}{30}=0.6(\text{A})$$

二极管通过的平均电流为：

$$I_{VD}=\frac{1}{2}I_L=\frac{1}{2}\times 0.6=0.3(\text{A})$$

二极管的最大反向电压为：

$$U_{DRM}=\sqrt{2}U_2=\sqrt{2}\times 20\approx 28.3(\text{V})$$

查阅半导体器件手册，可选用 2CZ54B 硅整流二极管。该管的最大整流电流 0.5A，最高反向工作电压为 50V。

② 欲得到输出直流电压 U_o=50V，直流电流 I_o=160mA 的电源，分析应采用哪种整流电路，画出电路图并计算电源变压器的容量，选择相应的整流二极管。

参考指导：在各种单相整流电路中，半波整流电路的输出电压相对较低，且脉动较大；桥式整流电路的优点是输出电压高，电压脉动较小，同时因整流变压器在正负半周内都有电流供给负载，整流变压器得到了充分的利用，效率较高，单相桥式整流电路在半导体整流电路的应用最为广泛，因此采用单相桥式整流电路，如图 1.18 所示。

变压器次级电流有效值为：

$$I_2=1.2I_o=1.2\times 160=192(\text{mA})$$

变压器次级电压有效值为：

$$U_2=\frac{U_o}{0.9}=\frac{50}{0.9}=55.6(\text{V})$$

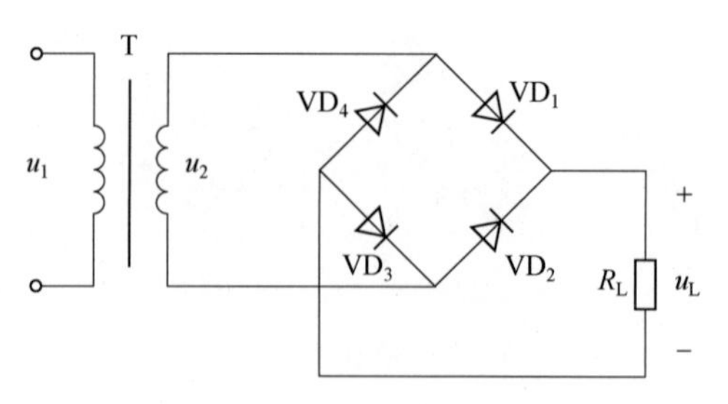

图 1.18　单相桥式整流电路

变压器的容量为：

$$S = U_2 I_2 = 55.6 \times 0.192 \approx 10(\text{V} \cdot \text{A})$$

流过整流二极管的平均电流为：

$$I_{\text{VD}} = \frac{1}{2} I_{\text{o}} = \frac{1}{2} \times 160 = 80(\text{mA})$$

整流二极管承受的最高反向电压为：

$$U_{\text{DRM}} = \sqrt{2} U_2 = \sqrt{2} \times 55.6 \approx 78.6(\text{V})$$

查阅半导体器件手册，可选用 2CZ52C 硅整流二极管。该管的最大整流电流 0.1A，最高反向工作电压为 100V。

③ 根据图 1.18 所示桥式整流电路，讨论整流电路类型，写出整流电路的计算公式，指出四只二极管的作用。分析若 VD_4 断开，电路会怎样。

参考指导：对桥式整流电路，用公式 $U_L \approx 0.9U_2$，$I_L = 0.9\frac{U_2}{R_L}$ 来计算负载上的电压和电流。VD_1、VD_3 和 VD_2、VD_4 两组二极管轮流导通，使负载整个周期都得到单向脉动的直流电压和电流。VD_4 断开，会使电路由桥式整流电路变为半波整流电路。

④ 图 1.19 是一个简单的电池充电器电路。分析整流电路类型、元器件以及 VD_1～VD_4 的作用。讨论如果 VD_3 接反，电路会怎样。

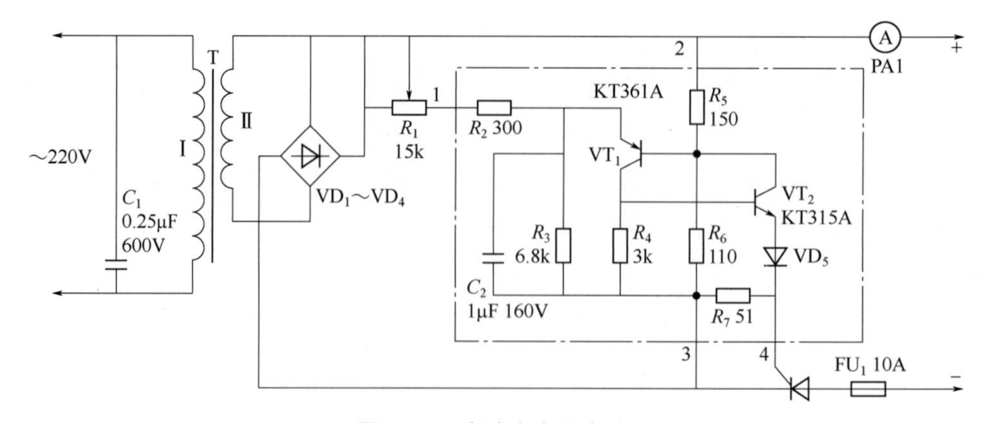

图 1.19　电池充电器电路

参考指导：类型为桥式整流电路，由 C_1、T、VD_1～VD_4 组成。VD_1 与 VD_3，VD_2 与 VD_4，两组二极管轮流导通，使负载整个周期都得到单向脉动的直流电压和电流。VD_3 接反，会使降压变压器次级绕组短接，损坏电源变压器。

任务自测

任务自测 1.2

微学习

微学习 1.2

任务三　滤波电路的认知

任务描述

给定一个滤波电路，指出滤波电路的组成元件及工作原理，说出滤波元件的选择和整流二极管的选择方法，掌握输出直流电压的平均值与交流电压有效值的关系。

任务分析

要顺利完成此任务，首先要掌握滤波电路的概念，了解滤波电路的组成元件和电路特点，学会分析滤波电路的工作原理，能进行滤波电路电流电压的计算和滤波电路元器件的估算。在此基础上，看懂直流稳压电源中的滤波电路结构，分析滤波电路的工作原理，掌握滤波电路相关参数的计算，合理选择滤波电路元器件。

知识准备

一、滤波电路概述

经整流后输出的脉动电流含有较大的谐波分量，对电子设备会产生严重的干扰，必须采用滤波电路把交流成分滤除。滤波器一般由电感、电容以及电阻等元件组成。

二、脉动系数和纹波因数

整流电源输出电压脉动的程度常用脉动系数 S 和纹波因数 γ 来表示：

$$S=\frac{\text{负载上最低次谐波分量的幅值}}{\text{直流分量}}=\frac{U_{\mathrm{L1m}}}{U_{\mathrm{L}}}$$

$$\gamma=\frac{\text{负载上交流分量的总有效值}}{\text{直流分量}}=\frac{U_{\mathrm{Leff}}}{U_{\mathrm{L}}}$$

利用傅里叶级数，单相半波脉动电压可分解为：

$$u_{\mathrm{L}}=\sqrt{2}U_{2}(\frac{1}{\pi}+\frac{1}{2}\sin\omega t-\frac{2}{3\pi}\cos 2\omega t-\cdots)$$

直流分量 $U_{\mathrm{L}}=\frac{\sqrt{2}U_2}{\pi}$，最低次谐波分量的幅值为 $U_{\mathrm{L1m}}=\frac{\sqrt{2}U_2}{2}$。脉动系数 S 为：

$$S=\frac{\frac{\sqrt{2}U_2}{2}}{\frac{\sqrt{2}U_2}{\pi}}=\frac{\pi}{2}=1.57$$

单相全波和桥式脉动电压分解为：

$$u_{\mathrm{L}}=\sqrt{2}U_{2}(\frac{2}{\pi}-\frac{4}{3\pi}\cos 2\omega t-\frac{4}{15\pi}\cos 4\omega t-\cdots)$$

直流分量为 $U_{\mathrm{L}}=\frac{2\sqrt{2}U_2}{\pi}$，最低次谐波分量的幅值为 $U_{\mathrm{L2m}}=\frac{4\sqrt{2}U_2}{3\pi}$。脉动系数 S 为：

$$S=\frac{\frac{4\sqrt{2}U_2}{3\pi}}{\frac{2\sqrt{2}U_2}{\pi}}=\frac{2}{3}=0.67$$

三、滤波电路分类与滤波原理

常用的滤波电路有电容滤波电路、电感滤波电路、复式滤波电路。

1. 电容滤波电路

电容滤波电路

电容滤波主要利用电容两端的电压不能突变的特性，与负载并联，使负载得到较平滑的电压。图 1.20 所示是一个单相桥式整流电容滤波电路，设电容初始电压为零，接通电源时，u_2 由零开始上升，二极管 VD_1、VD_3 正偏导通，VD_2、VD_4 反偏截止，电源向负载 R_L 供电的同时，也向电容 C 充电。因变压器次级绕组的直流电阻和二极管的正向电阻均很小，故充电时间常数很小，充电速度很快，$u_C=u_2$，达到峰值 $\sqrt{2}U_2$ 后，u_2 下降，当 $u_C>u_2$ 时，VD_1、VD_3 也截止，电容开始向 R_L 放电，因其放电时间常数 R_LC 较大，u_c 缓慢下降。直至 u_2 的负半周

笔记

出现$|u_2|>|u_c|$时，二极管 VD_2、VD_4 正偏导通，电源又向电容充电，如此周而复始地充、放电，得到图 1.20（c）所示的 u_C 即输出电压 u_L 的波形。显然此波形比没有滤波时平滑得多，即输出电压中的纹波大为减少，达到了滤波的目的。

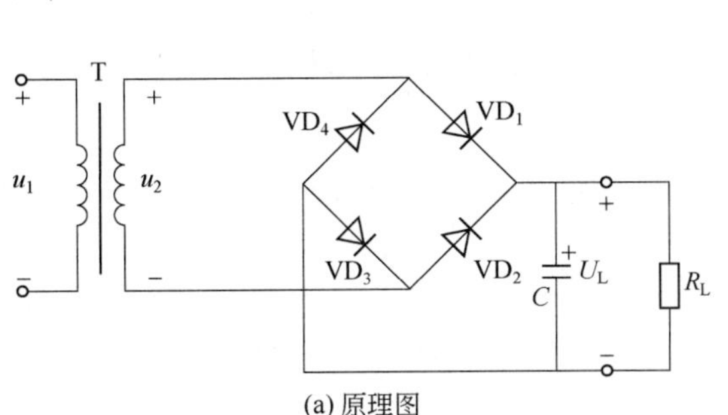

(a) 原理图

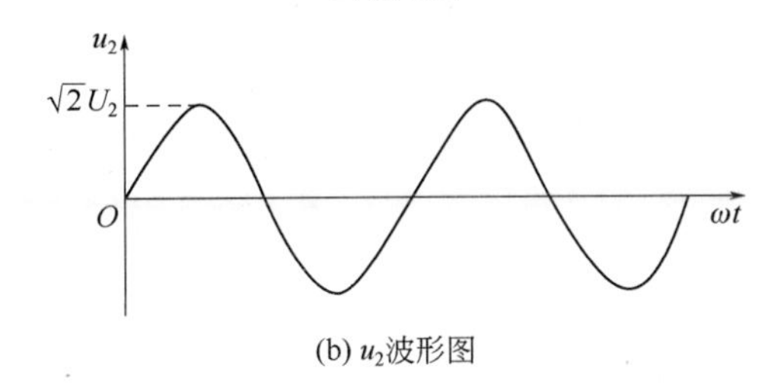

(b) u_2波形图

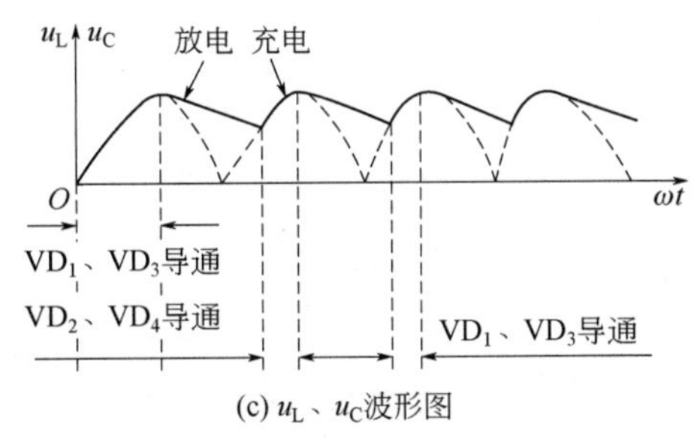

(c) u_L、u_C波形图

图 1.20　单相桥式整流电容滤波电路

滤波电容的大小取决于放电回路的时间常数。放电时间常数 R_LC 越大，输出电压的脉动就越小。工程上一般取 $C\geqslant(3\sim5)\dfrac{T}{2R_L}$，其中 T 为电源电压 u_2 的周期。

滤波电容一般采用电解电容或油浸密封纸质电容器。此外，当负载断开时，电容器两端的电压最大值为 $\sqrt{2}U_2$，故电容器的耐压应大于此值，通常取$(1.5\sim2)U_2$。

一般情况下，电容两端输出的直流电压可按下式估算：

$$U_L\approx1.2U_2\ （全波）$$

$$U_L\approx U_2\ （半波）$$

当滤波电路进入稳态工作时，电路的充电电流平均值等于放电电流的平均值，因此，二极管的平均电流是负载电流的一半：

$$I_{VD}=\frac{1}{2}I_L=\frac{1}{2}\times\frac{U_L}{R_L}$$

考虑到每个二极管的导通时间较短，会有较大的冲击电流，因此二极管的最大整流电流一般按下式选择：

$$I_{\mathrm{F}}=(2\sim3)I_{\mathrm{VD}}$$

二极管承受的最高反向工作电压仍为二极管截止时两端电压的最大值，则选取 $U_{\mathrm{RM}}\geqslant\sqrt{2}U_2$。

电容滤波电路的优点是电路简单，输出电压较高，脉动小；缺点是负载电流增大时，输出电压迅速下降。因此它适用于负载电流较小且变动不大的场合。

2. 电感滤波电路

电感滤波电路是利用电感中电流不能突变的特点，把电感 L 与负载 R_{L} 串联，使输出电流波形较为平滑。因为电感对直流的阻抗小，交流的阻抗大，因此能够得到较好的滤波效果。

电感滤波电路

电感滤波电路如图 1.21 所示。根据电感的特点，当输出电流发生变化时，L 中将感应出一个反电势，使整流管的导电角 θ 增大，其方向将阻止电流发生变化。

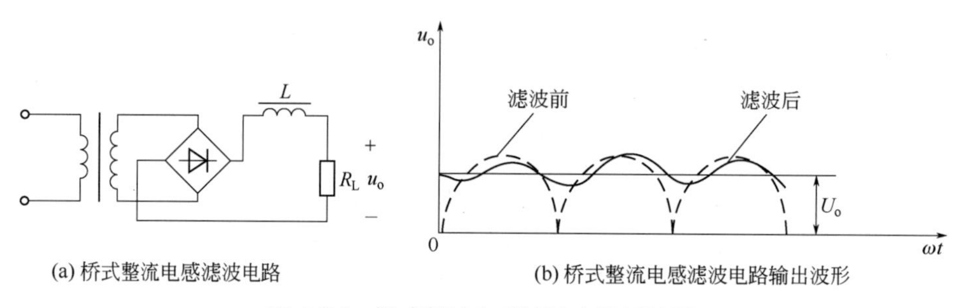

图 1.21 桥式整流电感滤波电路及波形

（1）工作原理

当 u_2 的波形为正半周时，VD_1、VD_3 导电，电感中的电流将滞后 u_2 不到 90°。当 u_2 超过 90° 后开始下降，电感上的反电势有助于 VD_1、VD_3 继续导电。

当 u_2 的波形为负半周时，VD_2、VD_4 导电，变压器副边电压全部加到 VD_1、VD_3 两端，致使 VD_1、VD_3 反偏而截止，此时，电感中的电流将经由 VD_2、VD_4 提供。

由于桥式电路的对称性和电感中电流的连续性，四个二极管的导电角 θ 都是 180°，电感线圈的电感量越大，负载电阻越小，则滤波效果愈好。

（2）参数计算

电感滤波电路输出电压平均值为 $U_{\mathrm{L}}=\dfrac{R_{\mathrm{L}}}{R+R_{\mathrm{L}}}0.9U_2\approx0.9U_2$，其中 R 为滤波电感的直流电阻。注意电感滤波电路的电流必须要足够大，即 R_{L} 不能太大，应满足 $\omega L>>R_{\mathrm{L}}$。

电感滤波电路输出电流平均值为

$$I_{\mathrm{L}}\approx\frac{0.9U_2}{R_{\mathrm{L}}}$$

综上所述，电感滤波适用于负载电流较大的场合。缺点是电感量大，体积大，成本高。

笔记

3. 复式滤波电路

为了进一步提高滤波效果，将电容和电感组成复式滤波电路，常用的有Γ型LC、π型LC、π型RC复式滤波电路，见图1.22，经双重滤波后输出电压更加平滑。

Γ型LC滤波电路输出电流较大，但体积大，成本高。适用于负载变动大，负载电流较大的场合。π型LC滤波电路输出电压高，滤波效果好，但带负载能力差，适用于负载电流较小、要求稳定的场合。π型RC复式滤波电路滤波效果较好，结构简单经济，适用于负载电流小的场合。

复式滤波电路

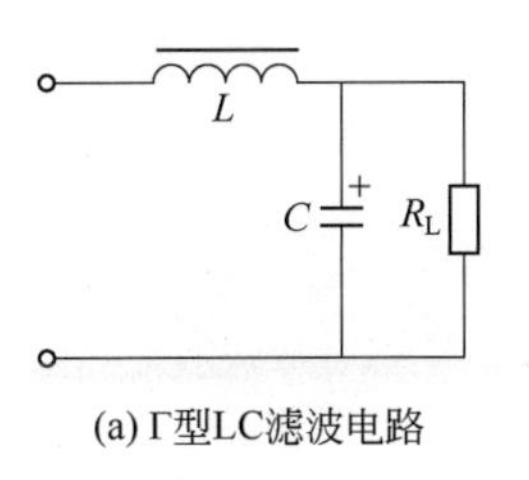

(a) Γ型LC滤波电路

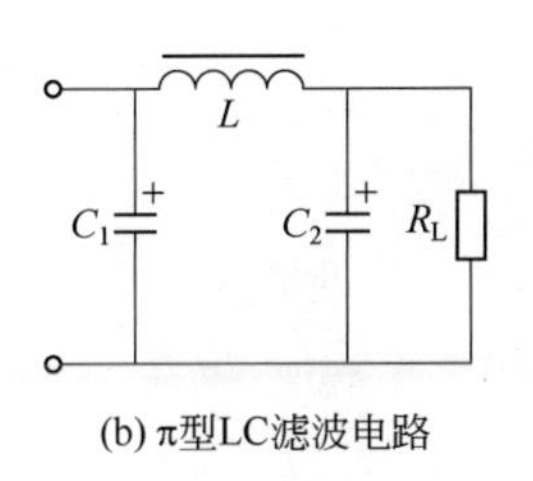

(b) π型LC滤波电路

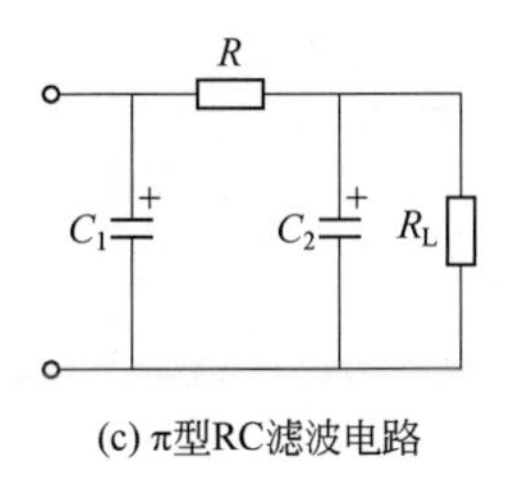

(c) π型RC滤波电路

图1.22 复式滤波电路

任务实施

在图1.20桥式整流滤波电路中，交流电源频率f=50Hz，I_L=150mA，U_L=30V，学生在教师的安排组织下，选择合适的整流二极管及滤波电容。

① 选择整流二极管。流过整流二极管的平均电流为：

$$I_{VD}=\frac{1}{2}I_L=\frac{1}{2}\times150=75(\text{mA})$$

变压器副边电压有效值为：

$$U_2=\frac{U_L}{1.2}=\frac{30}{1.2}=25(\text{V})$$

整流二极管承受的最高反向电压为：

$$U_{RM}=\sqrt{2}U_2=\sqrt{2}\times25=35.3(\text{V})$$

根据I_F=(2～3)I_{VD}=150～225mA，查阅半导体器件手册，选用2CZ53B硅整流二极管。该管的最大整流电流0.3A，最高反向工作电压为50V。

② 选择滤波电容。负载电阻R_L为：

$$R_L=\frac{U_L}{I_L}=\frac{30}{0.15}=200(\Omega)$$

时间常数为：

$$\tau = R_L C = 5 \times \frac{T}{2} = 5 \times \frac{1}{2f} = 5 \times \frac{1}{2 \times 50} = 0.05(\text{s})$$

电容 C 的值为：

$$C = \frac{\tau}{R_L} = \frac{0.05}{200} = 250 \times 10^{-6}\text{F} = 250(\mu\text{F})$$

取标称值 300μF；电容的耐压为(1.5～2)U_2=(1.5～2) × 25=37.5～50(V)。最后确定选300μF/100V 的电解电容器。

任务自测

任务自测 1.3

微学习

微学习 1.3

任务四　稳压电路的认知

任务描述

给定一个稳压电路图及相关参数，要求指出稳压电路的组成元件及工作原理，说出稳压电路的电路特点与工作特性、稳压电路中元器件的选择、稳压电路输出直流电压的波动范围。

？ 任务分析

首先要建立稳压电路的概念，了解稳压电路的组成元件和电路特点，学会分析稳压电路的工作原理，掌握稳压电路的电流电压测试方法。在此基础上才能看懂直流稳压电源中的稳压电路结构，分析稳压电路的工作原理，掌握稳压电路相关参数的计算，合理选择稳压集成块器件。

知识准备

一、直流稳压电源电路的组成

直流稳压电源是电子设备的重要组成部分，其功能是把电网供给的交流电压转换成电子设备所需要的、稳定的直流电压。它主要有四部分：电源变压器、整流电路、滤波电路和稳压电路，如图 1.23 所示。

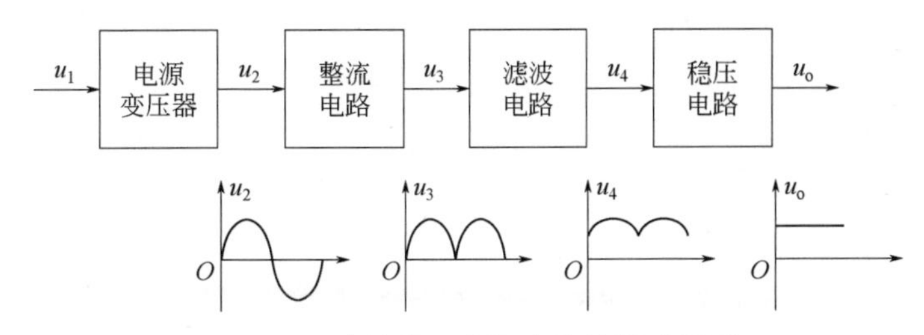

图 1.23 直流稳压电源电路的组成框图

电源变压器将电网交流电压变为整流电路所需的交流电压。整流电路将变压器次级交流电压 u_2 变成单向的直流电压 u_3，它包含直流成分和许多谐波分量。滤波电路滤除脉动电压 u_3 中的谐波分量，输出比较平滑的直流电压 u_4，该电压往往随电网电压和负载电流的变化而变化。稳压电路能保持输出直流电压的稳定，是直流稳压电源的重要组成部分，决定着直流稳压电源的重要性能指标。

二、稳压电源的主要技术指标

① 特性指标。特性指标表明稳压电源工作特征的参数，包括输入、输出电压及输出电流，电压可调范围等。

② 质量指标。质量指标指衡量稳压电源稳定性能状况的参数，如稳压系数、输出电阻、纹波电压及温度系数等。稳压系数又称电压调整特性，是指通过负载的电流和环境温度保持不变时，稳压电路输出电压的相对变化量与输入电压的相对变化量之比，数值越小，输出电压的稳定性越好。输出电阻是指当输入电压和环境温度保持不变时输出电压的变化量与输出电流变化量之比，越小带负载能力越强，对其他电路影响越小。纹波电压是指稳压电路输出端中含有的交流分量，通常用有效值或峰值表示，越小越好。温度系数是指在输入电压和输出电流都不变的情况下，环境温度变化所引起的输出电压的变化，越小说明该稳压电路受温度的影响越小。另外还有其他质量指标，如负载调整率、噪声电压等。

三、稳压电路分类与稳压原理

稳压电路根据调整元件类型可分为电子管稳压电路、三极管稳压电路、可控硅稳压电路、集成稳压电路等。根据调整元件与负载连接方法，可分为并联型和串联型。根据调整元件工作状态不同，可分为线性和开关型稳压电路。

1. 并联型稳压电路

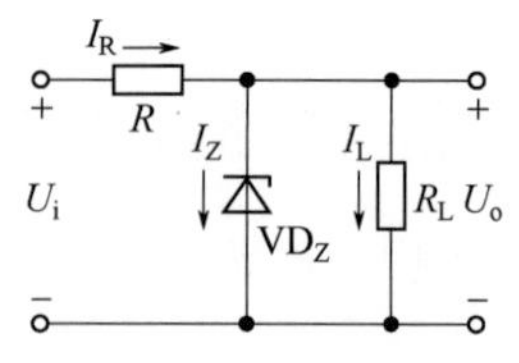

图 1.24　并联型稳压电路

图 1.24 所示为并联型稳压电路，R 为限流电阻。硅稳压管 VD_Z 与负载 R_L 并联。当负载电阻不变时，电网电压上升，导致 U_i 增大时，输出电压 U_o 也将增大，将会使流过稳压管的电流急剧增加，使得 I_R 也增大，限流电阻 R 上的电压降增大，从而抵消了 U_i 的升高，保持负载电压 U_o 基本不变。上述过程描述如下：

$$U_i\uparrow\rightarrow U_o\uparrow\rightarrow I_Z\uparrow\rightarrow U_R\uparrow\rightarrow I_R\uparrow\rightarrow U_o\downarrow$$

并联型稳压电路

当电源不变时，负载电阻减小，输出电压 U_o 将减小，将会使流过稳压管的电流急剧下降，使得 I_R 也减小，限流电阻 R 上的电压减小，从而提高输出电压，保持负载电压 U_o 基本不变。上述过程描述如下：

$$R_L\downarrow\rightarrow U_o\downarrow\rightarrow I_Z\downarrow\rightarrow I_R\downarrow\rightarrow U_R\downarrow\rightarrow U_o\uparrow$$

一般选用稳压管型号主要依据参数为 U_Z 和 I_{ZM}，根据下式确定：

$$U_Z=U_o$$

$$I_{zmax}=(1.5\sim3)I_{Lmax}$$

输入电压一般取 $U_i=(1.5\text{~}2)U_o$。

因电网电压允许有±10%变化，因此，当 U_i 最大和 I_L 最小时，I_Z 不超过最大极限电流值；当 U_i 最小和 I_L 最大时，I_Z 不小于起始稳定电流值。所以限流电阻 R 取值应满足：

$$\frac{U_{imin}-U_o}{I_Z+I_{omax}}\geqslant R\geqslant\frac{U_{imax}-U_o}{I_{ZM}+I_{omin}}$$

式中，$U_{imax}=1.1U_i$；$U_{imin}=0.9U_i$。

硅稳压管并联稳压电路优点是电路结构简单，但输出电压不能调节，负载电流变化范围小，一般用于输出电流和稳压要求不高的场合。

2. 串联型稳压电路

串联型稳压电路如图 1.25 所示，由取样电路、基准电路、比较放大电路和调整电路等四部分组成。

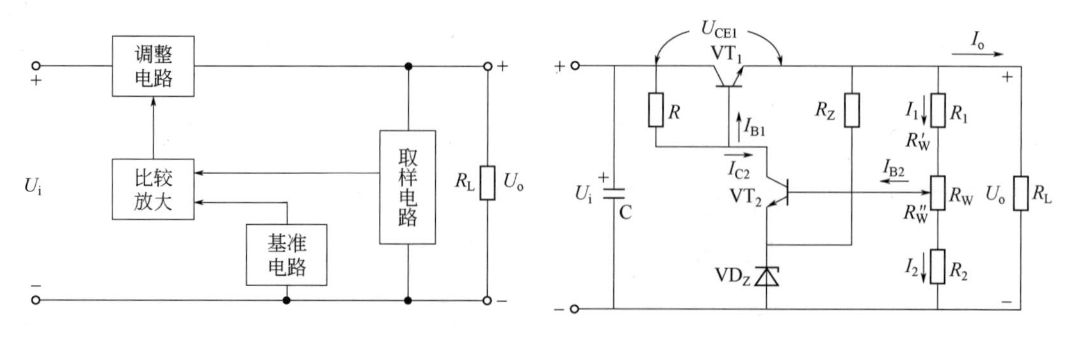

图 1.25　串联型稳压电路

笔记

取样电路由 R_1、R_2 和 R_W 组成，R_1、R_2 和 R_W 称为取样电阻。通过它可以反映输出电压 U_o 的变化。基准电路由 R_Z 和 VD_Z 组成，R_Z 是 VD_Z 的限流电阻，VD_Z 给比较三极管 VT_2 提供一个直流基准电压。比较放大电路由 VT_2 组成，作用是对取样电压（来自取样电路）和基准电压（由基准电压电路提供）进行比较，当比较的结果有误差时，比较放大器放大输出这一误差电压，由这一误差电压去控制调整管 VT_1 的基极。调整电路利用 VT_1 集电极和发射极之间内阻可变的特性，对稳压电路的直流输出电压进行大小调整。

当输出电压 U_o 发生变化时，通过取样电路把 U_o 的变化量取样加到比较放大管的基极，与发射极的基准电压 U_Z 进行比较放大后，输出调整信号送到调整管 VT_1 的基极，控制 VT_1 进行调整，以维持 U_o 基本不变。

调节取样电路中电位器 R_W 滑点位置，可改变输出直流电压 U_o 的大小。则：

$$U_o \approx \frac{R_1+R_2+R_W}{R''_W+R_2}U_Z$$

当调节电位器使 $R''_W=0$ 时，输出电压最大，$U_o=U_{omax}$；当 $R''_W=R_W$ 时，输出电压最小，$U_o=U_{omin}$。

串联型稳压电路的优点是输出电压可调，电压稳定度高，纹波电压小，响应速度快。缺点是调整管工作在线性状态，管压降较大，易损坏。常采用性能优良的集成稳压器来替代由分立元件组成的串联型稳压电路。

例：电路如图 1.26 所示，已知 U_Z=4V，$R_1=R_2$=3kΩ，电位器 R_P=10kΩ。输出电压 U_o 的最大值、最小值各为多少？如果要求输出电压可在 6V 到 12V 之间调节，则 R_1、R_2、R_P 之间应满足什么条件？

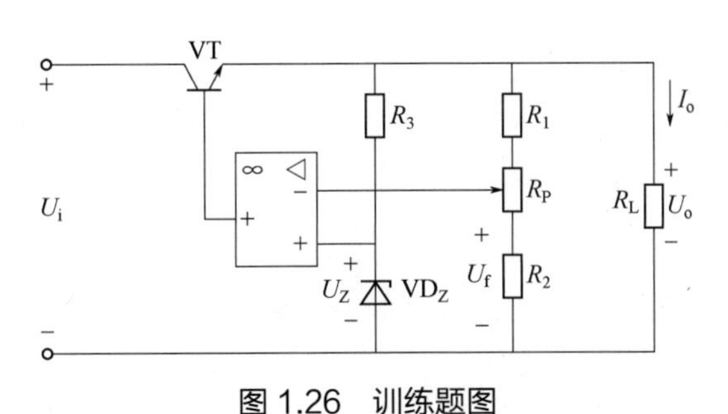

图 1.26　训练题图

解：

$$U_{omax}=\frac{R_1+R_2+R_P}{R_2}U_Z=\frac{3+3+10}{3}\times 4=21.3(V)$$

$$U_{omin}=\frac{R_1+R_2+R_P}{R_2+R_P}U_Z=\frac{3+3+10}{3+10}\times 4=4.9(V)$$

如果要求输出电压可在 6V 到 12V 之间调节，则：

$$U_{omax} = \frac{R_1 + R_2 + R_P}{R_2} U_Z = 12(V)$$

$$U_{omin} = \frac{R_1 + R_2 + R_P}{R_2 + R_P} U_Z = 6(V)$$

因此 $R_1 = R_2 = R_P$ 。

3. 集成稳压器

集成稳压器体积小，外围元件少，性能稳定可靠，使用调整方便，按性能和用途可以分成两大类，一类是三端固定输出集成稳压器，包含 W78××系列和 W79××系列，另一类是三端可调输出集成稳压器，包含 W×17 系列和 W×37 系列。前者的输出电压是固定不变的，后者可对输出电压进行连续调节。三端固定输出集成稳压器及应用电路如图 1.27 所示，应用时必须注意引脚功能，不能接错，否则电路将不能正常工作。要求输入电压比输出电压至少大 2V 以上。

三端集成稳压器认知

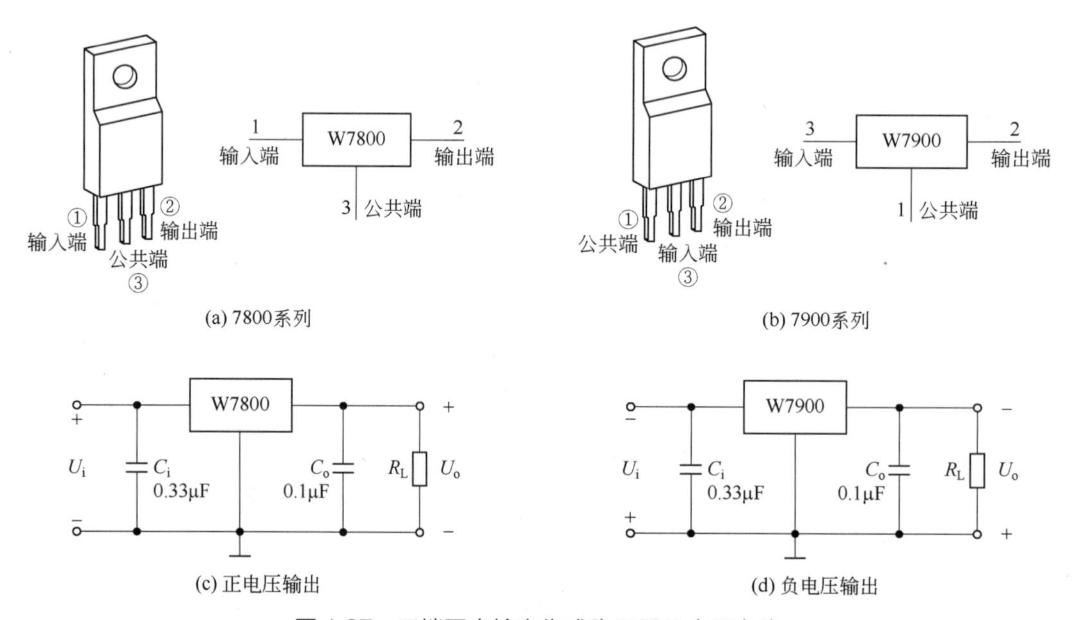

图 1.27　三端固定输出集成稳压器及应用电路

图 1.28 所示为正负对称输出两组电源稳压电路，输出端得到大小相等、极性相反的电压。当需要输出电压高于三端稳压器输出电压时，可采用图 1.29 所示电路。图 1.29 中输出电压为$U_o=U_{\times\times}(1+\frac{R_2}{R_1})$，其中 $U_{\times\times}$为集成稳压器的输出电压。通过调整 R_2 可得所需电压，但它的可调范围小。

三端集成稳压典型电路

当负载电流大于三端稳压器输出电流时，可采用图 1.31 所示电路。

图 1.30 中，$I_o = I_{\times\times} + I_C$，$I_{\times\times} = I_R + I_B - I_W$，所以有：

$$I_o = I_R + I_B - I_W + I_C = \frac{U_{BE}}{R} + \frac{1+\beta}{\beta} I_C - I_W$$

笔记

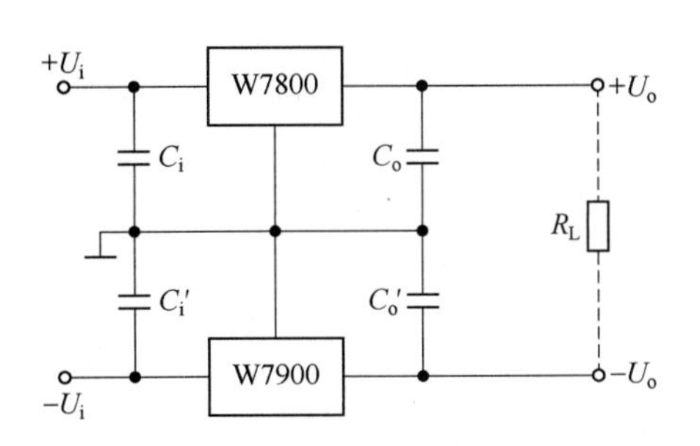

图 1.28　正负对称输出两组电源稳压电路

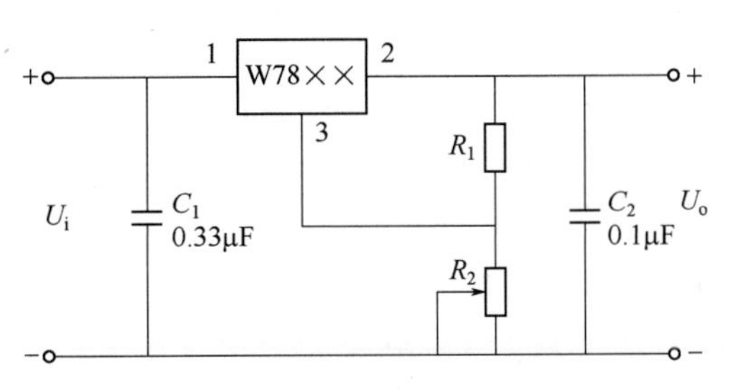

图 1.29　提高输出电压的电路图

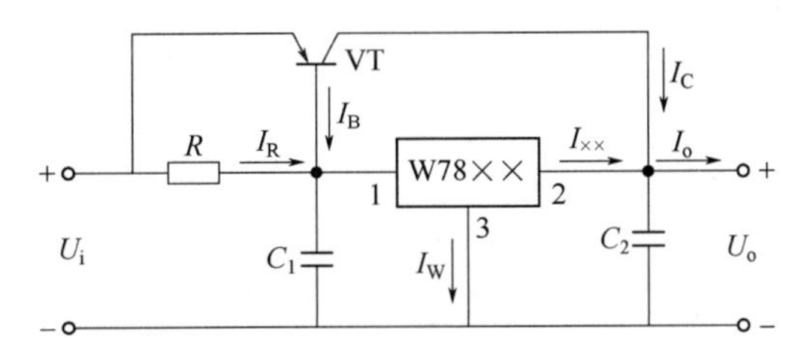

图 1.30　提高输出电流的电路

由于$\beta \gg 1$，且 I_W 很小，可忽略不计，所以有$I_o \approx \dfrac{U_{BE}}{R} + I_C$。$R$ 为 VT 提供偏置电压，$R \approx \dfrac{U_{BE}}{I_o - I_C}$。

三端可调输出集成稳压器分为正电压输出 W317(W117、W217)和负电压输出 W337(W137、W237)两大类，外形如图 1.31 所示。W317 和 W337 典型应用电路如图 1.32 所示。

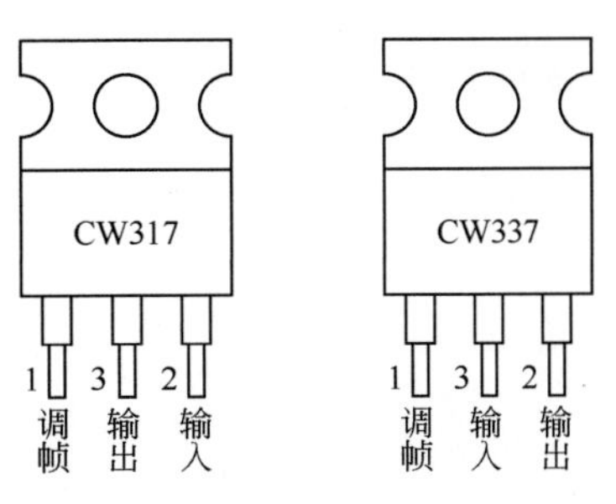

图 1.31　W317 和 W337 外形图

为了使电路正常工作，一般输出电流不小于 5mA，输入电压在 2～40V，输出电压在 1.25～

37V，负载电流可达 1.5A，由于调整端的输出电流非常小且恒定，故可将其忽略。输出电压可用下式表示：$U_o=1.25\times(1+\frac{R_P}{R_1})$，调节 R_P 可改变输出电压大小。

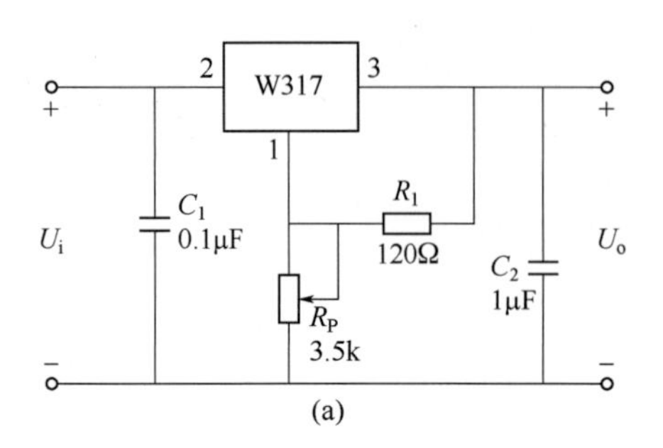

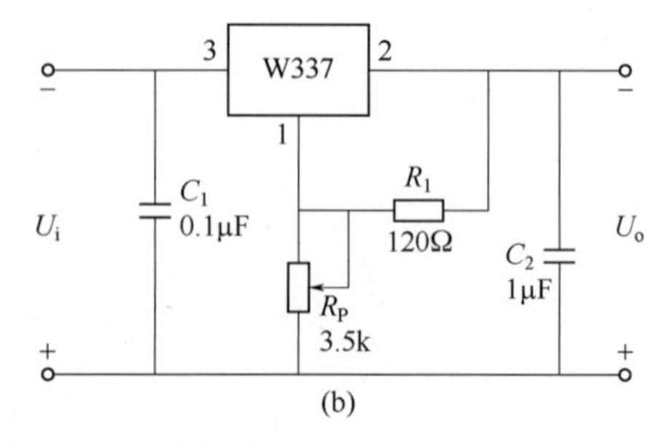

图 1.32　W317 和 W337 典型应用电路

例：试设计一台直流稳压电源，其输入为 220V、50Hz 交流电源，输出直流电压为+12V，最大输出电流为 500mA，采用桥式整流电路和三端集成稳压器构成，并加有电容滤波电路（设三端稳压器的压差为 5V），画出电路图，确定电源变压器的变比，选择整流二极管、滤波电容器的参数以及三端稳压器的型号。

解：采用桥式整流、电容滤波和三端集成稳压器来构成该台直流稳压电源，电路如图 1.33 所示，图中电容 C_3=0.33μF，C_4=1μF。

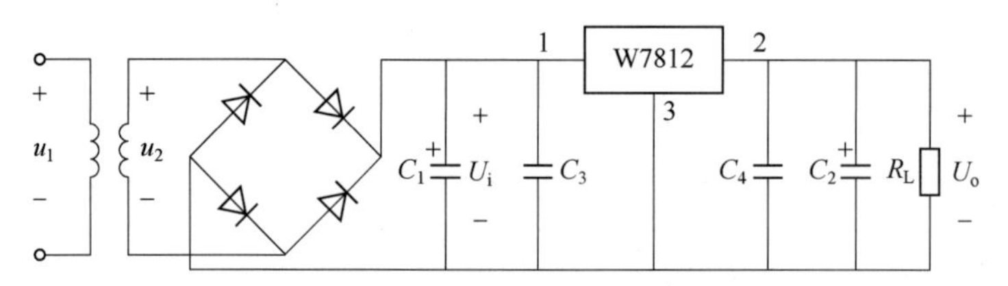

图 1.33　设计的直流稳压电源电路

由于输出直流电压为+12V，所以三端集成稳压器选用 W7812 型。由于三端稳压器的压差为 5V，所以桥式整流并经电容滤波的电压为 $U_i=U_o+5=17(\text{V})$，变压器副边电压有效值 $U_2=\frac{U_i}{1.2}=\frac{17}{1.2}=14.17(\text{V})$。变压器的变比 $k=\frac{U_1}{U_2}=\frac{220}{14.17}=15.5$。流过整流二极管的平均电流 $I_{VD}=\frac{1}{2}I_L=\frac{1}{2}\times500=250(\text{mA})$。整流二极管承受的最高反向电压 $U_{RM}=\sqrt{2}U_2=\sqrt{2}\times14.17=20(\text{V})$。负载电阻 $R_L=\frac{U_o}{I_o}=\frac{12}{0.5}=24(\Omega)$。

取 $\tau=R_LC=5\times\frac{T}{2}=5\times\frac{1}{2f}=5\times\frac{1}{2\times50}=0.05(\text{s})$。则电容 C 的值为：

$$C=\frac{\tau}{R_L}=\frac{0.05}{200}=2083\times10^{-6}(\text{F})\approx2000(\mu\text{F})$$

其耐压值应大于变压器副边电压的最大值 $\sqrt{2}U_2=\sqrt{2}\times14.17=20(\text{V})$。取标称值 $C=2000\mu\text{F}$，耐压 50V 的电解电容。

笔记

4. 开关型稳压电源

开关型稳压电源简称开关电源，结构框图如图 1.34 所示；因其调整管工作在开关状态，所以具有功耗小、体积小、重量轻的特点，适用于大功率且负载固定、输出电压调节范围不大、负载对输出纹波要求不高的场合。开关电源的控制方式有三种：控制脉冲宽度（PWM）、控制开关频率（PFM）和混合型。通过控制电路来调整高频开关管的开关时间比例，以达到稳定输出电压的目的。

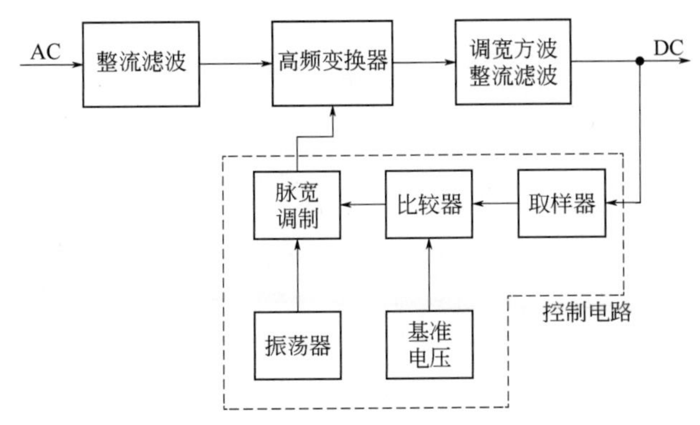

图 1.34　开关型稳压电源的结构框图

图 1.35 所示为单端反激式开关电源。所谓单端，是指高频变换器的磁芯仅工作在磁滞回线的一侧；所谓的反激，是指当开关管 VT 导通时，变压器 T 初级绕组的感应电压为上正下负，整流二极管 VD 处于截止状态，在初级绕组中储存能量。当开关管 VT 截止时，变压器 T 初级绕组中存储的能量，通过次级绕组及 VD 整流和电容 C 滤波后向负载输出。单端反激式开关电源成本非常低，输出功率为 20～100W，可以同时输出不同的电压，且有较好的电压调整率。唯一的缺点是输出的纹波电压较大，外特性差，适用于相对固定的负载。

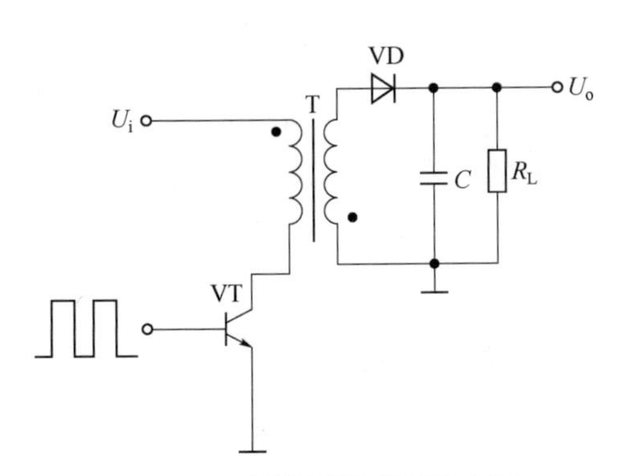

图 1.35　单端反激式开关电源

推挽式开关电源如图 1.36 所示。它属于双端式变换电路，高频变压器的磁芯工作在磁滞回线的两侧。电路使用两个开关管 VT_1 和 VT_2，两个开关管在外激励方波信号的控制下交替导通与截止，在变压器 T 次级绕组得到方波电压，经整流滤波变为所需要的直流电压。其优点是两个开关管容易驱动，主要缺点是开关管的耐压要达到 2 倍电路峰值电压。电路的输出功率较大，一般在 100～500W 范围内。

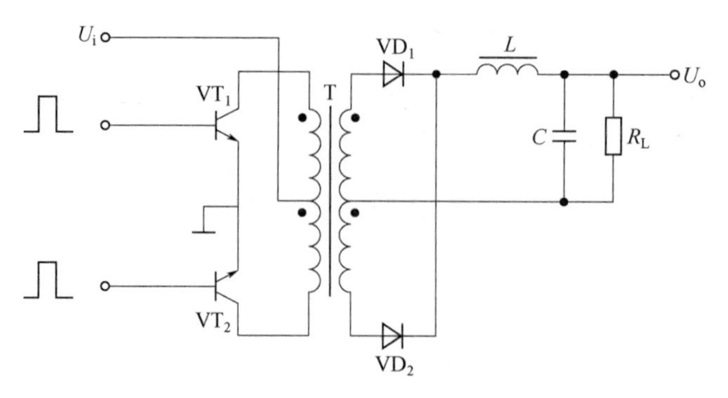

图 1.36　推挽式开关电源

任务实施

① 在教师安排下将学生分成若干讨论小组，分析讨论图 1.26 中稳压电路的组成及工作原理，并完成书面报告，汇总上交指导教师。

② 在教师的组织下，小组之间对放大电路原理分析报告进行互评，分别提参考评论意见，上交指导教师。

③ 任课教师对各讨论报告进行评价打分，提出指导参考意见。

实施指导：

图 1.26 中稳压电路属于串联型，由取样电路、基准电路、比较放大电路和调整电路等四部分组成。（说明：涉及集成运算放大器特性和功能的知识见项目三，本项目中只须简单介绍其特性。）

取样电路：由取样电阻 R_1、R_2 和 R_P 组成。通过它可以反映输出电压 U_o 的变化。

基准电路：由 R_3 和 VD_Z 组成，R_3 是 VD_Z 的限流电阻，VD_Z 给作为比较放大电路的集成运算放大器提供一个直流基准电压，并接入同相输入端。

比较放大电路：由集成运算放大器组成，作用是对取样电压（来自取样电路）和基准电压（由基准电压电路提供）进行比较，当比较的结果有差值时，比较放大器放大并输出差值电压，由这一差值电压去控制调整管 VT 的基极。

调整电路：由 VT 组成，利用三极管集电极和发射极之间内阻可变的特性，对稳压电路的直流输出电压进行大小调整。

当输出电压 U_o 发生变化时，通过取样电路将 U_o 的变化量取样加到集成运算放大器的反相输入端，与同相输入端的基准电压 U_Z 进行比较放大后，输出调整信号送到调整管 VT 的基极，进而控制 VT 进行调整，以维持 U_o 基本不变。

任务自测

任务自测 1.4

笔记

微学习

微学习 1.4

任务五　组装、调试与故障排除

任务描述

直流稳压电源电路如图 1.37 所示，技术指标：输出电压 U_o=+12V，输出电流 I_o=30mA，电压调整率 S_r＜1%。根据要求设计元器件布局图，对其输出参数进行测试，对其功能进行检测，确保组装质量。

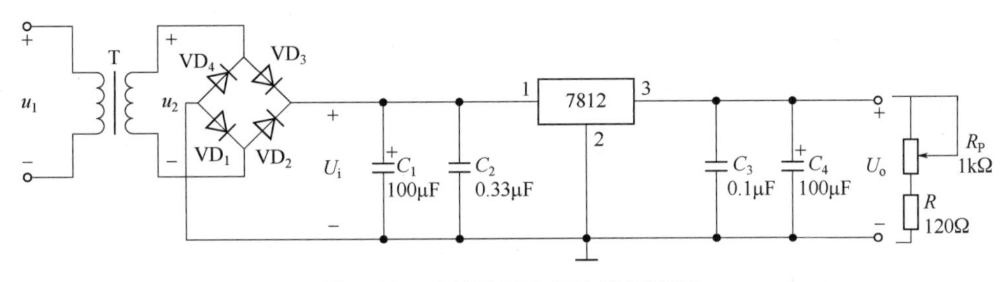

图 1.37　直流稳压电源电路原理图

任务分析

首先引导学生掌握变压、整流、滤波、稳压等环节理论知识，能读懂电路原理图，弄清电路结构、电路每部分的功能；然后根据电路原理图书写工艺流程、绘制元件布局图等，初步掌握一定的电子焊接技能，学会使用万用表、示波器等检测工具与仪器，了解检测要求和方法，这样才能顺利完成任务。

知识准备

日常生活和生产中的许多装置和仪器，如扩音器、录音机、温控装置、报警器、万用表、示波器等，都是由模拟电路与数字电路构成。要运用电子技术的基本知识解决实际问题，首先必须会分析或了解电子产品的工作原理，看懂、读懂电子产品的电路图是基本功。

一、识读电子电路图的基本要求

① 掌握常用电子元器件的基本知识。熟练掌握电子产品中常用的电子元器件，如电阻器、

电容器、电感器、二极管、三极管、晶闸管、场效应管、变压器、开关、继电器等的基本知识，充分了解它们的分类、性能、特征、特性以及在电路中的作用和功能等，知道哪些参数会对电路性能及功能产生什么样的影响。

② 熟练掌握基本单元电子电路知识。熟练掌握一些由常用元件组成的典型的单元电子电路，如整流电路、滤波电路、稳压电路、放大电路、振荡电路。各种复杂的电子产品电路都是由这些单元电路组合及扩展而成的，掌握这些单元电路，不仅可以深化对电子元器件的认识，而且通过基本训练能为进一步看懂、读懂较复杂的电路打下良好的基础。

二、识读电子电路图的基本要领

① 了解电子产品的基本功能和作用。要看懂、读通电子产品的电路图，必须对该电子产品有一个大致的了解，包括它的主要功能和作用是什么，可能由哪些电路单元组成。

② 画出整机方框图并判断信号流程。对于复杂的电路，首先将整个电路进行分解，按照功能不同和信号处理顺序划分为多个单元电路，以方框图的形式去分析电路工作原理，熟悉整个电路的基本结构，明确原理图中各单元电路的功能及主要元器件的作用。

③ 从熟悉的元器件或电路入手分析单元电路。先在电路图中寻找自己熟悉的元器件和单元电路，看它们在电路中起什么作用，然后与它们周围的电路联系，分析周围的电路或元器件怎样与熟悉的元器件或单元电路互相配合，起什么作用。逐步扩展，直到对全图能理解为止。

④ 化特殊电路为一般电路。不同的电路具有不同的结构与原理，但只要与掌握的最基本电路相对比，就能发现它们的基本形式差别并不大。所以，在掌握基本电路基础上重点研究特殊电路，就能正确、快速地读懂整个电路图。

三、识读电子电路图的规律与方法

（1）识读电子电路图的一般规律

根据总电路图的结构，按照如下规律进行识读：从左到右，从上到下；从整体结构到局部结构；从核心器件到外围电路；从信号输入端到信号输出端。

（2）识读电子电路图的一般方法

先确定总体信号流程，划分出各单元电路，找出单元电路的输入端和输出端，再分析各单元电路之间的连接情况；先看单元电路的类型，再分析各元器件的运用；先看直流供电电路，再分析交流信号流程。

（3）识读电子电路图的基本步骤

由于电子电路是对信号进行处理的电路，因而读图时，应以信号的流向为主线，以基本单元电路为依据，沿着主要通路，把整个电路划分成若干个具有独立功能的部分进行分析。大致步骤如下：

① 了解用途、找出通路。为了弄清电路的工作原理和功能，读图之前，应先了解所读电路用于何处，起什么作用，要完成什么功能。在此基础上，找出信号的传输通路。一般的规律是输入在左方，输出在右方，电源在下方（有时不画出）。由于信号的传输枢纽是有源器件，

笔记

因此，应以它为中心查找传输通路。

② 化繁为简、分析功能。传输通路找出后，电路的主要组成部分就显露出来了。对照所学基本单元电路，将较复杂的原理图划分成若干个具有单一功能的单元电路。然后对每一个单元进行分析，了解各元件的作用，掌握每个部分的原理及功能，并画出单元框图。

③ 统观整体、综合分析。沿着信号流向，用带箭头的线段（箭头方向代表信号的流向），把单元框图连成整体框图。由此即可看出各基本单元或功能块之间的相互联系，以及总体电路的结构和功能。如有必要可对各单元电路进行定量估算，得出整个电路的性能指标，以便进一步加深对电路的认识，为调试、维修甚至改进电路打下基础。

任务实施

一、工具、材料、器件、仪表准备

1. 常用工具准备

（1）电烙铁

电烙铁是电子制作和电器维修必备工具，主要用途是焊接元件及导线。电烙铁由手柄、烙铁芯、烙铁头、电源线等构成。在云母或陶瓷绝缘体上缠绕高电阻系数的金属材料，构成烙铁芯，烙铁芯为烙铁的发热部分，又称发热器，其作用是将电能转换成热能；烙铁头是电烙铁的储热部分，通常采用密度较大和比热较大的铜或铜合金做成；手柄一般采用木材、胶木或耐高温塑料加工而成。电烙铁按功能可分为焊接用电烙铁和吸锡用电烙铁，根据用途不同又分为大功率电烙铁和小功率电烙铁，按结构可分为内热式电烙铁和外热式电烙铁。内热式电烙铁的烙铁芯安装在烙铁头的内部，体积小，热效率高，通电几十秒即可化锡焊接。外热式电烙铁的烙铁头安装在烙铁芯内，体积比较大，热效率低，通电以后烙铁头化锡时间长达几分钟。从容量上分，电烙铁有 20W、25W、35W、45W、75W、100W 以至 500W 等多种规格。一般使用 25～35W 的内热式电烙铁。电烙铁外形如图 1.38 所示。烙铁头根据使用需要可以加工成各种形状，如尖锥形、圆斜面等。

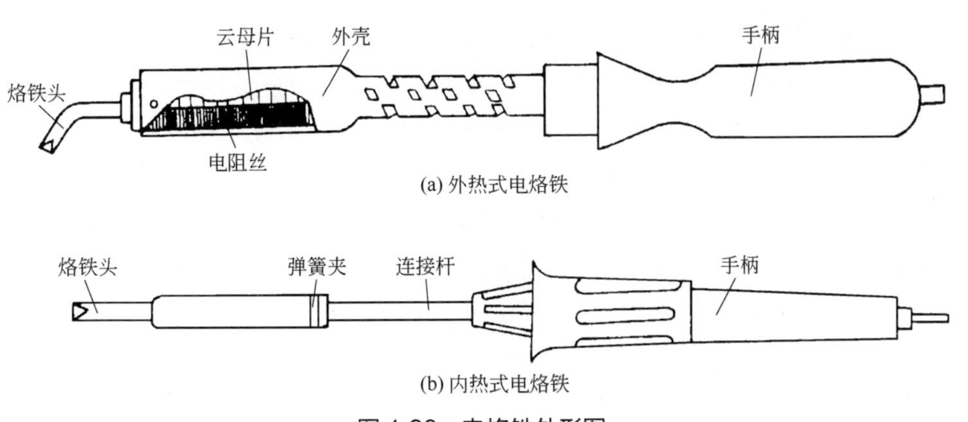

(a) 外热式电烙铁

(b) 内热式电烙铁

图 1.38　电烙铁外形图

电烙铁初次使用时，首先应给电烙铁头挂锡，以便沾锡焊接。通电之前，先用砂纸或小刀将烙铁头端面清理干净，通电以后，待烙铁头温度升到一定程度时，将焊锡放在烙铁头上熔化，使烙铁头端面挂上一层锡。挂锡后的烙铁头随时都可以用来焊接。电烙铁使用时必须用有三线的电源插头。电烙铁在使用一段时间后，应及时将烙铁头取出，去掉氧化物。长时间不进行焊接操作时最好切断电源，以防烙铁头“烧死”。

（2）螺钉旋具（螺丝刀）

螺钉旋具是用来紧固或拆卸带槽螺钉的常用工具。按头部形状的不同，有一字型和十字型两种。

（3）试电笔

试电笔也叫测电笔，简称电笔，用来测试电线中是否带电。笔体中有一氖泡，测试时如果氖泡发光，说明导线中有电。试电笔中笔尖、笔尾由金属材料制成，笔杆由绝缘材料制成。使用试电笔时，一定要用手触及试电笔尾端的金属部分，使带电体、试电笔、人体与大地形成回路，试电笔中的氖泡才会发光，否则会造成误判。

（4）斜嘴钳

斜嘴钳是一种钳口带一定角度的剪切钳，主要用于密集细窄的零件剪切，广泛用于首饰加工、电子行业制造、模型制作。

2. 材料与器件准备

（1）焊料

常用的焊料是焊锡，焊锡是一种锡铅合金，熔点较低。市面上出售的焊锡一般都制作成圆焊锡丝，有粗细不同多种规格，可根据实际情况选用。有的焊锡丝做成管状，管内填有松香，称松香焊锡丝，使用这种焊锡丝时，可以不加助焊剂。

（2）焊剂

焊剂包括助焊剂和阻焊剂。助焊剂一般可分为无机助焊剂、有机助焊剂和树脂助焊剂。助焊剂能溶解去除金属表面的氧化物，在焊接加热时包围金属的表面，使之和空气隔绝，防止金属在加热时氧化；还可降低熔融焊锡的表面张力，有利于焊锡的湿润。常用的助焊剂是松香或松香水（将松香和酒精按 1∶3 的比例配制）。焊接较大元件或导线时，也可采用焊锡膏，但它有一定腐蚀性，如确实需要使用，焊接后应及时清除残留物。阻焊剂把不需要焊接的印制电路板的板面部分覆盖起来，保护面板，使其在焊接时受到的热冲击小，不易起泡，同时防止桥接、拉尖、短路、虚焊等情况。使用焊剂时，必须根据被焊件的面积大小和表面状态适量施用，用量过小则影响焊接质量，用量过多，焊剂残渣将会腐蚀元件或使电路板绝缘性能变差。

（3）器件

W7812 集成块 1 个；220V/15V 电源变压器 1 个；整流二极管（1N4007）4 个；120Ω 电阻 1 个；1kΩ 电位器 1 个；100μF 电容器 2 个；0.33μF 电容器 1 个；0.1μF 电容器 1 个。以上元器件可根据所选择电路来确定。

3. 检测仪表准备

（1）万用表

万用表分为指针式和数字式两种，在本制作过程中主要用于电阻、二极管等元器件好坏

笔记

与极性判别，以及检测电路焊接的通断。

（2）晶体管毫伏表

采用常用的单通道晶体管毫伏表，它具有交流电压测试、电平测试、监视输出等三大功能。图 1.39 为 WY2294 晶体管毫伏表。晶体管毫伏表一般由输入保护电路、前置放大器、衰减放大器、放大器、表头指示放大电路、整流器、监视输出及电源组成。输入保护电路用来保护该电路的场效应管。衰减控制器用来控制各挡衰减，使仪器在整个量程均能高精度地工作。整流器将放大了的交流信号进行整流后再送到表头。监视输出功能主要是来检测仪器本身的技术指标是否符合出厂时的要求，同时也可作放大器使用。晶体管毫伏表面板由表盘及指针、电源开关、电源指示灯、量程开关、输入端、校正调零旋钮构成。使用时一般遵循以下流程：

图 1.39　WY2294 晶体管毫伏表

① 准备工作。首先机械调零，然后将输入测试探头上的红、黑色鳄鱼夹短接，最后将量程开关选在最高量程。

② 接通 220V 电源，按下电源开关，电源指示灯亮，为了保证仪器稳定性，需预热 10s，10s 内指针无规则摆动属正常。

③ 将输入测试探头上的红、黑鳄鱼夹断开后与被测电路并联（红鳄鱼夹接被测电路的正极，黑鳄鱼夹接地），观察表头指针在刻度盘上所指的位置，若指针在起始点位置基本没动，说明被测电路中的电压甚小，且毫伏表量程选得过高，此时用递减法由高量程向低量程变换，直到表头指针指到满刻度的 2/3 左右即可。

④ 准确读数。表头刻度盘上共刻有四条刻度。第一条刻度和第二条刻度为测量交流电压有效值的专用刻度，第三条和第四条为测量分贝值的刻度。逢 1 就从第一条刻度读数，逢 3 从第二条刻度读数。当用该仪表去测量外电路中的电平值时，就从第三、四条刻度读数。读数方法：量程数加上指针指示值等于实际测量值。

使用时应注意以下事项：

① 仪器在通电之前，一定要将红、黑鳄鱼夹相互短接，防止仪器在通电时因外界干扰信号通过输入电缆进入电路放大后，再进入表头将表针打弯。

② 当不知被测电路中电压值大小时，必须首先将毫伏表的量程开关置最高量程，然后根据表针所指的范围，采用递减法合理选挡。

③ 若要测量高电压，输入端黑色鳄鱼夹必须接在“地”端。

④ 使用前应先检查量程旋钮与量程标记是否一致，若错位会产生读数错误。

（3）示波器

示波器是一种用途十分广泛的电子测量仪器。利用示波器能观察各种不同信号幅度随时间变化的波形曲线，还可以用它测试电压、电流、频率、相位差、调幅度等。图 1.40 所示为常用的 YB43020 双踪示波器。使用前注意工作环境和电源电压应满足技术指标中给定的要求。使用时不要把将本机的散热孔堵塞，防止温度升高影响使用寿命。

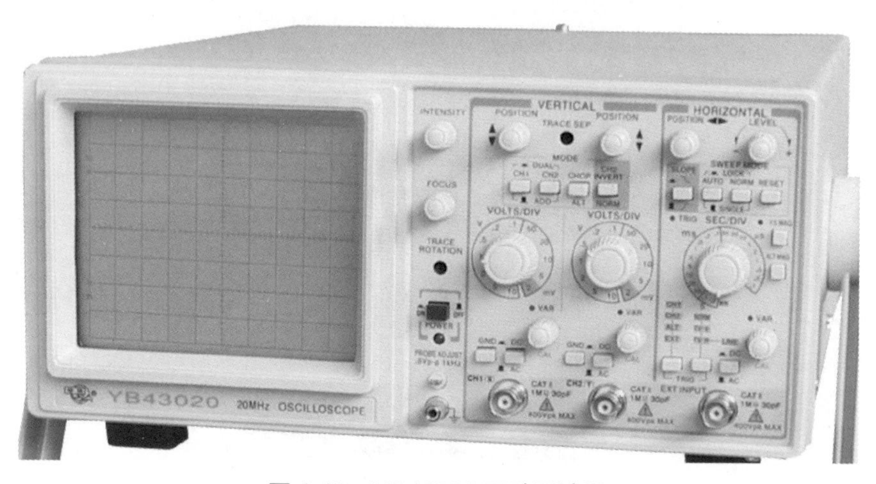

图 1.40 YB43020 双踪示波器

接通电源后电源指示灯亮，要稍等预热，屏幕中出现光迹，分别调节亮度和聚焦旋钮，使光迹的亮度适中、清晰。然后将探头分别接入两 Y 轴输入接口，将 VOLTS/DIV 开关置 10mV 挡，探头衰减置×10 挡，屏幕上应显示方波波形，如出现过冲或下塌现象，可用高频旋钮调节探极补偿元件，使波形最佳。测量交流电压时，先将 Y 轴输入耦合方式开关置 AC 位置，调节 VOLTS/DIV 开关，使波形在屏幕中的显示幅度适中，调节电平旋钮使波形稳定，分别调节 Y 轴和 X 轴位移，使波形显示值方便读取。测量直流电压时，先将 Y 轴输入耦合方式开关置 GND 位置，调节 Y 轴位移，使扫描基线在一个合适的位置上，再将耦合方式开关转换到 DC 位置，调节电平旋钮使波形同步。进行时间测量时，先参照上述电压测量操作方法使波形稳定，将该信号周期或所测量的两点间在水平方向的距离乘以“SEC/DIV”开关的指示值即可；当需观察该信号的某一细节时，可将“×5 扩展”按键按入，调节 X 轴位移，使波形处于方便观察的位置，此时测得的时间值应除以 5。频率测量时，先测出该信号的周期，再根据公式计算出频率值。进行相位差的测量时，根据两个相关信号的频率选择合适的扫描速度，并将垂直方式开关根据扫描速度的快慢分别置“交替”或“断续”位置，将“触发源”选择开关置测量基准通道，调节电平使波形稳定同步，根据两个波形在水平方向某两点间的距离，用下式计算出时间差：

$$\text{时间差}=\frac{\text{水平距离}\times\text{扫描时间系数}}{\text{水平扩展系数}}$$

操作时注意使用适当的电源线，勿在有可疑故障情况下操作，不能将仪器放置在剧烈振动、强磁场、潮湿的地方，不可将金属、导线插入仪器的通风孔。为保证仪器测量精度，仪器每工作 1000h 或 6 个月要校准一次。

二、手工电子焊接

通过加热的烙铁将固态焊锡丝加热熔化，再借助于助焊剂的作用使其流入被焊金属之间，待冷却后形成牢固可靠的焊接点。概括而言，焊接是指两个或两个以上的零件（同种或异种材料），通过局部加热或加压达到原子间的结合，造成永久性连接的工艺过程。

1. 电烙铁焊接操作

电烙铁握法如图 1.41 所示，有反握法、正握法和握笔法三种，其中反握法适合于大功率电烙铁，正握法适合于中功率电烙铁，握笔法适合于印刷电路板的焊接。

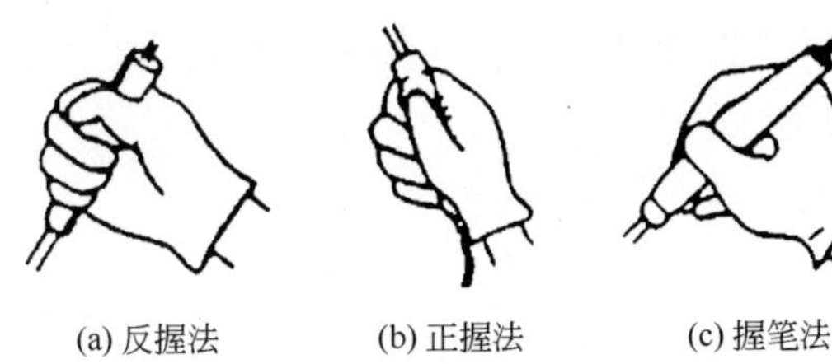

(a) 反握法　(b) 正握法　(c) 握笔法

图 1.41　电烙铁握法

使用电烙铁焊接应按五步焊接操作法，如图 1.42 所示。

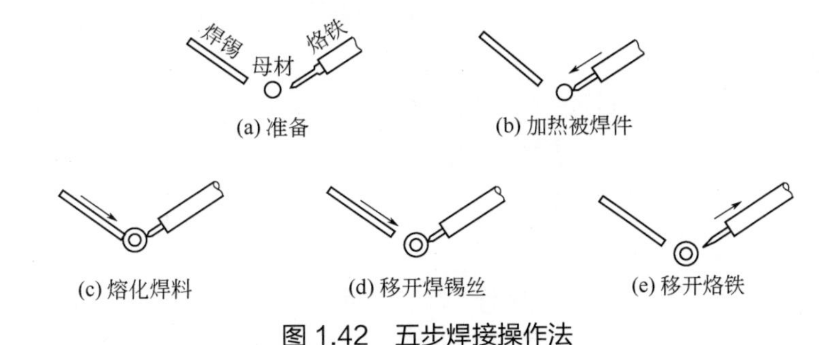

(a) 准备　(b) 加热被焊件

(c) 熔化焊料　(d) 移开焊锡丝　(e) 移开烙铁

图 1.42　五步焊接操作法

① 准备：将被焊件、电烙铁、焊锡丝、烙铁架等放置在便于操作的地方。

② 加热被焊件：将烙铁头放置在被焊件的焊接点上，使焊接点升温。

③ 熔化焊料：将焊接点加热到一定温度后，用焊锡丝触到焊接处，熔化适量的焊料，持

续时间约 2～3s。焊锡丝应从烙铁头的对称侧加入，而不是直接加在烙铁头上。

④ 移开焊锡丝：当焊锡丝适量熔化后，迅速移开焊锡丝。

⑤ 移开烙铁：在焊接点上的焊料接近饱满，助焊剂尚未完全挥发，也就是焊接点上的温度最适当、焊锡最光亮、流动性最强的时刻，迅速拿开烙铁头。移开烙铁头的时机、方向和速度决定着焊接点的焊接质量。正确的方法是先慢后快，烙铁头沿 45° 角方向移动，并在将要离开焊接点时快速往回一带，然后迅速离开焊接点。

对热容量小的焊件，可以用三步焊接法：焊接准备→加热被焊部位并熔化焊料→撤离烙铁和焊料。

焊接前，应将元件的引线截去多余部分后挂锡。若元件表面被氧化不易挂锡，可以使用细砂纸或小刀将引线表面清理干净，用烙铁头沾适量松香芯焊锡给引线挂锡。如果还不能挂上锡，可将元件引线放在松香块上，再用烙铁头轻轻接触引线，同时转动引线，使引线表面都可以均匀挂锡。每根引线的挂锡时间不宜太长，一般以 2～3s 为宜，以免烫坏元件内部。给二极管、三极管引脚挂锡时，最好使用金属镊子夹住引线靠管壳的部分，借以传走一部分热量。另外各种元件的引脚不要截得太短，否则既不利于散热，又不便于焊接。

焊接时，把挂好锡的元件引线置于待焊接位置，如印刷板的焊盘孔中或者各种接头、插座和开关的焊片小孔中，用烙铁头在焊接部位停留 3s 左右，待电烙铁拿走后，焊接处形成一个光滑的焊点。为了保证焊接质量，最好在焊接元件引线的位置事先也挂上锡。焊接时要确保引线位置不变动，否则极易产生虚焊。烙铁头停留的时间不宜过长，过长会烫坏元件，过短会因焊接不充分而造成假焊。

焊接完后，要仔细观察焊点形状和外表。焊点应呈半球状，且高度略小于半径，不应该太鼓或者太扁，外表应该光滑均匀，没有明显的气孔或凹陷，否则都容易造成虚焊或者假焊。在一个焊点同时焊接几个元件的引线时，更加要注意焊点的质量。

焊接时手要扶稳。在焊锡凝固过程中不能晃动被焊元器件引线，否则将造成虚焊。

当焊点一次焊接不成功或上锡量不够时，要重新焊接。重新焊接时，必须待上次的焊锡一同熔化并融为一体时才能把烙铁移开。

焊接结束后，应将焊点周围的焊剂清洗干净，检查电路有无漏焊、错焊、虚焊等现象。

2. 焊点质量检测

标准焊点应该满足以下几点：第一，金属表面焊锡充足，锡将整个上锡位及零件脚包围，焊点圆满，根部的焊盘大小适中；第二，焊点表面光亮、光滑；第三，焊锡薄，隐约可见导线轮廓；第四，焊点干净，无裂纹或针孔。

3. 拆焊

拆焊即将电子元器件引脚从印制电路板上与焊点分离，取出器件。拆焊方法不当，往往会造成元器件的损坏、印制导线的断裂或焊盘的脱落。良好的拆焊技术能保证调试、维修工作顺利进行，避免由于更换器件不得法而增加产品故障率。一般情况下，普通元器件的拆焊方法有如下几种。

① 选用合适的医用空心针头拆焊。以针头的内径能正好套住元器件引脚为宜。拆卸时一边用电烙铁熔化引脚上的焊点，一边用空心针头套住引脚旋转，当针头套进元器件引脚将其

与电路板分离后，移开电烙铁，等焊锡凝固后拔出针头，这时引脚便会和印制电路板完全分开。待元器件各引脚按上述办法与印制电路板脱开后，便可轻易拆下。

② 用铜编织线进行拆焊。用电烙铁将元器件特别是集成电路引脚上的焊点加热熔化，同时用铜编织线吸掉引脚处熔化的焊锡，这样便可使元器件（集成电路）的引脚和印制电路板分离。待所有引脚与印制电路板分离后，便可用一字形螺钉旋具或专用工具轻轻地撬下元器件（集成电路）。

另外还有其他拆焊方法。例如用气囊吸锡器取代铜编织线吸锡拆焊，用吸锡电烙铁拆焊，用专用拆焊电烙铁拆焊等。

三、电子元器件布局和检测

根据选定的电路板尺寸、形状、插孔间距及待组装电路原理图，在电路板上对要组装的元器件分布进行设计，是电子电路组装非常重要的一关。其要点是：按电路原理图设计；元器件分布要科学，电路连接规范；元器件间距要合适，元器件分布要美观。布局时首先根据电路原理图找准几条线（元器件引脚焊接在一条条直线上，确保元器件分布合理、美观），将电子元器件引脚轻拔开，不能随意折弯，对于二极管、电解电容等要注意引脚区分或极性识别。图 1.43 所示为直流稳压电源电路元器件布局图。在进行电子元器件布局及安装之前，必须对使用的电子元器件进行识别和检测，避免将已损坏的元器件装入电路，造成电路调试失败。可采用直观法识别元器件的型号和引脚的极性，电阻可用色环法识别，电解电容的长脚为正，标加粗线侧为负。当然，可以采用万用表测试，如电阻的阻值、二极管的引脚极性与好坏的判别等。

电容器检测

二极管检测

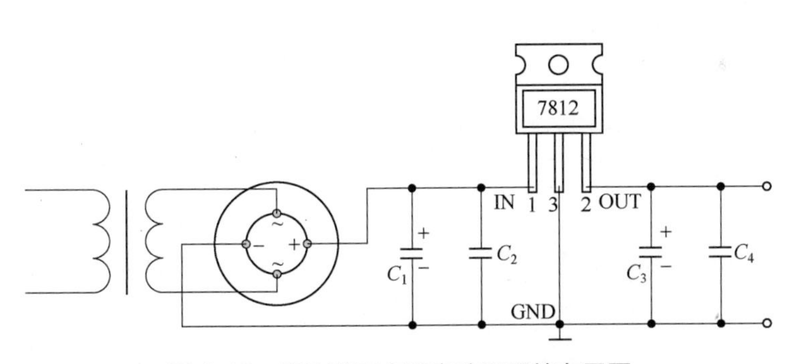

图 1.43　直流稳压电源电路元器件布局图

本任务实施过程必须进行以下检测：

① 电源变压器的检测。用万用表检查初级、次级绕组电阻，看有无短接。接通电源看输出电压是否正常，如输出电压波动范围超过±10%，应更换变压器。

② 桥式整流器的检测。用万用表检查桥式整流器。用数字万用表红表笔置于整流器“+”位置，黑表笔置于相邻的上下引脚，都应是正向导通；而红表笔置于整流器“−”位置，黑表笔置于相邻的上下引脚，都应是反向截止。如有损坏应及时更换。

③ 常规元器件的检测。对于电阻、电容、电位器等常规元件，首先清点元件的数量和标称值，用万用表来进行检测。

④ W7812 的检测。用万用表的电阻挡分别测量输入端和调整端、输出端与调整端之间的电阻，如电阻值很小或接近于 0，则说明 W7812 已经损坏。

直流稳压电源电路组装与调试

四、直流稳压电源电路组装与调试

1. 直流稳压电源电路组装

① 按照设计的元件布局图依次安装元件，焊接引脚固定并剪脚；

② 安装顺序：先小元件后大元件，先次要元件后主要元件；一些容易受静电损伤的半导体器件要最后安装；最后连通走线。

注意事项：

① 尽量少用跨接或非规范的跳线。长距离的走线应注意分段焊接固定；间距较小、容易碰线的走线宜使用绝缘导线，如漆包线等；线径应根据电流大小确定，如果没有电流要求，一般选用 0.5mm 左右线径。

② 焊接操作要规范，不能损伤元器件。对接的元件接线最好先绞合后再上锡。

③ 电容安装时应注意极性，避免安反。

④ 插好元器件后，焊接时候先焊接一边的引脚，让元器件不会掉，然后把元器件压实。焊接要尽量贴近电路板，这样会更美观。

⑤ 焊接三端集成稳压器时，不要焊接时间过长，以免损坏集成稳压器。

⑥ 焊接完成后应检查每个焊点，避免出现虚焊、漏焊等情况。

⑦ 通电测试时要注意电源变压器的电压是否符合要求。

2. 直流稳压电源电路调试

先逐个检查元器件安装焊接是否正确，确定正确无误后接上电源，观察有无元器件发烫、冒烟、发出焦味等情况，如出项这些情况应立即断开电源，重新检查电路，直到故障排除。通电检查无误后开始调试。接通电源，调节 R_P，用万用表检查输出电源和输出电流。如电压基本不变，电流有明显变化，说明电路工作正常。如电压变化明显，说明电路出现故障。这时应检查电路，找出故障并排除。也可以采用示波器观察输入端信号波形，将其分别与整流后、滤波后、稳压后各点输出波形比较，分析电路组装效果，如果没有达到相应要求，逐一检测电路，排除故障后，再进行相应调试，再检测。

五、直流稳压电源的参数测试

1. 输出电流调节范围测试

把调试好的电路接到 220V 的交流电上，调节 R_P，记录最大输出电流和最小输出电流；调节 R_P 使输出电流 $I_o = 30\text{mA}$，记录 R_P 值和 R_L 值，并进行误差分析，检查电路是否符合制作要求。

2. 输出电压测试

接通 220V 的交流电，调节 R_P，测量输出电压 U_o；将 220V 交流电波动±10%，测量输出电压值，观察集成稳压器工作是否正常。

3. 电压调整率的测试

调整 R_P，使输出电流 $I_o = 30\text{mA}$，然后固定 R_P，将电网电压波动±10%，记录最大输出

电压和最小输出电压，根据电压调整率的公式计算稳压电源的实际电压调整率，检查是否符合直流稳压电源的技术指标。

六、直流稳压电源的故障排除

发现直流稳压电源故障后，先检查各元器件是否出现虚焊或短路等现象。确认电路焊接等无误后，对故障进行分析，弄清可能是哪部分电路或哪个元器件出现问题，可采取测试元器件两端电压或电阻的方法确认元器件本身是否存在故障。如果出现直流输出电压不正常，首先检查整流滤波电压是否正常，不正常说明整流滤波电路有故障。然后测稳压器输入电压是否正常，稳压器输出电压是否正常（断开负载），不正常故障可能在稳压器。最后测负载电压和电流，如数据过大或过小，检查 C_3、C_4 和负载。

七、成果展示和评估

产品制作、调试完成以后，要求每小组派代表对所完成的作品进行展示，展现组装、制作的直流稳压电源功能，并呈交不少于 1000 字的小组任务完成报告，内容包括直流稳压电源电路图及工作原理分析、直流稳压电源的组装制作工艺及过程、功能实现情况、收获与体会几个方面；进行作品展示时要制作 PPT 进行汇报，PPT 课件要美观、条理清晰，汇报要思路清晰、表达清楚流利，可以小组成员协同完成。评价内容及标准见表 1.6。

表 1.6　评价内容及标准

类别	评价内容	权重/%	得分
学习态度（30 分）	出满勤（缺勤扣 6 分/次，迟到、早退扣 3 分/次）	30	
	积极主动完成制作任务，态度好	30	
	提交 500 字的书面报告，报告语句通顺，描述正确	20	
	团队协作精神好	20	
电路安装与调试（60 分）	熟练说出直流稳压电源电路工作原理	10	
	会判断整流管、三端集成稳压器等元器件好坏	10	
	电路元器件安装正确、美观	30	
	会对电路进行调试，并能分析小故障出现的原因	30	
	制作电路能实现输出两种波形信号的功能	20	
完成报告（10 分）	小组完成的报告规范，内容正确，1000 字以上	30	
	字迹工整，汇报 PPT 课件图文并茂	30	
	陈述思路清晰，小组协同配合好	40	
总分			

项目综合测试

项目综合测试 1

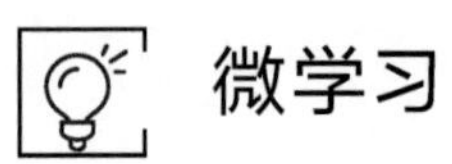

微学习

微学习 1.5

音频放大器电路的组装、调试与故障排除

笔记

学习目标

素养目标：培养学生诚实守信、求真务实的素养和习惯，强化技术技能报国的思想理念，提升团结协作精神与创新精神。

知识目标：熟悉三极管器件的命名、分类；了解三极管、场效应管器件的功能及基本放大电路的工作原理；熟悉基本放大电路的分析方法、静态和动态参数的估算公式。

技能目标：会测试三极管器件的功能及参数；会安装基本放大电路和测试电路的性能指标；会判断和处理基本放大电路的常见故障；会操作常用电子仪器和相关工具；会查阅电子元器件手册。

任务一　三极管的认识与测试

任务描述

给定 3DG6A、3AX23、9012 型三极管元件各一只，场效应管型三极管一只，要求用万用表检测三极管的型号与引脚及相关特性，学会借助资料查阅三极管的型号及主要参数。

任务分析

在掌握半导体的基本知识、PN 结的形成及 PN 结的特性、二极管的结构与特性等基础上，熟悉半导体三极管的结构、工作原理、特性曲线及主要参数，才能理解和掌握用万用表检测、识别三极管的型号与引脚的方法。

知识准备

一、半导体三极管

半导体三极管简称三极管，又名晶体管，由两个 PN 结组成，因杂质半导体有 P、N 型两

种，所以三极管的组成形式有 NPN 型和 PNP 型两种。结构和符号如图 2.1 所示。不管是 NPN 型还是 PNP 型三极管，都有三个区：发射区、基区、集电区，分别从这三个区引出三个电极：发射极 e、基极 b 和集电极 c；两个 PN 结分别为发射区与基区之间的发射结和集电区与基区之间的集电结。

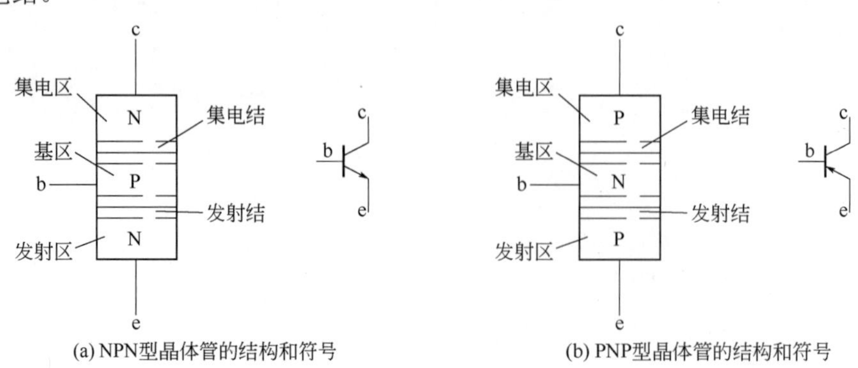

(a) NPN型晶体管的结构和符号　　(b) PNP型晶体管的结构和符号

图 2.1　晶体管结构示意图和符号

三极管基区很薄，发射区浓度高，集电结截面积大于发射结截面积。PNP 型和 NPN 型三极管符号的区别是发射极的箭头方向不同，这个箭头方向表示发射结正向偏置时的电流方向。使用中要注意电源的极性，确保发射结永远加正向偏置电压，三极管才能正常工作。三极管根据基片的材料不同，分为锗管和硅管两大类，目前国内生产的硅管多为 NPN 型（3D 系列），锗管多为 PNP 型（3A 系列）。从频率特性分，可分为高频管和低频管；从功率大小分，可分为大功率管、中功率管和小功率管。实际应用中采用 NPN 型三极管较多，所以下面以 NPN 型三极管为例加以讨论，所得结论对于 PNP 三极管同样适用。

三极管的结构与电流放大作用

1. 三极管电流分配和放大作用

（1）三极管内部载流子的运动规律

如图 2.2 所示，电源 U_{BB} 经过电阻 R_b 加在发射结上，发射结正偏，发射区的多数载流子是自由电子，自由电子不断越过发射结而进入基区，形成发射极电流 I_E。同时，基区多数载流子也向发射区扩散，但由于基区很薄，可以不考虑这个电流。因此，可以认为三极管发射结电流主要是电子流。电子进入基区后，先在靠近发射结的附近密集，渐渐形成电子浓度差，在浓度差的作用下，电子流在基区中向集电结扩散，被集电结电场拉入集电区，形成集电结电流 I_C。也有很小一部分电子与基区的空穴复合，形成复合电子流。扩散的电子流与复合电子流的比例决定了三极管的放大能力。由于集电结外加反向电压很大，这个反向电压产生的电场力将阻止集电区电子向基区扩散，同时将扩散到集电结附近的电子拉入集电区而形成集电结主电流 I_{CN}。另外集电区的少数载流子——空穴也会产生漂移运动，流向基区，形成反向饱和电流 I_{CBO}，其数值很小，但对温度却非常敏感。

（2）三极管的电流放大作用

从发射区发射到基区的电子（形成 I_E）只有很小一部分在基区复合（形成 I_{BN}），大部分到达集电区（形成 I_{CN}）。共发射极直流电流放大系数 $\bar{\beta}=I_{CN}/I_{BN}$，而 $I_C=I_{CN}+I_{CBO}$，$I_B=I_{BN}-I_{CBO}$，故有 $I_C=\bar{\beta}I_B+(1+\bar{\beta})I_{CBO}$。当 I_{CBO} 可以忽略时，$I_C\approx\bar{\beta}I_B$。如果把集电极电流的变化量与基极电流的变化量之比定义为三极管的共发射极交流电流放大系数 β，其表达

式为 $\beta = \Delta I_C / \Delta I_B$。在小信号放大电路中，由于 β 和 $\overline{\beta}$ 差别很小，因此在分析估算放大电路时常取 $\beta = \overline{\beta}$ 而不加区分（本书以后不再区分）。利用基极回路的小电流 I_B 实现对集电极电流 I_C 的控制，这就是三极管的电流放大作用。当输入电压变化时，会引起输入电流（基极电流 I_B）的变化，在输出回路将引起集电极电流 I_C 的较大变化，该变化电流在集电极负载电阻 R_c 上将产生较大的电压输出。这样，三极管的电流放大作用就转化为放大电路的电压放大作用。

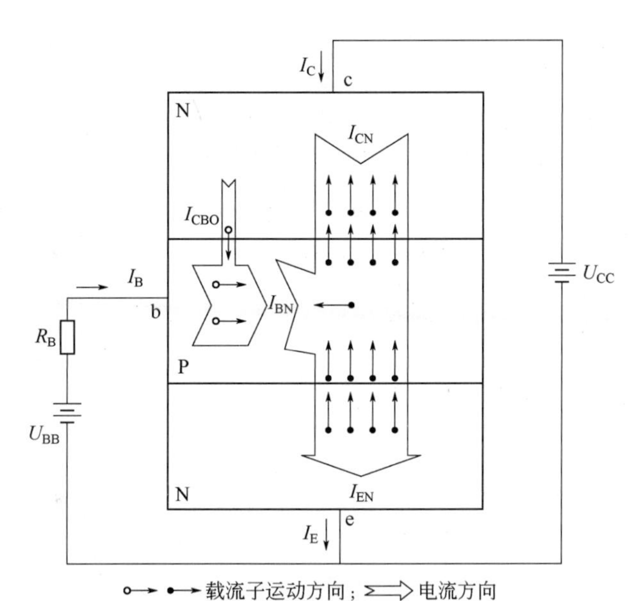

图 2.2　三极管内部载流子运动规律

2. 三极管的输入输出特性

图 2.3 所示是三极管共发射极的测试电路。图 2.4 给出了三极管的输入特性。当 $U_{CE}=0$ 时，相当于集电极和发射极间短路，三极管等效成两个二极管并联，其特性类似于二极管的正向特性。当 $U_{CE} \geqslant 1$ 时，因为集电结加反向电压，使得扩散到基区的载流子绝大部分被集电结吸引过去而形成集电极电流 I_C，只有少部分在基区复合，形成基极电流 I_B，所以 I_B 减小而使曲线右移。

三极管的特性曲线

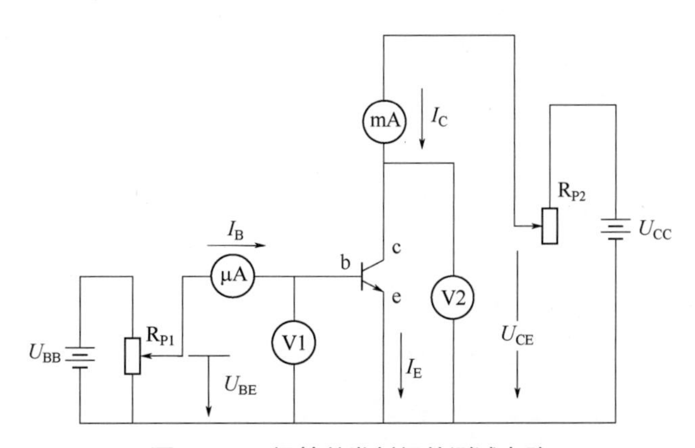

图 2.3　三极管共发射极的测试电路

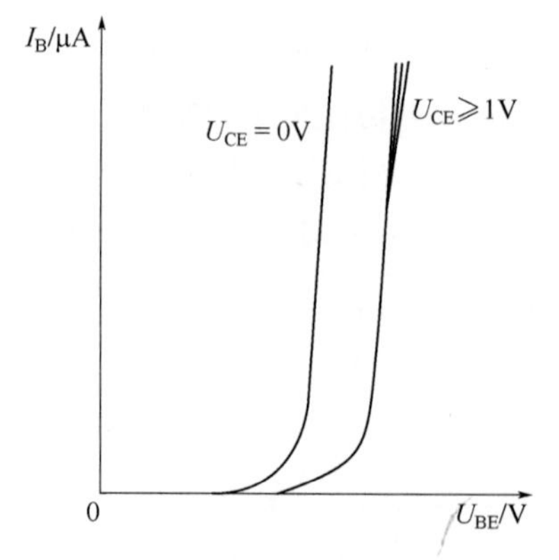

图 2.4　三极管的输入特性

如图 2.5 所示，输入特性曲线上的 Q 点处切线斜率的倒数，称为三极管共射极接法的交流输入电阻，记作 r_{be}， $r_{be}=\dfrac{1}{\tan\theta}\approx\dfrac{\Delta U_{BE}}{\Delta I_B}$ 。

当三极管基极电流 I_B 为常数时，集电极电流 I_C 与集电极、发射极间电压 U_{CE} 之间的关系称为三极管的输出特性，见图 2.6。I_B=0 曲线以下部分称为截止区，此时三极管的发射结和集电结均处于反向偏置。在截止区，I_B=0 时的集电极电流称为穿透电流 I_{CEO}。

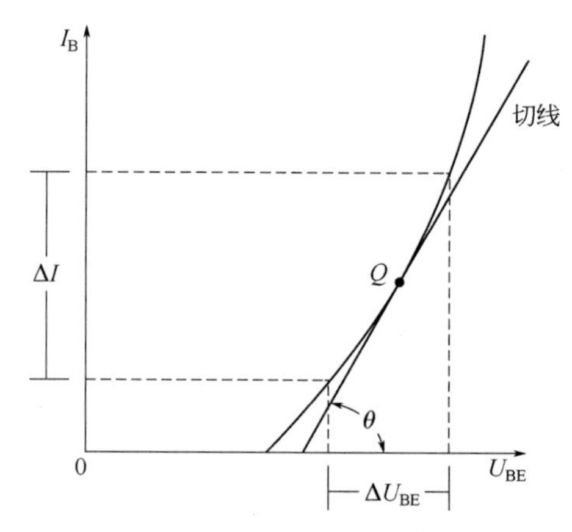

图 2.5　从输入特性曲线上求 r_{be}

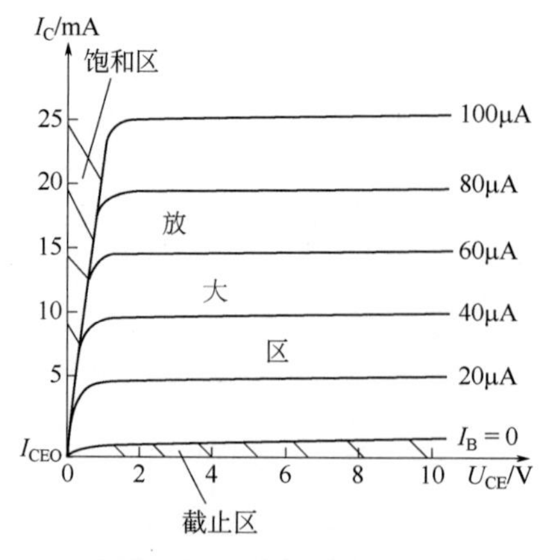

图 2.6　三极管输出特性

笔记

输出特性中，水平曲线部分是放大区，此时发射结处于正向偏置，集电结处于反向偏置。对应同一个 I_B 值，U_{CE} 增加时，I_C 基本不变（曲线基本与横轴平行）；对应同一个 U_{CE} 值，I_B 增加，I_C 显著增加，并且 I_C 的变量 ΔI_C 与 I_B 的变量 ΔI_B 基本为正比关系（曲线簇等间距），$I_C \approx \beta I_B$。

图 2.6 中对应于 U_{CE} 较小的区域为饱和区。在该区，由于 $U_{CE} < U_{BE}$，三极管的发射结和集电结处于正向偏置，不利于集电区收集注入基区的电子，当 I_C 达到一定数值 I_{CS}（称为集电极饱和电流）后，即使 I_B 再增大，I_C 也不再增大，这种现象称为饱和。在饱和区，三极管失去放大作用，集电极电流 I_C 达到 I_{CS} 之后基本不随 I_B 而变化。饱和状态下的集电极一发射极电压用 U_{CES} 表示，硅管的约为0.3V，锗管的约为0.1V。

3. 三极管的主要参数

① 动态（交流）电流放大系数 β　当集电极电压 U_{CE} 为定值时，集电极电流变化量 ΔI_C 与基极电流变化量 ΔI_B 之比：

$$\beta = \frac{\Delta I_C}{\Delta I_B}$$

三极管的主要参数

② 静态（直流）电流放大系数 $\overline{\beta}$　采用共发射极接法时由基极直流电流 I_B 所引起的集电极直流电流与基极电流之比（在集电极-发射极电压 U_{CE} 一定的条件下）：

$$\overline{\beta} = \frac{I_C - I_{CEO}}{I_B} \approx \frac{I_C}{I_B}$$

③ 发射极开路时集电极-基极反向截止电流 I_{CBO}　I_{CBO} 可以通过图 2.7 所示电路进行测量。

④ 基极开路时集电极-发射极反向截止电流 I_{CEO}　I_{CEO} 是当三极管基极开路而集电结反偏和发射结正偏时的集电极电流。测试电路如图 2.8 所示。

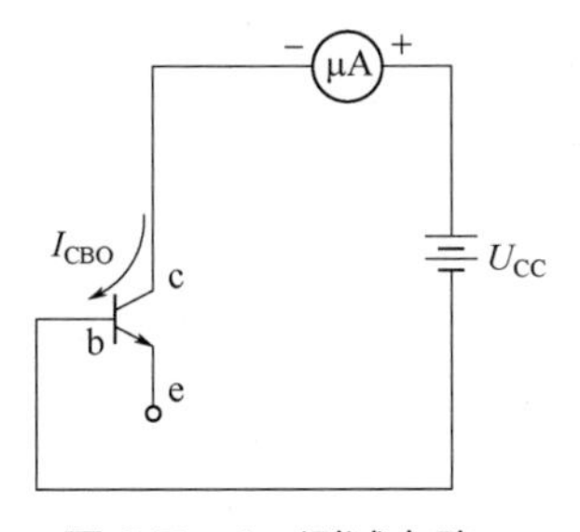

图 2.7　I_{CBO} 测试电路

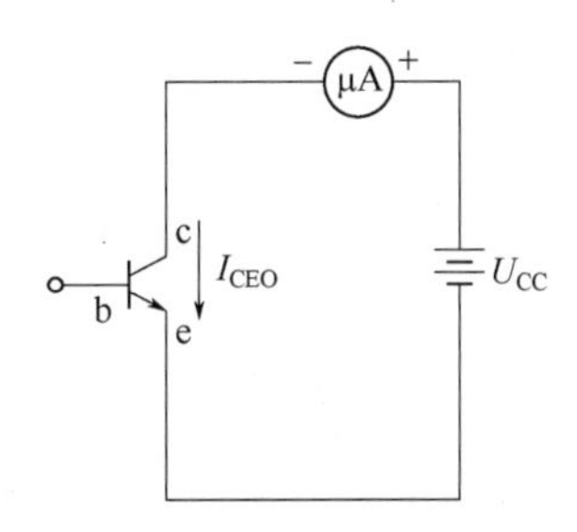

图 2.8　I_{CEO} 测试电路

⑤ 集电极最大允许电流 I_{CM}　当 I_C 超过一定数值时 β 下降，β 下降到正常值的 2/3 时所对应的 I_C 值为 I_{CM}，当 $I_C > I_{CM}$ 时，可导致三极管损坏。

⑥ 反向击穿电压 $U_{(BR)CEO}$　基极开路时，集电极和发射极之间最大允许电压为反向击穿电压 $U_{(BR)CEO}$，当 $U_{CE} > U_{(BR)CEO}$ 时，三极管的 I_C、I_E 剧增，使三极管击穿。为可靠工作，使用中取 $U_{CE} \leqslant (\frac{1}{2} \sim \frac{2}{3}) U_{(BR)CEO}$。

图 2.9 所示为由 P_{CM}、I_{CM} 和 $U_{(BR)CEO}$ 包围的区域，称为三极管安全工作区。

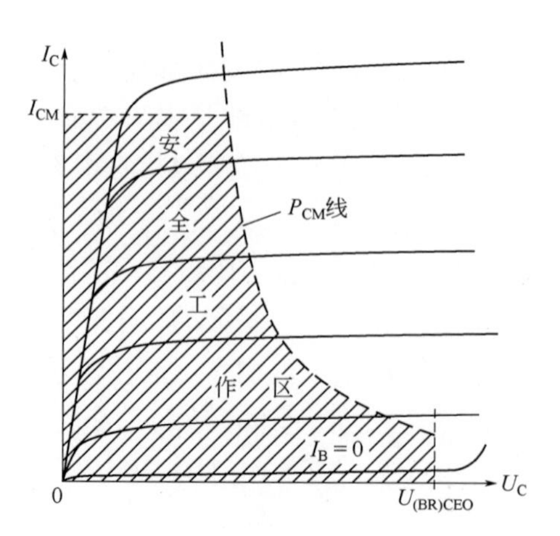

图 2.9　三极管安全工作区

例：在图 2.3 所示电路中选用 3DG6D 型号的三极管。则电源电压 U_{CC} 最大不得超过多少伏？根据 $I_C \leqslant I_{CM}$ 的要求，R_{P2} 最小不得小于多少欧？

解：3DG6D 参数是：$I_{CM}=20\text{mA}$，$U_{(BR)CEO}=30\text{V}$，$P_{CM}=100\text{mW}$。故 $U_{CC}=\dfrac{2}{3}U_{(BR)CEO}=\dfrac{2}{3}\times 30=20(\text{V})$，$U_{CE}=U_{CC}-I_C R_{P2}$，$I_C=\dfrac{U_{CC}-U_{CE}}{R_{P2}}\approx\dfrac{U_{CC}}{R_{P2}}$。其中 U_{CE} 最低一般为 0.5V，故可略。由 $I_C<I_{CM}$，所以 $\dfrac{U_{CC}}{R_{P2}}<I_{CM}$，故 $R_{P2}>\dfrac{U_{CC}}{I_{CM}}=\dfrac{20}{20}=1(\text{k}\Omega)$。

4．复合三极管

复合三极管是把两个三极管适当连接起来使之等效为一个三极管，典型结构如图 2.10 所示。以图 2.10（a）为例分析：

$$I_C=I_{C1}+I_{C2}=\beta_1 I_{B1}+\beta_2 I_{B2}=\beta_1 I_{B1}+\beta_2(1+\beta_1)I_{B1}=\beta_1 I_{B1}+\beta_2 I_{B1}+\beta_1\beta_2 I_{B1}\approx\beta_1\beta_2 I_{B1}$$

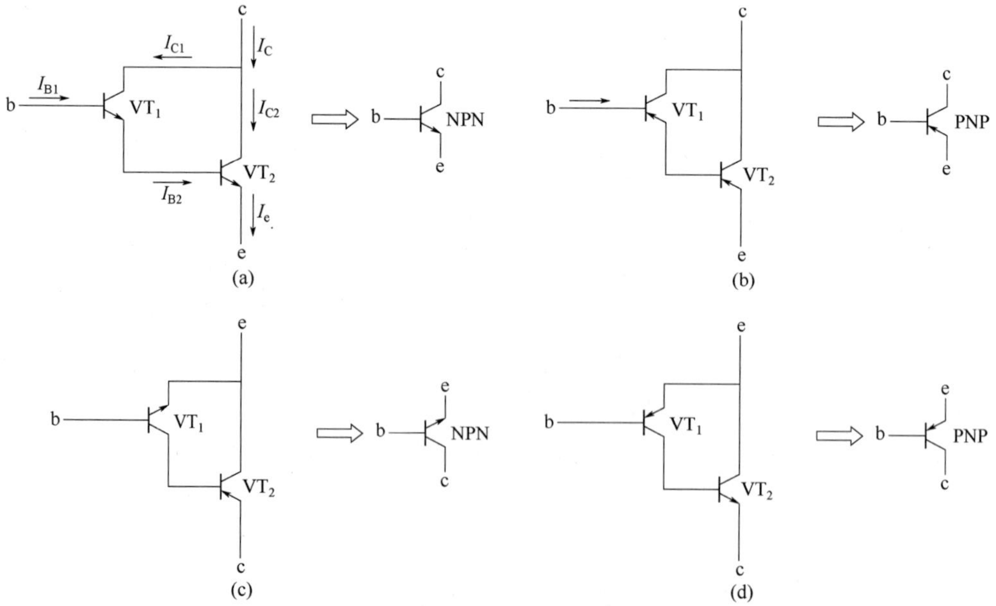

图 2.10　复合三极管

笔记

说明复合管的电流放大系数近似等于两个管子电流放大系数的乘积。同时有 $I_{CEO} = I_{CEO2} + \beta_2 I_{CEO1}$。表明复合管具有穿透电流大的缺点。

5. 三极管型号与引脚判别

将指针式万用表置于 $R \times 100$ 或 $R \times 1k$ 挡，用黑表笔碰触某一极，红表笔分别碰触另外两极，若两次测量的电阻都小（都大），黑表笔（红表笔）所接引脚为基极，为 NPN（PNP）型。

若已判明基极和类型，任意设另外两个电极为 e、c 端。以 PNP 型管为例，如图 2.11 所示，万用表红表笔接 c 端，黑表笔接 e 端，用潮湿的手指捏住基极 b 和假设的集电极 c 端，但两极不能相碰（潮湿的手指代替图中 100kΩ 的 R）。再将假设的 c、e 极互换，重复上面步骤，比较两次测得的电阻大小。测得电阻小的那次，红表笔所接的引脚是集电极 c，另一端是发射极 e。注意数字万用表和指针式万用表的红、黑表笔刚好相反。数字万用表的红表笔接表内电源正极，黑表笔接表内电源负极。

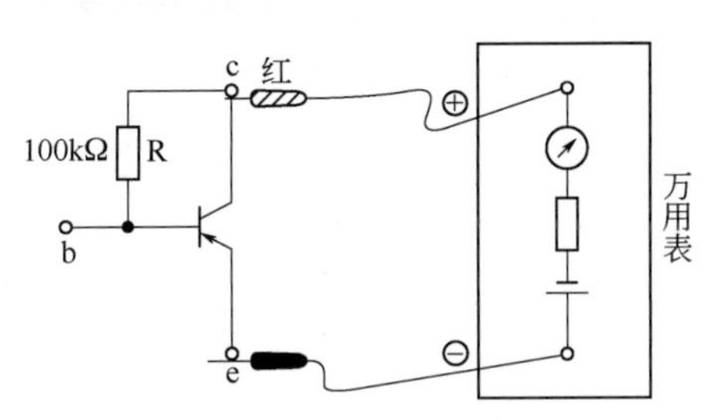

图 2.11　用万用表判别 PNP 型三极管的 c、e 极

二、场效应管

场效应管是一种利用电场效应来控制电流的单极型半导体器件，即是电压控制元件。它的输出电流决定于输入电压的大小，基本上不需要信号源提供电流，所以它的输入电阻高，且温度稳定性好。场效应管按结构不同可分为结型和绝缘栅型，按工作状态可分为增强型和耗尽型，每类中又有 N 沟道和 P 沟道之分。

1. 结型场效应管

场效应管的结构和符号

结型场效应管

结型场效应管也是具有 PN 结的半导体器件，见图 2.12。

以 N 型沟道结型场效应管为例进行分析。如图 2.13 所示，当 $U_{GS} = 0$ 时，PN 结的耗尽层只占 N 型半导体体积的很小一部分，导电沟道比较宽，沟道电阻较小。当在栅极和源极之间加上一个可变直流负电源 U_{GG} 时，此时栅源电压 U_{GS} 为负值，两个 PN 结都处于反向偏置，耗尽层加宽，导电沟道变窄，沟道电阻加大，而且栅源电压 U_{GS} 愈负，导电沟道愈窄，沟道电阻愈大。当栅源电压 U_{GS} 负到一定程度时，两边的耗尽层几乎接触，仿佛沟道被夹断，沟道电阻趋于无穷大，此时的栅源电压称为栅源截止电压（或夹断电压），用 $U_{GS(off)}$ 表示。如果在漏极和源极之间接入一个适当大小的正电源 U_{DD}，则 N 型导电沟道中的多数载流子（电子）便从源极通过导电沟道向漏极做漂移运动，从而形成漏极电流 I_D。显然，在漏源电压 U_{DS} 一定时，I_D 的大小是由导电沟道的宽窄（即电阻的大小）决定的，当 $U_{GS} = U_{GS(off)}$ 时，$I_D \approx 0$。于是我们得出结论：栅源电压U_{GS}对漏极电流I_D有控制作用。这种利用电压所产生的电场控制半导体中电流的效应，称为“场效应”。场效应管因此得名。

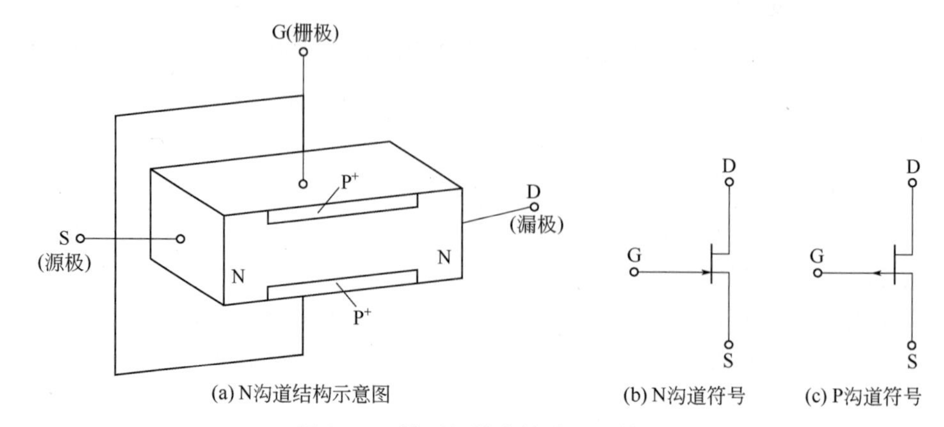

图 2.12　结型场效应管结构及符号

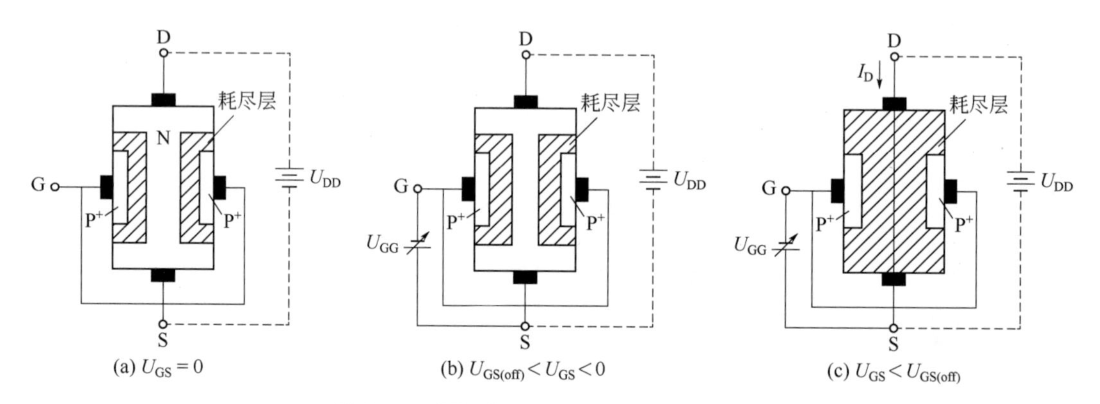

图 2.13　栅源电压 U_{GS} 对导电沟道的影响

图 2.14 给出了 N 沟道结型场效应管的转移特性，从图中可以看出U_{GS}对I_D的控制作用。$U_{GS}=0$时的I_D称为栅源短路时漏极电流，记为I_{DSS}。使$I_D\approx 0$时的栅源电压就是栅源截止电压$U_{GS(off)}$。从图中还可看出，对应不同的U_{DS}，转移特性不同，但当U_{DS}大于一定数值后，不同的U_{DS}的转移特性是很靠近的，这时可以认为转移特性重合为一条曲线，使分析得到简化。图 2.14 中的转移特性可以用一个公式来表示：

$$I_D \approx I_{DSS}(1-\frac{U_{GS}}{U_{GS(off)}}) \qquad (0 \geqslant U_{GS} \geqslant U_{GS(off)})$$

这样，根据I_{DSS}和$U_{GS(off)}$就可以把转移特性中其他点估算出来。

在栅源电压U_{GS}一定时，漏极电流I_D与漏源电压U_{DS}之间的关系称为输出特性（也叫漏极特性）。

图 2.15 给出了 N 沟道结型场效应管的输出特性。从图中可以看出，管子的工作状态可分为可变电阻区、恒流区和击穿区这三个区域。特性曲线上升的部分称为可变电阻区。在此区内，U_{DS}较小，I_D随U_{DS}的增加而近于直线上升，管子的工作状态相当于一个电阻，而且这

个电阻的大小又随栅源电压U_{GS}的大小变化而变（不同U_{GS}的输出特性的切斜率不同），所以把这个区域称为可变电阻区。曲线近于水平的部分称为恒流区（又称饱和区）。在此区内，U_{DS}增加，I_D基本不变（对应同一U_{GS}），管子的工作状态相当于一个"恒流源"，所以把这部分区域称为恒流区。在恒流区内，I_D随U_{GS}的大小而改变，曲线的间隔反映出U_{GS}对I_D的控制能力，因此恒流区又称为线性放大区。

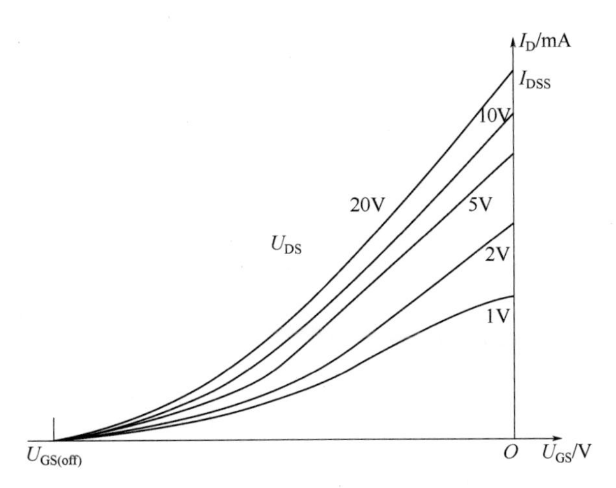

图 2.14　N 沟道结型场效应管的转移特性

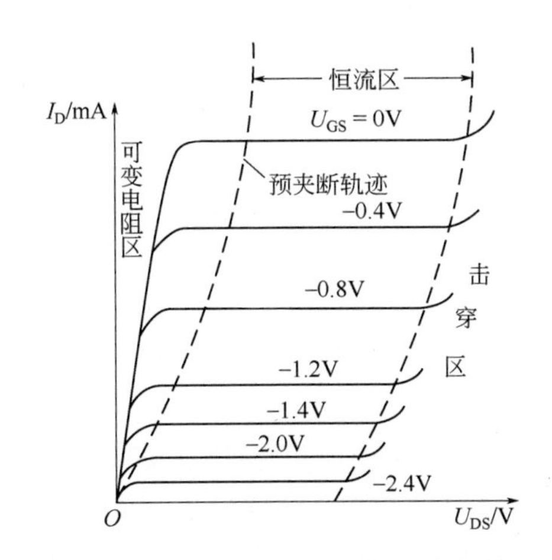

图 2.15　N 沟道结型场效应管的输出特性

恒流区产生的物理原因是漏源电压U_{DS}对沟道的影响产生纵向电位梯度，如图 2.16 所示，使得从漏极至源极沟道的不同位置上，沟道-栅极间的电压不相等，靠近漏端最大，耗尽层也最宽，而靠近源端的耗尽层最窄。在U_{GS}和U_{DS}的共同作用下，导电沟道呈楔形。

2. 绝缘栅场效应管

这种管子是由金属、氧化物和半导体组成，所以又称为金属-氧化物-半导体场效应管，简称 MOS 场效应管。图 2.17 所示为增强型绝缘栅场效应管的结构和符号。如果以 N 型硅作衬底，可制成 P 沟道增强型绝缘栅场效应管。N 沟道和 P 沟道增强型绝缘栅场效应管的符号区别是衬底的箭头方向不同。

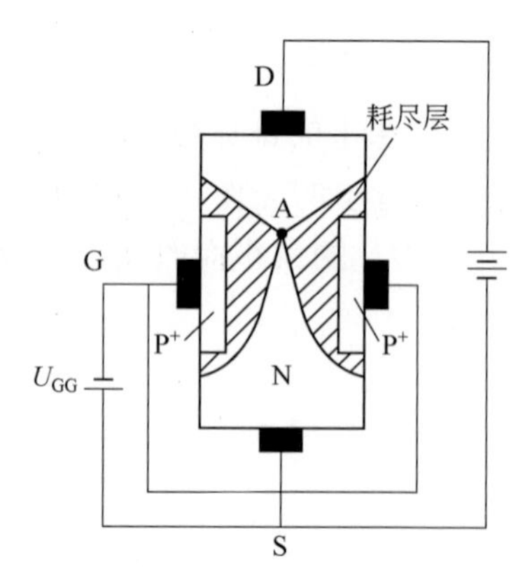

图 2.16 U_{DS} 对沟道的影响

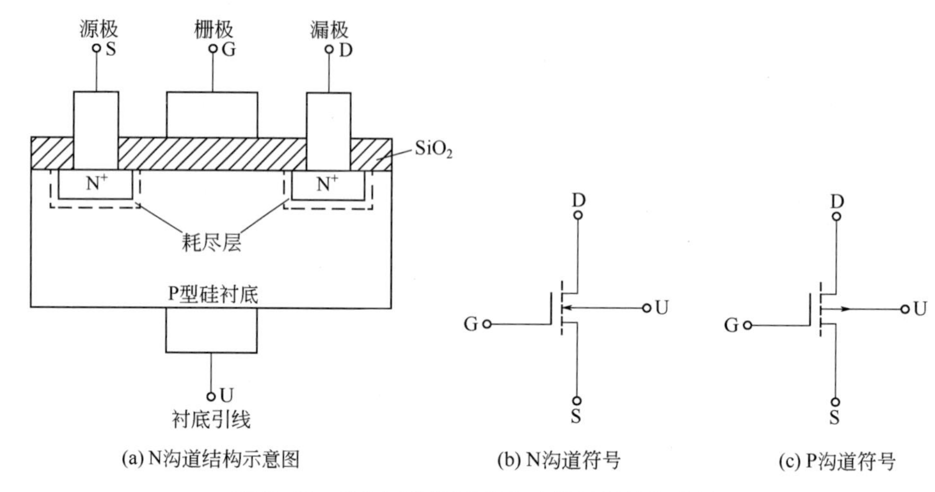

(a) N沟道结构示意图　(b) N沟道符号　(c) P沟道符号

图 2.17 增强型绝缘栅场效应管的结构和符号

绝缘栅场效应管

如果将图 2.17 中栅、源极短路，即 $U_{GS}=0$，漏源之间加正向电压 U_{DS}，此时漏极与源极之间形成两个反向连接的 PN 结，其中一个 PN 结是反偏的，故漏极电流为零。

如果在栅、源极间加上一个正电压 U_{GG}，并将衬底与源极相连，如图 2.18 所示，此时栅极和衬底（P 型硅片）相当于以二氧化硅为介质的平板电容器。U_{GS} 增加到临界电压时，介质中的强电场在衬底表面层感应出“过剩”的电子，在 P 型衬底的表面形成一个 N 型层，称为反型层。这个反型层与漏、源的 N+区之间没有 PN 结阻挡层，相当于将漏、源极连在一起，若此时加上漏源电压 U_{DS}，就会产生 I_D，形成反型层的临界电压，称为栅源阈电压（或称为开启电压），用 $U_{GS(th)}$表示。这个反型层就构成源极和漏极的 N 型导电沟道，由于它是在电场的感应下产生的，故也称为感生沟道。显然，N 型导电沟道的厚薄是由栅源电压 U_{GS} 的大小决定的。改变 U_{GS} 就可以改变沟道的厚薄，也就改变了沟道的电阻，从而改变漏极电流 I_D 的大小。这种在 U_{GS}=0 时没有导电沟道，而必须依靠栅源正电压的作用才能形成导电沟道的场效应管，称为增强型场效应管。N 沟道增强型绝缘栅场效应管的伏安特性如图 2.19 所示。

N 沟道耗尽型绝缘栅场效应管的结构和增强型基本相同，只是在制作这种管子时，预先在二氧化硅绝缘层中掺有大量的正离子，这样即使在 $U_{GS}=0$ 时也能在 P 型衬底表面形成导电

笔记

沟道，将源区和漏区连接起来，如图 2.20 所示。当漏、源极之间加上正电压 U_{DS} 时，就会有较大的漏极电流 I_D。如果 U_{GS} 为负，介质中的电场被削弱，使 N 型沟道中感应的负电荷减少，沟道变薄（电阻增大），因而 I_D 减小。这同结型场效应管相似，故称为“耗尽型”。所不同的是，N 沟道耗尽型绝缘栅场效应管可在 $U_{GS}>0$ 的情况下工作，此时在 N 型沟道中感应出更多的负电荷，使 I_D 更大。不论栅源电压为正还是为负，都能起控制 I_D 大小的作用。耗尽型绝缘栅场效应管的符号如图 2.21 所示。N 沟道耗尽型绝缘栅场效应管的特性如图 2.22 所示。

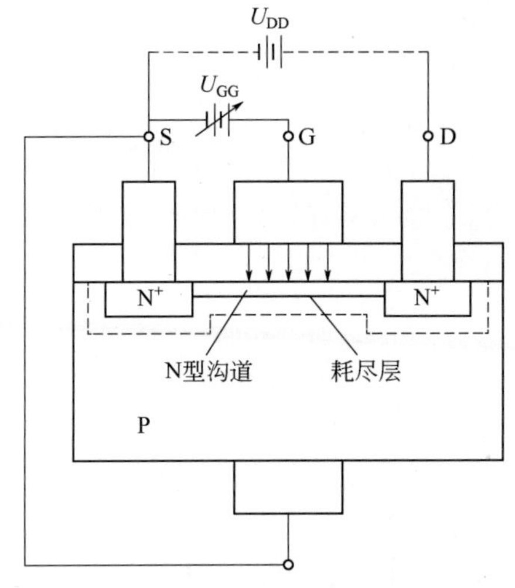

图 2.18 N 沟道增强型绝缘栅场效应管的工作原理

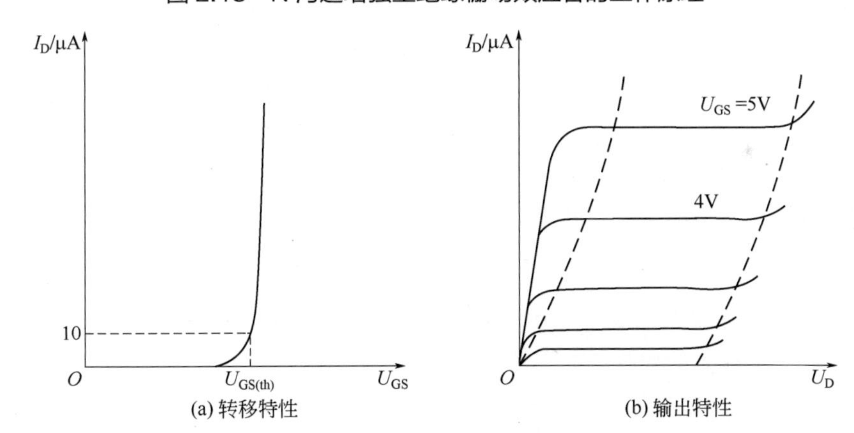

图 2.19 N 沟道增强型绝缘栅场效应管的伏安特性

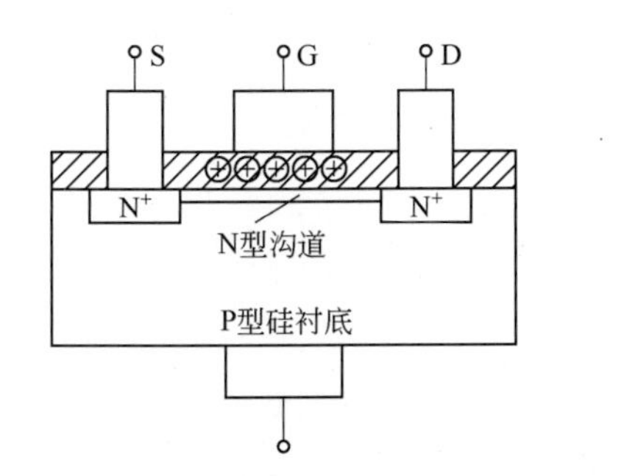

图 2.20 N 沟道耗尽型绝缘栅场效应管的结构示意图

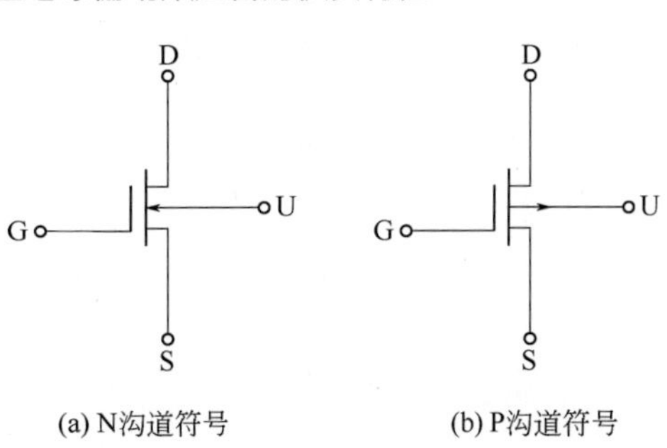

图 2.21 耗尽型绝缘栅场效应管符号

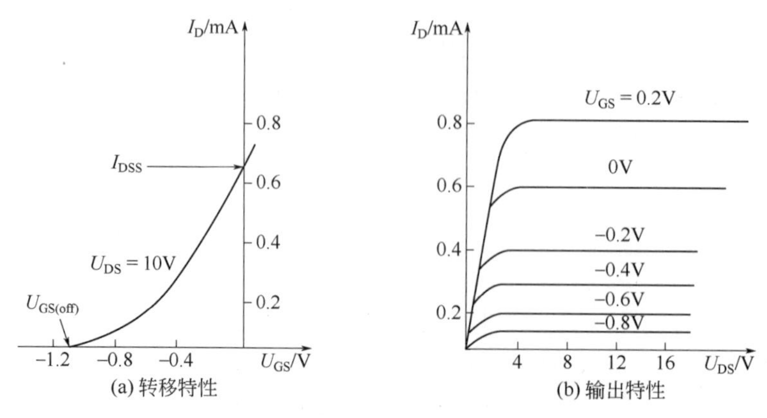

图 2.22　N 沟道耗尽型绝缘栅场效应管特性

场效应管的主要参数如下。

场效应管主要参数

① 开启电压 $U_{GS(th)}$　U_{DS} 为定值时，增强型场效应管的 I_D 达到某一微小电流所需的 U_{GS} 值。

② 夹断电压 $U_{GS(off)}$　U_{DS} 为定值时，使耗尽型管子的漏极 I_D 等于零所需施加的栅源电压。

③ 低频跨导 g_m　在 U_{DS} 为定值时，漏极电流 I_D 的变化量 ΔI_D 与引起这个变化的栅源电压 U_{GS} 的变化量 ΔU_{GS} 的比值。

④ 漏源击穿电压 $U_{(BR)DS}$　管子发生击穿时的 U_{DS} 值。

⑤ 最大耗散功率 P_{DM}　管耗功率 P_D 不能超过 P_{DM}，否则会烧坏管子。

⑥ 最大漏极电流 I_{DM}　管子工作时，I_D 不允许超过这个值。

三、场效应管与三极管的比较

① 场效应管是电压控制器件，而三极管是电流控制器件。只允许从信号源取较少电流的情况下，应选用场效应管；在信号电压较低，又允许从信号源取较多电流的条件下，应选用三极管。但都可获得较大的电压放大倍数。

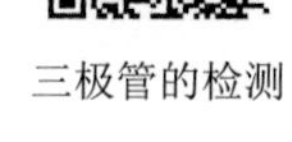

三极管的检测

② 场效应管温度稳定性好，三极管受温度影响较大。

③ 场效应管制造工艺简单，便于集成化，适合制造大规模集成电路。

④ 场效应管存放时各个电极要短接在一起，防止外界静电感应电压过高时击穿绝缘层。焊接时电烙铁应有良好的接地线，防止感应电压击穿管子。

任务实施

学生分组查阅资料，完成下列测试任务，做好报告。

1. 识读三极管的型号

查阅资料，查找 3DG6A、9012、3AX23 型三极管的主要参数，并记录填入表 2.1。

笔记

表 2.1 三极管的识别与检测

型号	b、e 间阻值		b、c 间阻值		c、e 间阻值		判断三极管的管型、材料及好坏
	正向	反向	正向	反向	正向	反向	
3DG6A							
9012							
3AX23							

2. 三极管输出特性测定

① 按图 2.23 完成接线，其中 E_B 为直流 3V 电源， E_C 为直流可调稳压电源。

② 调节 R_P，改变输入电压，使基极电流为 20μA 并保持不变，然后调节直流可调稳压电源 E_C，使它的输出电压 u_{CE} 分别为表 2.2 中的值，记录下对应的集电极电流 I_C，然后再调节 R_P，使 I_b 分别为表 2.2 中的值，重复上述过程。

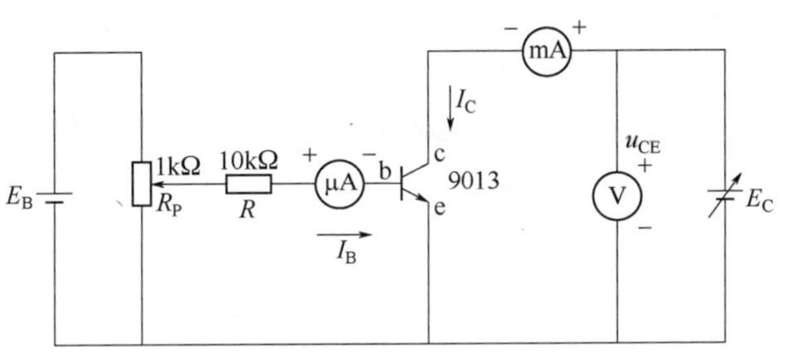

图 2.23 三极管输出特性测试电路

表 2.2 三极管输出特性

I_C/mA I_B/μA	u_{CE}/V					
	0	0.20	0.50	1.0	5.0	10
0						
20						
40						
80						
120						

任务自测

任务自测 2.1

微学习

微学习 2.1

任务二　基本放大电路的认知

任务描述

图 2.24 是一音频放大器的电路，说出其主要组成部分以及各元件的作用。

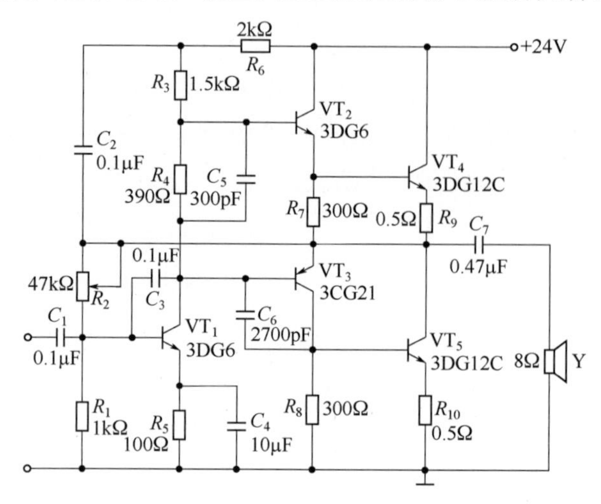

图 2.24　音频放大器电路

任务分析

扩音机把话筒转成的微弱电信号进行小信号放大和功率放大，最后驱动扬声器发出较大的声音。电路中起放大作用的核心元件是三极管。用来对电信号放大的电路称为放大电路，习惯上称为放大器。放大电路实际是一个受输入信号控制的能量转换器。

知识准备

一、基本放大电路的组成及工作原理

如图 2.25 所示，一个基本放大电路包括输入信号源、晶体三极管、输出负载以及直流电源和相应的偏置电路。其中直流电源和相应的偏置电路用来为晶体三极管提供静态工作点，以保证其工作在放大区。输入信号源包括各种传感器，将声音变换为电信号的话筒，将图像变换为电信号的摄像管等。其中直流电源 U_{CC} 向 R_L 提供能量，给 VT 提供适当的偏置。基极偏流电阻 R_B 为三极管基极提供合适的正向偏流。集电极电阻 R_C 将集电极电流转换成集电极电压，影响放大器的电压放大倍数。耦合电容 C_1、C_2 构成交流信号的通路，避免信号源与放大器之间直流信号的相互影响。

基本放大电路认知

在图 2.25 中，$u_i=0$ 时，由于基极偏流电阻 R_B 的作用，晶体管基极有正向偏流 I_B 流过，集电极电流 $I_C=\beta I_B$，集电极电阻 R_C 上的压降为 $U_C=I_CR_C$。集电极-发射极间的管压降为 $U_{CE}=U_{CC}-I_CR_C$。这时的放大电路处于静态或直流工作状态，这时的基极电流 I_B、

笔记

集电极电流 I_C 和集电极发射极电压 U_{CE} 用 I_{BQ}、I_{CQ}、U_{CEQ} 表示，它们在三极管特性曲线上所确定的点称为静态工作点，用 Q 表示。这些电压和电流值都是在无信号输入时的数值，所以叫静态电压和静态电流。

输入信号源　晶体三极管　输出负载

直流电源和相应的偏置电路

(a) 基本放大电路组成框图

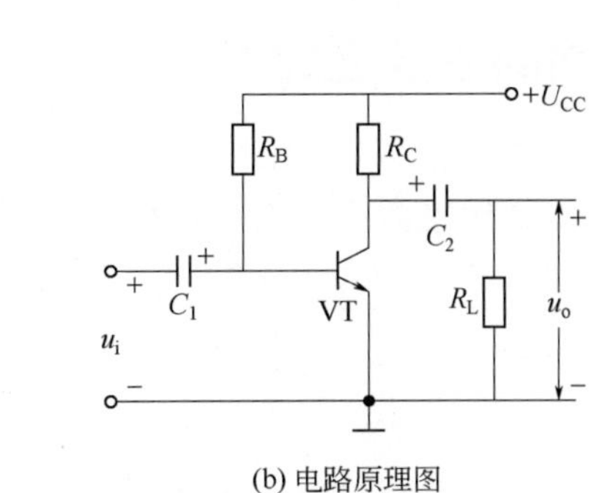

(b) 电路原理图

图 2.25　基本放大电路组成与共发射极基本放大电路

当 u_i 不等于零时，信号电压 u_i 将和静态正偏压 U_{BE} 相串联作用于晶体管发射结上，加在发射结上电压的瞬时值为 $u_{BE}=U_{BE}+u_i$。选择适当的静态电压和静态电流，并将输入信号电压限制在一定范围内，则在信号的整个周期内，发射结上的电压均能处于输入特性曲线的直线部分，如图 2.26，此时基极电流的瞬时值将随 u_{BE} 变化。基极电流 i_B 由两部分组成：一个是固定不变的静态基极电流 I_B；一个是做正弦变化的交流基极电流 i_b。由于晶体管的电流放大作用，集电极电流 i_C 将随基极电流 i_B 变化，i_C 也由两部分组成：固定不变的静态集电极电流 I_C，集电极交流电流 i_C。集电极电阻 R_C 上的电压降 $u_{R_c}=i_C R_C$。而 $U_{CC}=i_C R_C+u_{CE}$，u_{CE} 也由两部分组成：一个是固定不变的静态管压降 U_{CE}；另一个是集电极-发射极交流电压 u_{ce}。电容 C_2 具有隔直流、通交流作用，因此有 $u_o=u_{ce}$。

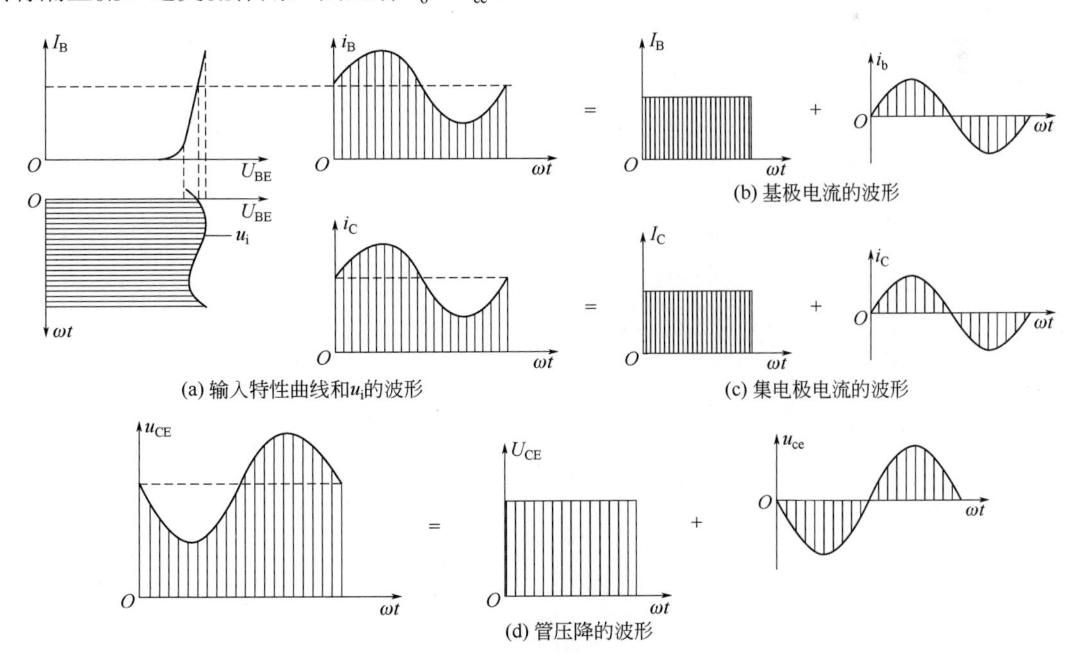

(a) 输入特性曲线和 u_i 的波形

(b) 基极电流的波形

(c) 集电极电流的波形

(d) 管压降的波形

图 2.26　放大器电压电流波形

输出电压的波形和输入信号电压的波形相同，只是输出电压幅度比输入电压大。输出电压与输入信号电压相位差为180°。放大电路工作原理实质是用微弱的信号电压u_i通过三极管的控制作用去控制三极管集电极电流i_C，i_C在R_L上形成的压降作为输出电压。

二、放大电路的主要性能指标

各种小信号放大器都可以用图 2.27 所示的组成框图表示，图中U_s代表输入信号电压源的等效电动势，r_s代表内阻。也可用电流源等效电路。U_i和I_i分别为放大器输入信号电压和电流的有效值，R_L为负载电阻，U_o和I_o分别为放大器输出信号电压和电流的有效值。衡量放大器性能的指标很多，现介绍输入输出电阻、增益、频率失真和非线性失真等基本指标。

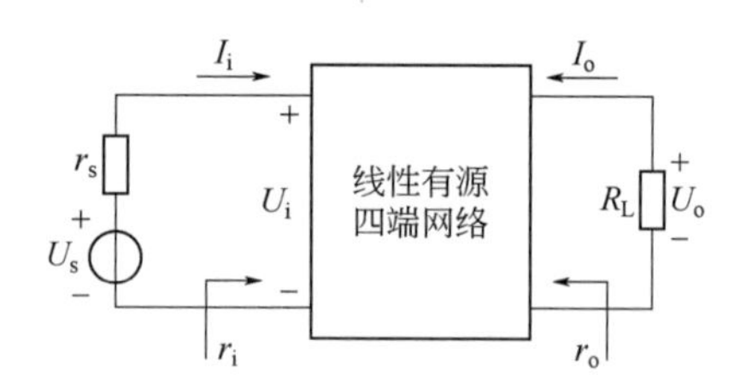

图 2.27　小信号放大器的组成框图

1. 输入输出电阻

对于输入信号源，可把放大器当作它的负载，用r_i表示，称为放大器的输入电阻，大小为$r_i = \dfrac{U_i}{I_i}$。对于输出负载R_L，可把放大器当作它的信号源，用相应的电压源或电流源等效电路表示，如图 2.28（a）、（b）所示。r_o是等效电流源或电压源的内阻，也就是放大器的输出电阻，它是在放大器中的独立电压源短路或独立电流源开路、保留受控源的情况下，从R_L两端向放大器看进去所呈现的电阻。假如在放大器输出端外加信号电压U，由U产生的电流是I，则$r_o = U/I$，如图 2.28（c）。r_o和r_i只是等效意义上的电阻。如果在放大器内部有电抗元件，r_o，r_i应为复数值。

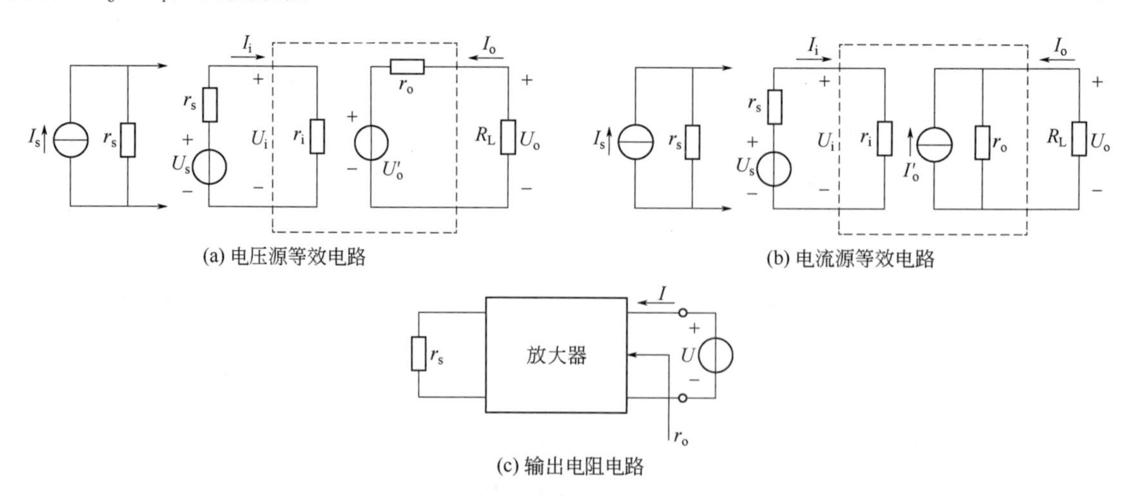

图 2.28　放大器的输入电阻和输出电阻

笔记

2. 增益

增益又称为放大倍数，用来衡量放大器放大信号的能力。有电压增益、电流增益等。电压增益用 A_u 表示，定义为放大器输出信号电压与输入信号电压的比值，即 $A_u=\dfrac{u_o}{u_i}$。源电压增益 $A_{us}=\dfrac{u_o}{u_s}=A_u\dfrac{r_i}{r_s+r_i}$。电流增益 $A_i=\dfrac{i_o}{i_i}$，源电流增益 $A_{is}=A_i\dfrac{r_s}{r_s+r_i}$。

3. 频率失真

因放大电路一般含有电抗元件，所以对于不同频率的输入信号，放大器具有不同的放大能力。将幅值随频率 ω 变化的特性称为放大器的幅频特性，相角随 ω 变化的特性称为放大器的相频特性，它们分别如图 2.29（a）、（b）所示。

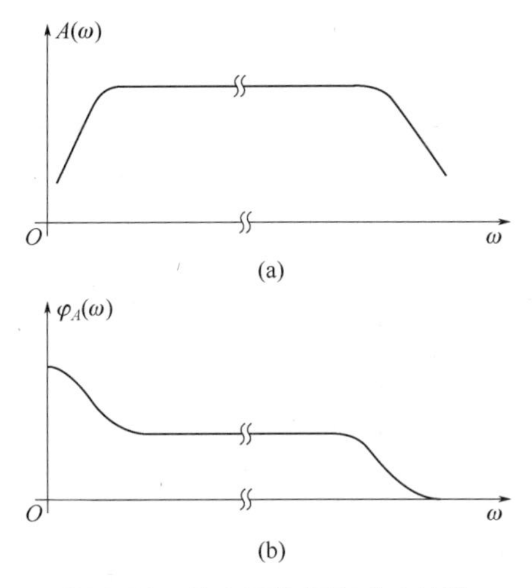

图 2.29　放大器的频率响应特性

在工程上，一个实际输入信号包含许多频率分量，放大器不能对所有频率分量进行等增益放大，那么合成的输出信号波形就与输入信号不同，这种波形失真称为放大器的频率失真，因此要把这种失真限制在允许值范围内。

三、放大电路分析方法

对一个放大电路进行定量分析，首先要确定静态工作点，然后计算放大电路在有信号输入时的放大倍数、输入阻抗、输出阻抗等。常用的分析方法有两种：图解法和微变等效电路法。为了简便起见，往往把直流分量和交流分量分开处理，分别画出它们的直流通路和交流通路。分析静态时用直流通路，分析动态时用交流通路。在画直流通路和交流通路时，对直流通路，电感可视为短路，电容可视为开路；对交流通路，若直流电源内阻很小，则其上交流压降很小，可把它看成短路；若电容在交流通过时交流压降很小，可把它看成短路。

1. 图解法

在三极管特性曲线上，用作图的方法来分析放大电路的工作情况，称为图解法。其优点是直观，物理意义清晰明了。以图 2.30 所示基本放大电路为例，其输出回路的直流通路如图 2.31

（a）所示，AB 右边是线性电路，$u_{\mathrm{CE}}=U_{\mathrm{CC}}-i_{\mathrm{C}}R_{\mathrm{c}}$，此式代表直流负载线，如图 2.31（b）。直流负载线的做法一般是先找两个特殊点：当 $i_{\mathrm{C}}=0$ 时，$u_{\mathrm{CE}}=U_{\mathrm{CC}}$($M$ 点)；当 $u_{\mathrm{CE}}=0$ 时，$i_{\mathrm{C}}=\dfrac{U_{\mathrm{CC}}}{R_{\mathrm{c}}}$($N$ 点)，直线 MN 就是放大电路直流负载线，斜率 $k=\tan\alpha=-\dfrac{1}{R_{\mathrm{c}}}$。

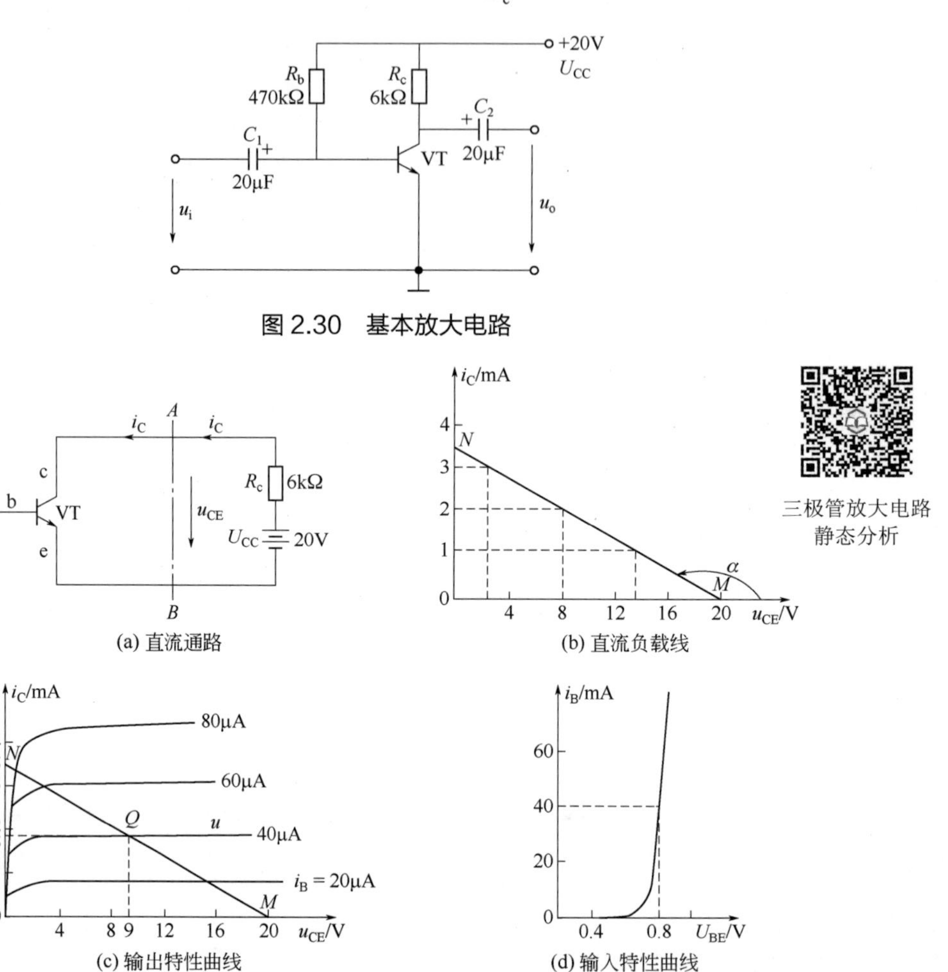

图 2.30　基本放大电路

(a) 直流通路

(b) 直流负载线

(c) 输出特性曲线

(d) 输入特性曲线

图 2.31　基本放大电路的静态图解分析

把直流负载线 MN 移到三极管输出特性曲线上去，如图 2.31（c），输出特性曲线与直流负载线的交点，就是静态工作点。已知静态电压 U_{BE}，可从输入特性曲线图 2.31（d）找到静态电流 I_{B}，根据 I_{B} 确定出图 2.31（c）中具体某条曲线，该曲线与 MN 的交点 Q 就是静态工作点 Q，所对应的静态值 I_{BQ}、I_{CQ} 和 U_{CEQ} 也就求出来了。但 u_{BE} 一般不容易得到确定的值，因此求 I_{BQ} 时一般不用图解法，而用近似公式 $I_{\mathrm{BQ}}=\dfrac{U_{\mathrm{CC}}-U_{\mathrm{BEQ}}}{R_{\mathrm{b}}}$ 进行计算。放大电路的输入端接有交流小信号电压，而输出端开路情况称为空载放大电路，输出回路满足 $i_{\mathrm{C}}=\dfrac{U_{\mathrm{CC}}}{R_{\mathrm{C}}}-\dfrac{u_{\mathrm{CE}}}{R_{\mathrm{C}}}$，所以可用直流负载线来分析空载的电压放大倍数，设图 2.30 中输入信号电压 $u_{\mathrm{i}}=0.02\sin\omega t(\mathrm{V})$，

忽略电容 C_1 对交流的压降，则有 $u_{BE}=U_{BEQ}+u_i$。

由图 2.32（a），可得基极电流 $i_B=I_{BQ}+i_b=40+20\sin\omega t(\mu A)$。

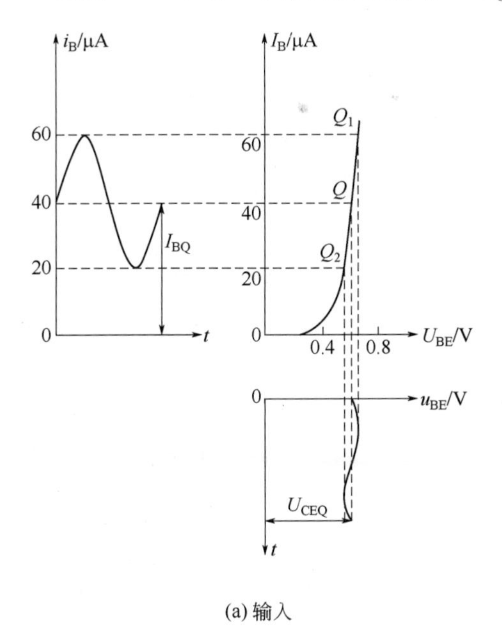

(a) 输入

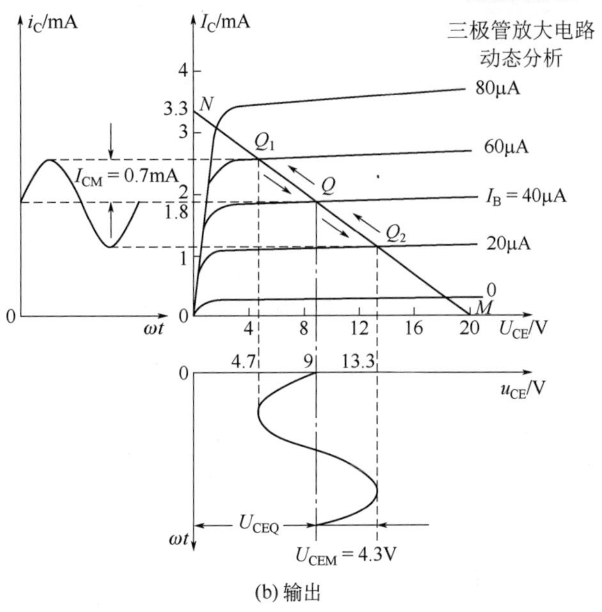

(b) 输出

图 2.32　空载图解动态分析

根据 i_B 的变化情况，在图 2.32（b）中进行分析，可知工作点在以 Q 为中心的 Q_1、Q_2 两点之间变化，u_i 的正半周在 QQ_1 段，负半周在 QQ_2 段。i_C 和 u_{CE} 的变化曲线如图 2.32（b）所示，它们的表达式为 $i_C=1.8+0.7\sin\omega t(\text{mA})$，$u_{CE}=9-4.3\sin\omega t(\text{V})$。输出电压 $u_o=-4.3\sin\omega t=4.3\sin(\omega t+\pi)(\text{V})$。电压放大倍数 $A_u=\dfrac{u_o}{u_i}=\dfrac{-4.3\sin\omega t}{0.02\sin\omega t}=-215$。

在图 2.33（a）中，因为 U_{CC} 保持恒定，对交流信号压降为零，所以从输入端看，R_b 与发射结并联，从集电极看，R_c 与 R_L 并联，因此放大电路的交流通路可画成如图 2.33（b）所示的电路，图中交流负载电阻 $R_L'=R_L//R_c=\dfrac{R_cR_L}{R_c+R_L}$。

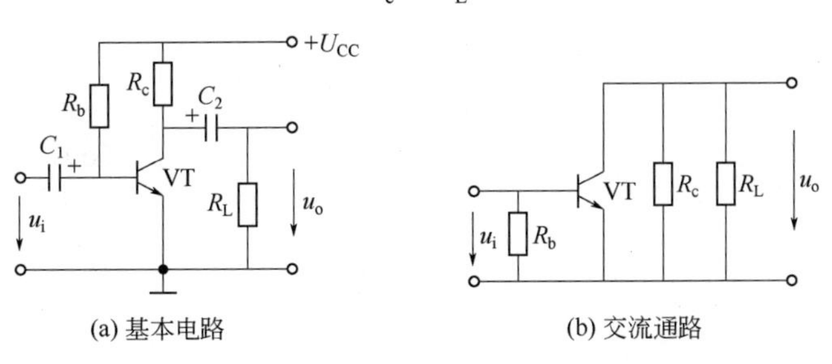

(a) 基本电路　　(b) 交流通路

图 2.33　基本放大电路及其交流通路

在图 2.33（b）所示的交流通路中，$u_{ce}=-i_cR_L'$。先作出其直流负载线 MN，工作点为 Q。依叠加原理有 $i_C=I_{CQ}+i_c$，$u_{CE}=U_{CEQ}+u_{ce}$，因此有：

$$u_{CE}=U_{CEQ}-i_cR_L'=U_{CEQ}-(i_C-I_{CQ})R_L'$$

整理得

$$i_C = \frac{U_{CEQ} + I_{CQ}R'_L}{R'_L} - \frac{1}{R'_L}u_{CE}$$

这便是交流负载线方程，当 $i_C = I_{CQ}$ 时，$u_{CE} = U_{CEQ}$，所以交流负载线也过 Q 点，其斜率为：

$$k' = \tan\alpha' = -\frac{1}{R_L}$$

已知点 Q 和斜率 k'，便可作出交流负载线来，但斜率不易作得准确，一般用下列方法作交流负载线：如图 2.34 所示，首先作直流负载线 MN，找出静态工作点 Q，然后过 M 作斜率为 $-\frac{1}{R'_L}$ 的辅助线 ML，最后过 Q 作 $M'N'$平行于 ML，所以 $M'N'$的斜率也为 $-\frac{1}{R'_L}$，而且过 Q 点，所以 $M'N'$即是所求作的交流负载线。

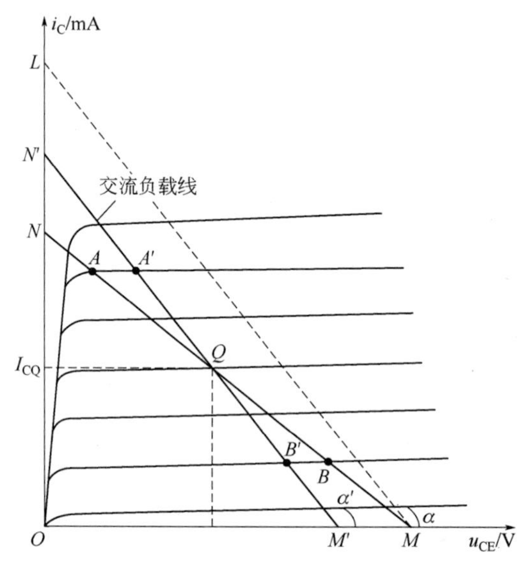

图 2.34　交流负载线

假设图 2.33 中 $R_b = 300\text{k}\Omega$，$R_c = 4\text{k}\Omega$，$R_L = 4\text{k}\Omega$，$U_{CC} = 12\text{V}$，输入电压 $u_i = 0.02\sin\omega t(\text{V})$，三极管的输入特性如图 2.35（a）所示，输出特性如图 2.35（b）所示。其直流负载线特性方程为：

$$i_c = \frac{U_{CC}}{R_c} - \frac{U_{CE}}{R_c}$$

直流负载线在 i_C 轴和 u_{CE} 轴上的截距分别为：

$$ON = \frac{U_{CC}}{R_c} = \frac{12}{4} = 3(\text{mA})$$

$$OM = U_{CC} = 12(\text{V})$$

笔记

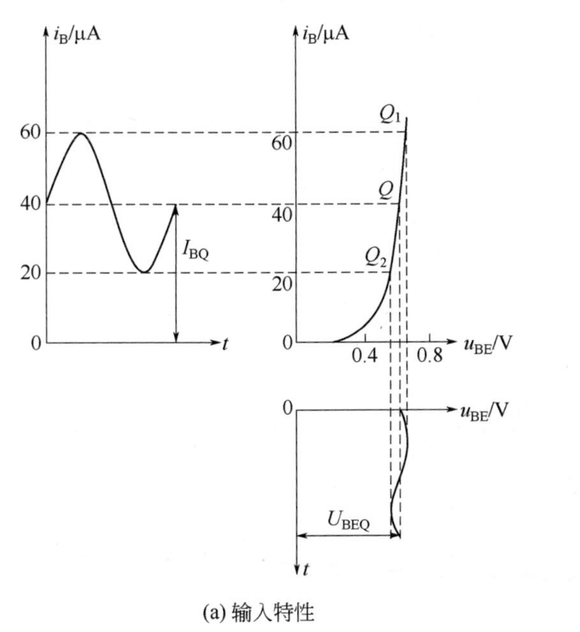

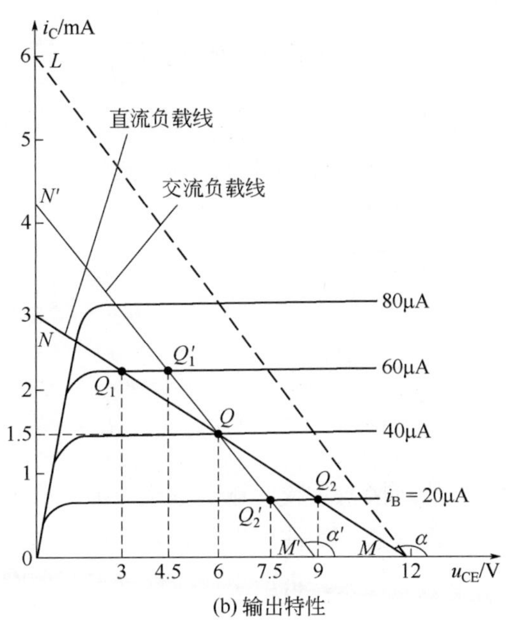

(a) 输入特性　　(b) 输出特性

图 2.35　三极管输入输出特性

直线 MN 即为电路的直流负载线。

$$I_{BQ}=\frac{U_{CC}-U_{BE}}{R_b}=\frac{12-0.7}{300}=0.04(\text{mA})=40(\mu\text{A})$$

$i_B=40\mu\text{A}$ 的输出特性曲线与直流负载线 MN 相交于 Q 点，即静态工作点，静态值为：

$$\begin{cases}I_{BQ}=40\mu\text{A}\\ I_{CQ}=1.5\text{mA}\\ U_{CEQ}=6\text{V}\end{cases}$$

$U_{BEQ}\approx 0.6\text{V}$，叠加输入电压 u_i 后得：

$$u_{BE}=U_{BEQ}+u_i=0.6+0.02\sin\omega t(\text{V})$$

从输入特性知 $i_B=40+20\sin\omega t(\mu\text{A})$，工作点在直流负载线 MN 的 Q_1 和 Q_2 两点之间的变化，i_b 正半周时在 Q_1Q 段，i_b 负半周时在 Q_2Q 段，所以有：

$$u_{CE}=6-3\sin\omega t$$

输出交流电压：

$$u_o=-3\sin\omega t=3\sin(\omega t-\pi)$$

电压放大倍数：

$$A_u=\frac{u_o}{u_i}=\frac{-3\sin\omega t}{0.02\sin\omega t}=-150$$

交流负载电阻：

$$R_L'=R_L\,//\,R_C=\frac{R_C\times R_L}{R_C+R_L}=\frac{4\times 4}{4+4}=2(\text{k}\Omega)$$

在 i_C 轴上确定点 L，使 $OL=\frac{U_{CC}}{R_L'}=\frac{12}{2}=6$，连接 ML，过 Q 作 $M'N'//ML$，$M'N'$为所求的交流负载线。依 i_b 的变化，可知接 R_L 后工作点在交流负载线上的 Q'_1 与 Q'_2 之间变化，i_b 正半周时在 Q'_1Q 段，负半周时在 Q'_2Q 段，所以有：

$$u_{CE}=6-1.5\sin\omega t$$

输出交流电压：

$$u_o=-1.5\sin\omega t=1.5\sin(\omega t-\pi)$$

电压放大倍数：

$$A_u=\frac{u_o}{u_i}=\frac{-1.5\sin\omega t}{0.02\sin\omega t}=-75$$

显然，接入负载后输出电压减小，放大倍数减小。

三极管的非线性表现在输入特性的弯曲部分和输出特性间距的不均匀部分。如果输入信号的幅值比较大，将产生非线性失真，如图 2.36 所示。

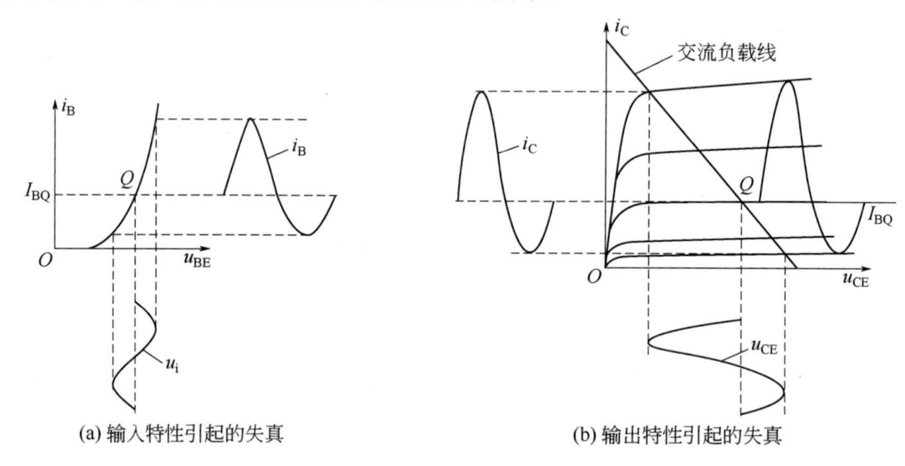

(a) 输入特性引起的失真　　(b) 输出特性引起的失真

图 2.36　由三极管特性的非线性引起的失真

静态工作点的位置不合适，也会产生严重的失真。如果静态工作点选得太低，在输入特性上，信号电压的负半周有一部分在阈电压以下，管子进入截止区，使 i_B 的负半周被“削”去一部分。i_B 已为失真波形，结果使 i_C 负半周和 u_{CE} 的正半周（对 NPN 型管而言）被“削”去相应的部分，输出电压 u_o (u_{CE})的波形出现顶部失真，如图 2.37（a）所示。

因为这种失真是三极管在信号的某一段时间内截止而产生的，所以称为截止失真。如果静态工作点选得太高，尽管 i_B 波形完好，但在输出特性上，信号的摆动范围有一部分进入饱和区，结果使 i_C 的正半周和 u_{CE} 的负半周（对 NPN 管）被“削”去一部分，输出电压 u_o (u_{CE}) 的波形出现底部失真，如图 2.37（b）所示。因为这种失真是三极管在信号的某一段内饱和而产生的，所以称为饱和失真。PNP 型三极管的输出电压 u_o 的波形失真现象与 NPN 型三极管的相反。对一个放大电路，希望它的输出信号能正确地反映输入信号的变化，也就是要求波形失真小，否则就失去了放大的意义。由于输出信号波形与静态工作点有密切的关系，所以静态工作点的设置要合理。所谓合理，即 Q 点的位置应使三极管各极电流、电压的变化量处于特性曲线的线性范围内。具体地说，如果输入信号幅值比较大，Q 点应选在交流负载线的

笔记

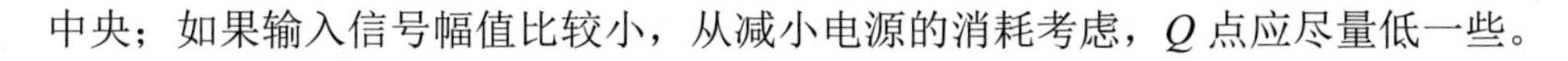

中央；如果输入信号幅值比较小，从减小电源的消耗考虑，Q 点应尽量低一些。

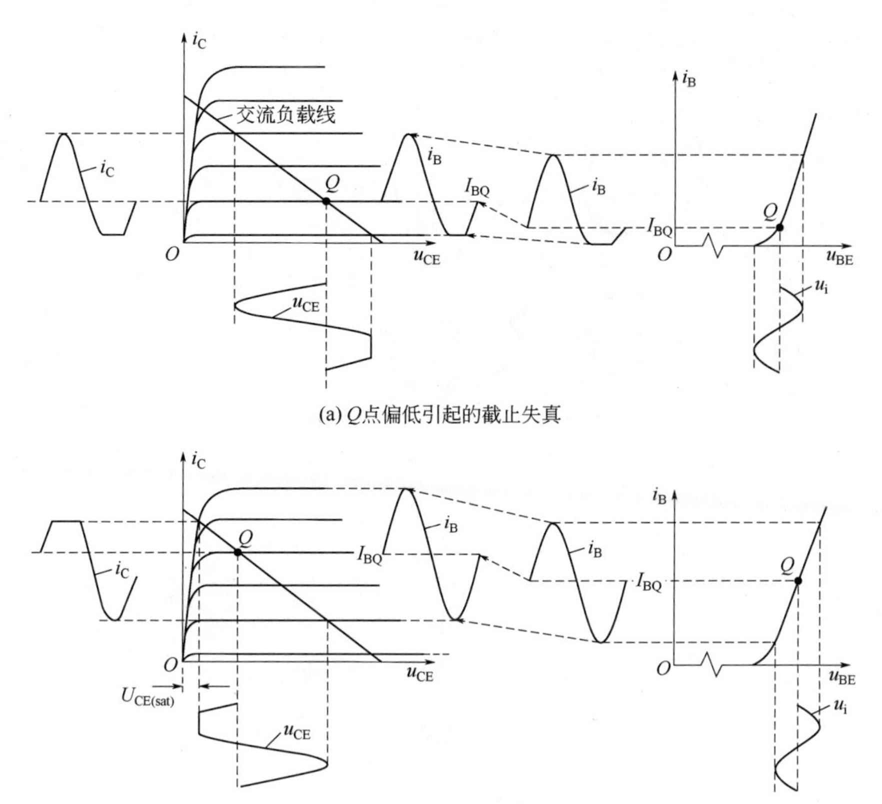

(a) Q点偏低引起的截止失真

(b) Q点偏高引起的饱和失真

图 2.37　工作点选择不当引起的失真

2. 微变等效电路分析法

用图解法分析放大电路，虽然比较直观，便于理解，但过程烦琐，不易进行定量分析。当信号在工作点附近很小的范围内变化时，三极管的特性可以看成是线性的，可用一个线性电路来代替在小信号工作范围内的三极管，这个线性电路就称为三极管的微变等效电路。如图 2.38（a）所示，在静态工作点 Q 附近，当 u_{CE} 一定时，Δi_B 与 Δu_{BE} 成正比，三极管输入回路基极与发射极之间可以用等效电阻 r_{be} 代替，即：

共射放大电路微变等效分析

$$r_{be} = \left.\frac{\Delta u_{BE}}{\Delta i_B}\right|_{U_{CE}\text{一定}} = \frac{u_{be}}{i_b}$$

根据三极管输入结构分析，r_{be} 的数值可以用下列公式计算：

$$r_{be} = r_{bb'} + (1+\beta)\frac{26(\text{mV})}{I_{EQ}(\text{mA})}$$

式中，$r_{bb'}$ 是基区体电阻，一般无特别说明时，可取 $r_{bb'} = 300\Omega$；I_{EQ} 为静态射极电流。当三极管工作于放大区时，当 u_{CE} 一定时，Δi_C 与 Δi_B 成正比，电流放大倍数为：

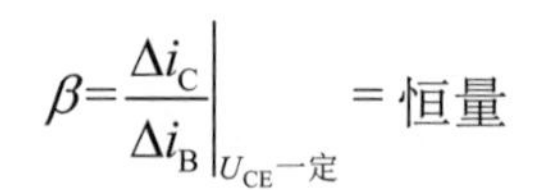

$$\beta = \left.\frac{\Delta i_C}{\Delta i_B}\right|_{U_{CE}一定} = 恒量$$

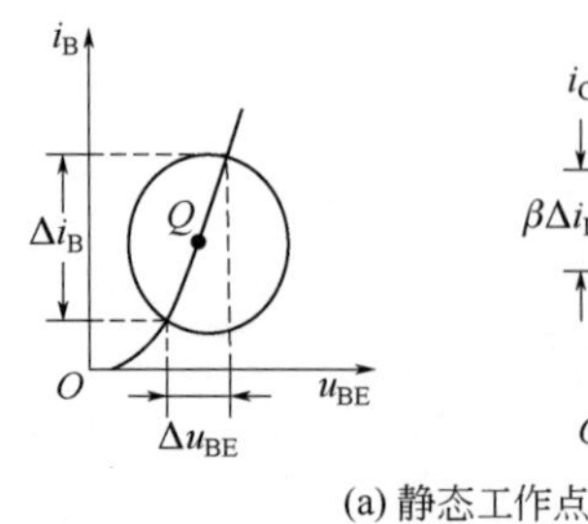

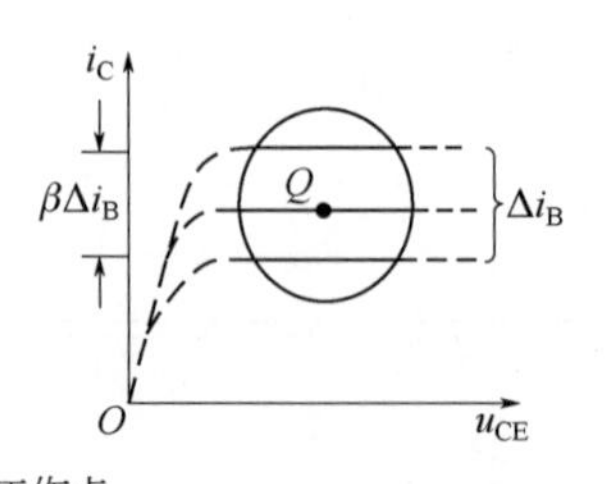

(a) 静态工作点

三极管的微变等效电路

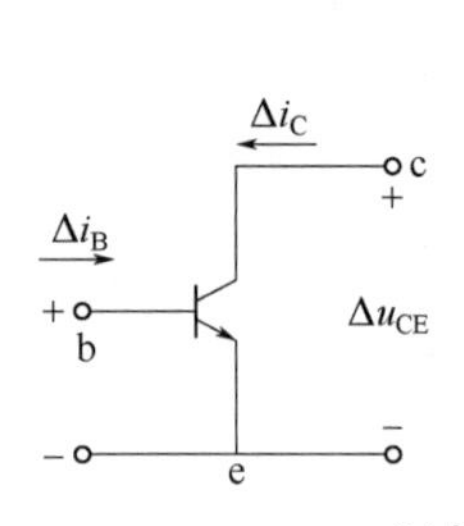

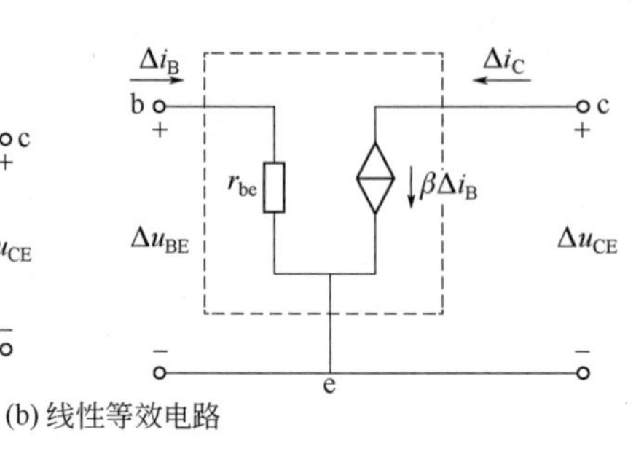

(b) 线性等效电路

图 2.38　三极管等效电路

从输出端 c、e 极看，三极管就成为一个受控电流源，因此有：

$$\Delta i_C = \beta \Delta i_B$$

$$i_c = \beta i_b$$

据此可画出线性等效电路，如图 2.38（b）所示。把基本放大电路中的三极管用其等效电路代替，并画出其交流通路，就成为基本放大电路的微变等效电路，如图 2.39 所示。

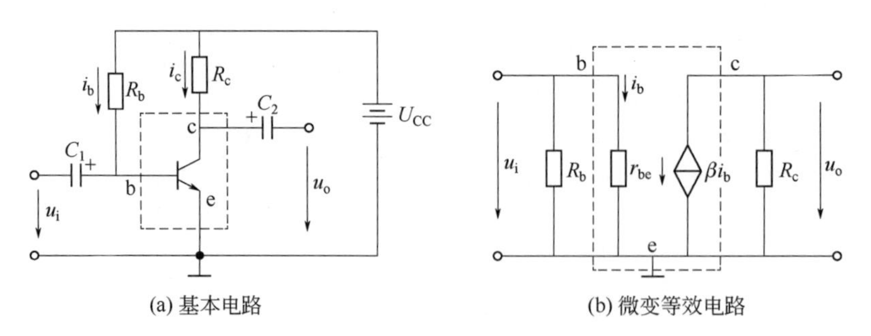

(a) 基本电路　　(b) 微变等效电路

图 2.39　基本放大电路的微变等效电路

从输入端看，输入电阻 $r_i = R_b // r_{be}$，由于 $R_b >> r_{be}$，所以 $r_i \approx r_{be}$。

从输出端看放大电路的电阻时，电流源作为开路，所以输出电阻为 $r_o = R_c$。

输入电压 $u_i = i_b r_{be}$。

输出电压 $u_o = -i_c R_c = -\beta i_b R_c$。

笔记

电压放大倍数 $A_u = \frac{u_o}{u_i} = \frac{-\beta i_b R_c}{i_b r_{be}} = -\beta \frac{R_c}{r_{be}}$ 。

如果有负载 R_L，则 $u_o = -\beta i_b R_L'$， $R_L' = R_c // R_L$ 。

有负载时的电压放大倍数 $A_u = -\beta \frac{R_L'}{r_{be}}$ 。

四、分压式偏置电路

分压偏置电路分析

图 2.40 所示为分压式偏置电路，它既能提供静态电流，又能稳定静态工作点。

图中 R_{b1}、R_{b2} 的作用是将 U_{CC} 进行分压，在晶体三极管基极上产生基极静态电压 U_{BQ}。R_e 为发射极电阻，发射极静态电流 I_{EQ} 在其上产生静态电压 U_{EQ}，所以发射结上的静态电压 $U_{BEQ} = U_{BQ} - U_{EQ}$。假设温度升高，$I_{CQ}$（或 I_{EQ}）随温度升高而增加，那么 U_{EQ} 也相应增加，如果 R_{b1} 和 R_{b2} 的电阻值较小，通过它们的电流远比 I_{BQ} 大，则可认为 U_{BQ} 恒定而与 I_{BQ} 无关，根据 $U_{BEQ} = U_{BQ} - U_{EQ}$，则 U_{BEQ} 必然减小，从而使 I_{EQ}、I_{CQ} 趋于减小，使 I_{EQ}、I_{CQ} 基本稳定。这个自动调整过程可表示如下（“↑”表示增，“↓”表示减）：

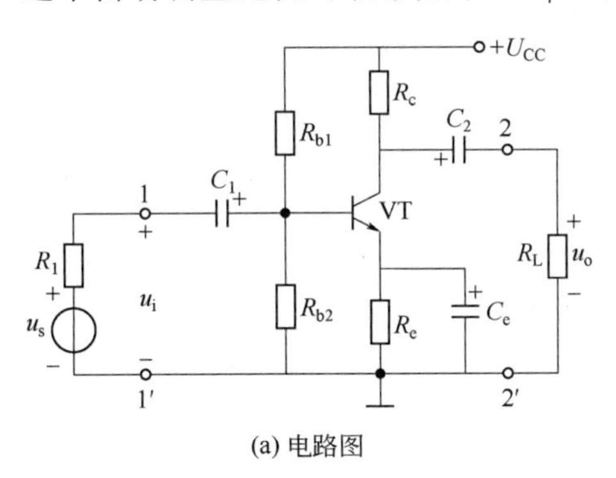

(a) 电路图

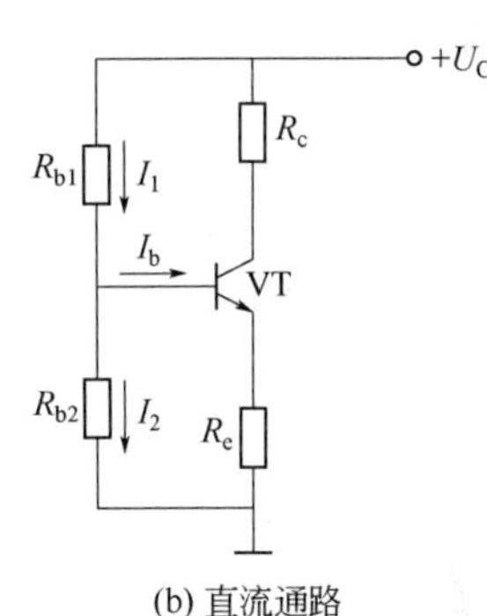

(b) 直流通路

分压偏置电路静态工作点的稳定

图 2.40　分压式偏置电路

$$T\text{（温度）}\uparrow \rightarrow I_{CQ}(I_{EQ})\uparrow \rightarrow U_{EQ}\uparrow \xrightarrow{U_{BQ}\text{不变}} U_{BEQ}\downarrow$$

$$I_{CQ}(I_{EQ})\downarrow \leftarrow I_{BQ}\downarrow \leftarrow$$

由上面的分析知道，要想使稳定过程能够实现，必须满足以下两个条件：

① 基极电位恒定。这样才能使 U_{BEQ} 真实地反映 $I_{CQ}(I_{EQ})$ 的变化。只要满足 $I_1 >> I_{BQ}$，就有 $U_{BQ} = \frac{R_{b2}}{R_{b1} + R_{b2}} U_{CC}$，也就是说 U_{BQ} 基本恒定，不受温度影响。工程上一般取 $I_1 \geqslant (5 \sim 10) I_{BQ}$ 。

② R_e 足够大。这样才能使 $I_{CQ}(I_{EQ})\uparrow$ 变化引起 U_{EQ} 更大的变化，更能有效地控制 U_{BEQ} 。但从电源电压利用率来看，R_e 不宜过大，否则 U_{CC} 实际加到管子两端的有效压降 U_{CEQ} 会过小。工程上一般取 $U_{EQ} = 0.2U_{CC}$ 或 $U_{EQ} = 1 \sim 3\text{V}$ 。

分压式偏置电路不仅提高了静态工作点的热稳定性，而且对于换用不同晶体管时，因参数不一致而引起的静态工作点的变化，同样也具有自动调节作用。在满足 $I_1 >> I_B$ 的条件下，可以认为 $I_1 \approx I_2$，于是：

$$U_{BQ}=\frac{R_{b2}}{R_{b1}+R_{b2}}U_{CC}$$

$$I_{CQ}\approx I_{EQ}=\frac{U_B-U_{BE}}{R_e}$$

$$U_{CEQ}=U_{CC}-I_{CQ}(R_c+R_e)$$

$$I_{BQ}=I_{CQ}/\beta$$

例如在图 2.40 中，设 $R_{b1}=7.5\text{k}\Omega$， $R_{b2}=2.5\text{k}\Omega$， $R_c=2\text{k}\Omega$， $R_e=1\text{k}\Omega$， $R_L=2\text{k}\Omega$， $U_{CC}=12\text{V}$， $U_{BE}=0.7\text{V}$， $\beta=30$ 。则有：

$$U_{BQ}=\frac{R_{b2}}{R_{b1}+R_{b2}}U_{CC}=\frac{2.5}{7.5+2.5}\times 12=3(\text{V})$$

$$I_{CQ}\approx I_{EQ}=\frac{U_B-U_{BE}}{R_E}=\frac{3-0.7}{1}=2.3(\text{mA})$$

$$I_{BQ}=I_{CQ}/\beta=2.3/30=0.077(\text{mA})$$

$$U_{CEQ}=U_{CC}-I_{CQ}(R_c+R_e)=12-2.3\times(2+1)=5.1(\text{V})$$

其交流通路及微变等效电路如图 2.41 所示。

$$r_{be}=r_{bb'}+(1+\beta)\frac{26}{I_{EQ}}=300+(1+30)\frac{26}{2.3}=650(\Omega)$$

$$R'_L=R_c//R_L=1\text{k}\Omega$$

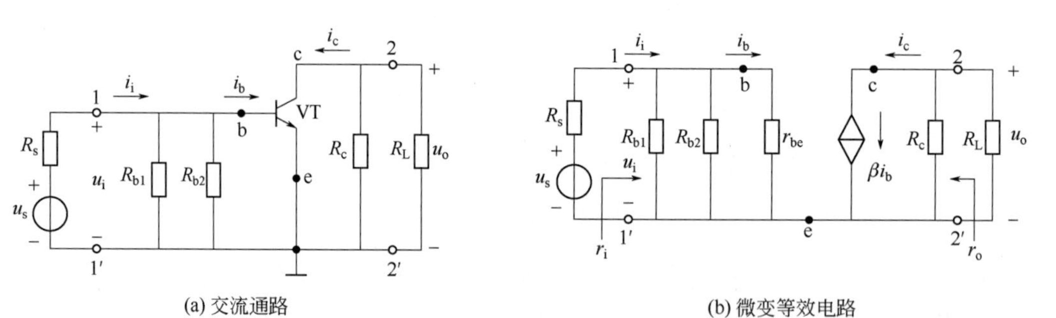
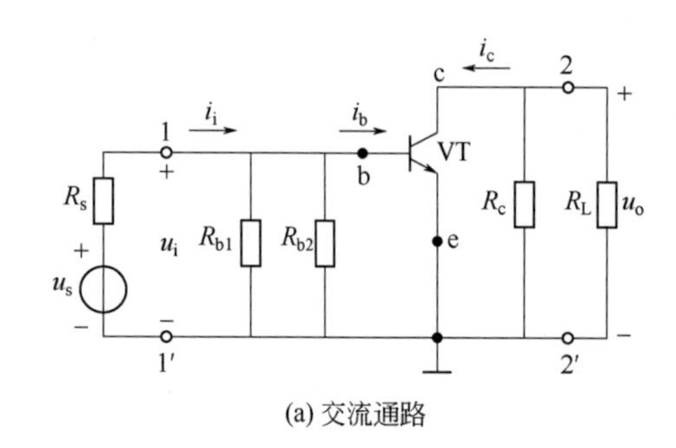

(a) 交流通路　　(b) 微变等效电路

图 2.41　分压式偏置电路的微变等效电路

$$A_u=-\frac{\beta R'_L}{r_{be}}=-30\times\frac{1}{0.65}=-46.2$$

$$r_i=R_{b1}//R_{b2}//r_{be}=\frac{1}{\frac{1}{7.5}+\frac{1}{2.5}+\frac{1}{0.65}}=0.483(\text{k}\Omega)=483(\Omega)$$

$$r_o=R_c=2\text{k}\Omega$$

共集电极电路

笔记

五、共集电极电路和共基极电路

1．共集电极电路

共集电极电路如图 2.42 所示，三极管的负载电阻接在发射极上，输入电压 u_i 加在基极和集电极之间，而输出电压 u_o 从发射极和集电极两端取出，所以集电极是输入输出电路的共同端点。由基极回路方程 $U_{CC}=I_{BQ}R_b+U_{BEQ}+U_E$，$U_E=I_{EQ}R_e=(1+\beta)I_{BQ}R_e$ 得：

$$I_{BQ}=\frac{U_{CC}-U_{BEQ}}{R_b+(1+\beta)R_e}$$

$$I_{CQ}=\beta I_{BQ}\approx I_{EQ}$$

$$U_{CEQ}=U_{CC}-I_{EQ}R_e$$

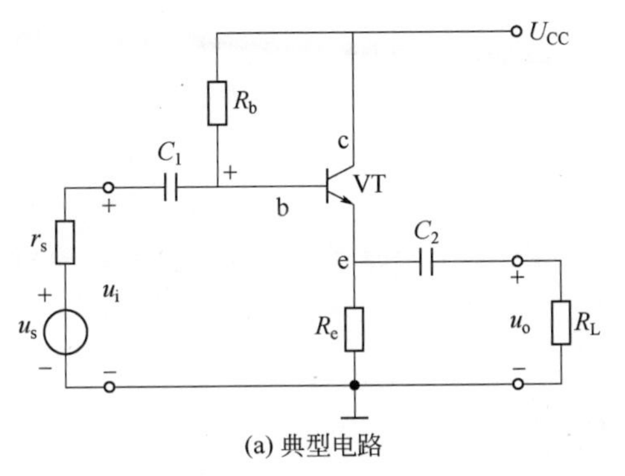

(a) 典型电路

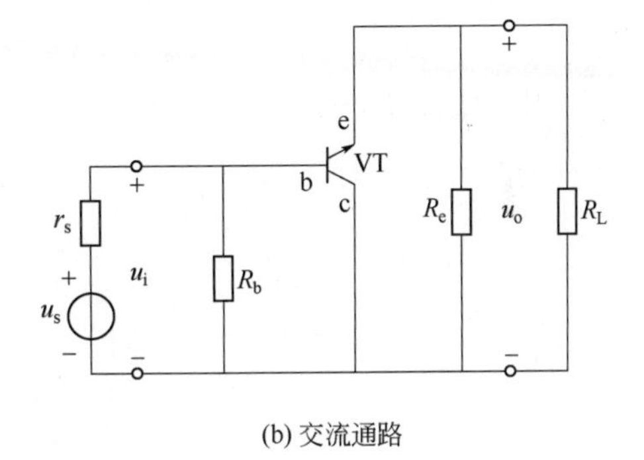

(b) 交流通路

图 2.42　共集电极电路

图 2.43 所示为共集电极电路的微变等效电路，输入电压为：

$$u_i=i_b r_{be}+i_e(R_e//R_L)=i_b r_{be}+(1+\beta)i_b R_L'$$

输出电压为：

$$u_o=i_e(R_e//R_L)=(1+\beta)i_b R_L'$$

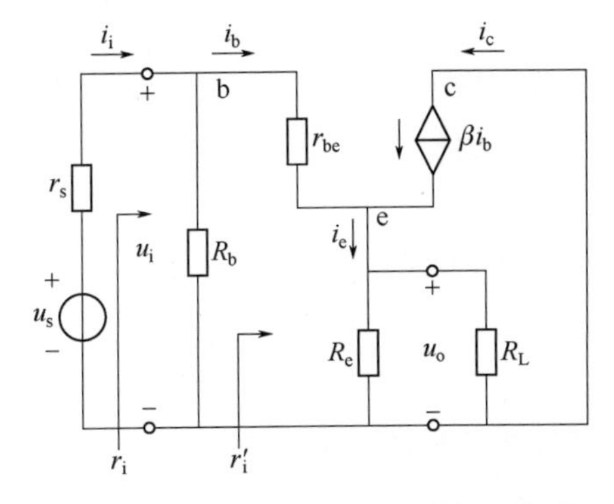

图 2.43　共集电极电路微变等效电路

电压放大倍数为：

$$A_u = \frac{u_o}{u_i} = \frac{(1+\beta)R_L'}{r_{be} + (1+\beta)R_L'}$$

一般有 $r_{be} << (1+\beta)R_L'$，因此 $A_u \approx 1$，这说明共集电极放大电路的输出电压与输入电压不但大小近似相等（u_o 略小于 u_i），而且相位相同，即输出电压有跟随输入电压的特点，故共集电极放大电路又称射极跟随器。图 2.43 中，从基极看进去的输入电阻为：

$$r_i' = \frac{u_i}{i_b} = \frac{i_b r_{be} + (1+\beta)i_b R_L'}{i_b} = r_{be} + (1+\beta)R_L'$$

因此共集电极放大电路的输入电阻为：

$$r_i = \frac{u_i}{i_i} = R_b // r_i' = R_b // [r_{be} + (1+\beta)R_L']$$

共集电极电路输出电阻的等效电路如图 2.44 所示。

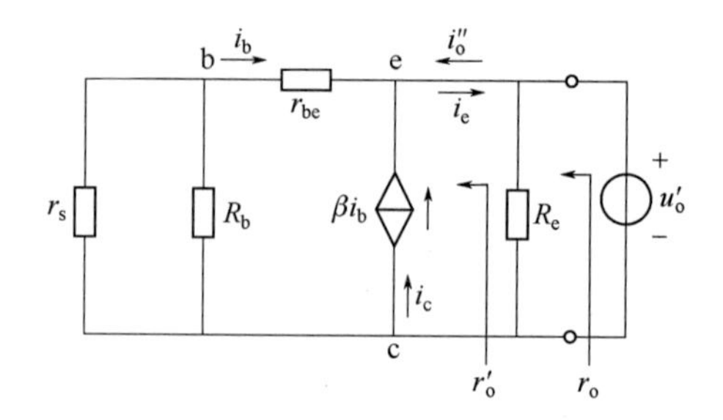

图 2.44　共集电极电路输出电阻的等效电路

在图中输出端加一电压 u_o'，可得：

$$i_o'' = -i_e = -(1+\beta)i_b$$

$$u_o' = -[(r_s // R_b) + r_{be}]i_b$$

从发射极向里看进去的输出电阻为：

$$r_o' = \frac{u_o'}{i_o''} = \frac{(r_s // R_b) + r_{be}}{1+\beta}$$

当考虑到 R_e 时，从输出端向里看进去的输出电阻 r_o 为

$$r_o = R_e // r_o'$$

综上分析，射极输出器的特点是：电压放大倍数小于或近于 1，输出电压和输入电压同相位，输入电阻高，输出电阻低。虽然共集电极电路本身没有电压放大作用，但有电流放大作用，同时由于其输入电阻大，只从信号源吸收很小的功率，所以对信号源影响很小；又由于其输出电阻很小，当负载 R_L 改变时，输出电压波动很小，故有很好的带负载能力，可作为恒压源输出，共集电极电路还具有很好的高频特性。所以，共集电极放大电路多用于输入级、输出级或中间缓冲级（起阻抗变换的作用）。

2. 共基极电路

共基极电路如图 2.45 所示。由图可见，输入信号 u_i 由发射极引入，输出信号由集电极引出，它们都以基极为公共端，故称为共基极电路。

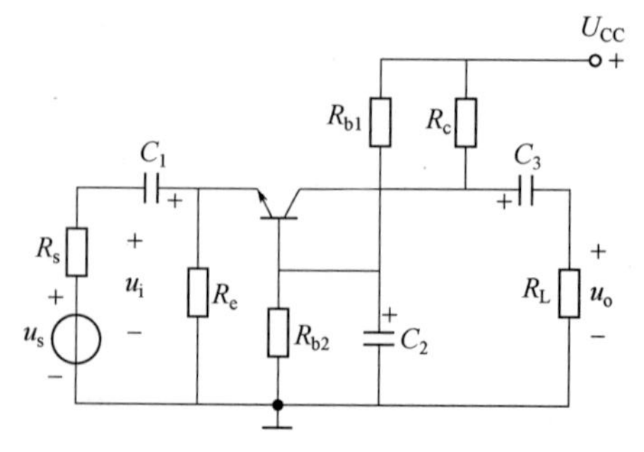

图 2.45　共基极电路

图 2.46（a）所示为共基极放大电路的直流通路。如果忽略 I_{BQ} 对 R_{b1}、R_{b2} 分压电路中电流的分流作用，则基极静态电压 U_B 为 $U_B \approx \frac{R_{b2}}{R_{b1}+R_{b2}}U_{CC}$，流经 R_e 的电

笔记

流 I_{EQ} 为 $I_{EQ}=\dfrac{U_E}{R_e}=\dfrac{U_B-U_{BE}}{R_e}$。如果满足 $U_B>>U_{BE}$，则：

$$I_{CQ}\approx I_{EQ}\approx\frac{U_B}{R_e}=\frac{1}{R_e}\times\frac{R_{b2}}{R_{b1}+R_{b2}}U_{CC}$$

$$I_{BQ}=\frac{I_{EQ}}{1+\beta}$$

$$U_{CEQ}=U_{CC}-(R_c+R_e)I_{CQ}$$

利用三极管的小信号等效电路，可以画出图 2.45 的交流等效电路，见图 2.46（b），及微变等效电路，见图 2.46（c），并有 $u_i=-r_{be}i_b$，$u_o=-i_oR_L=-i_cR'_L=-\beta i_bR'_L$，所以电压放大倍数为 $A_u=\dfrac{u_o}{u_i}=\dfrac{\beta R'_L}{r_{be}}$。共基极电路的电压放大倍数和共射极电路的电压放大倍数在数值上相等，共基极电路输出电压和输入电压同相位。当不考虑 R_e 的并联支路时，从发射极向里看进去的输入电阻 $r'_i=\dfrac{-r_{be}i_b}{-(1+\beta)i_b}=\dfrac{r_{be}}{1+\beta}$，$r_{be}$ 是共射极电路从基极向里看进去的输入电阻。考虑到 R_e 后，从输入端看进去的输入电阻为 $r_i=\dfrac{u_i}{i_i}=R_e//r'_i$。

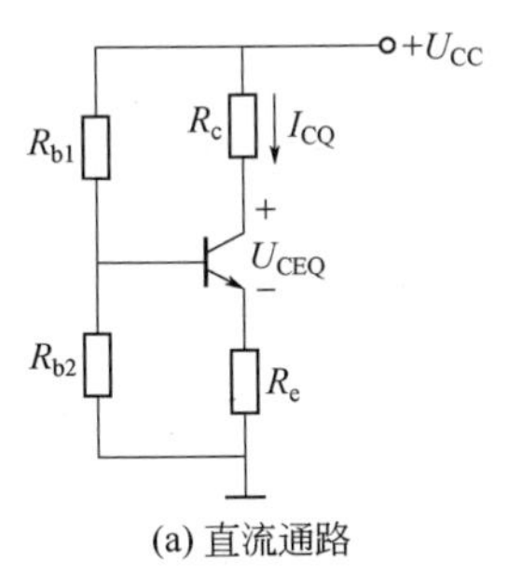

(a) 直流通路

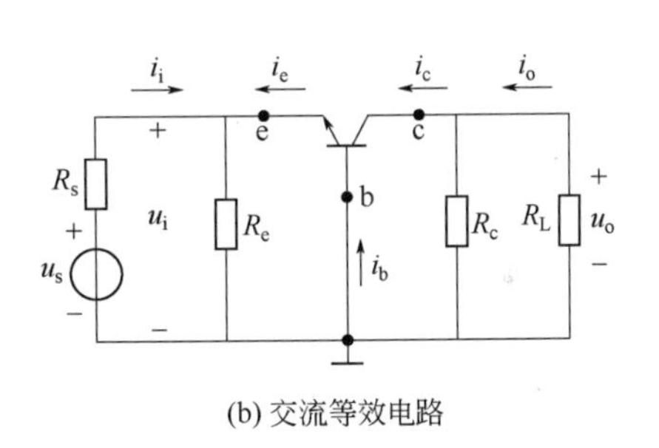

(b) 交流等效电路

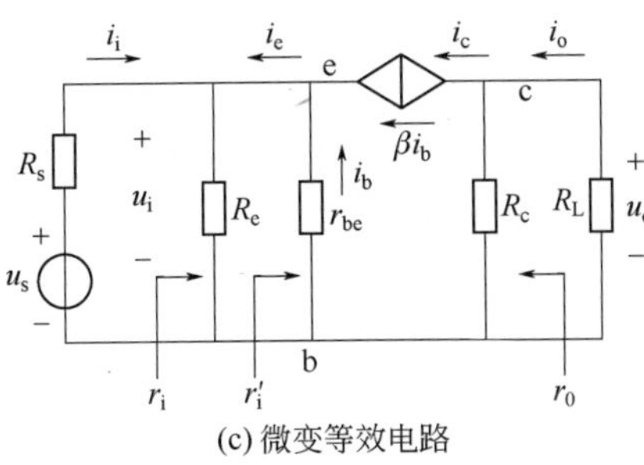

(c) 微变等效电路

图 2.46　共基极放大电路的等效电路

在图 2.46（c）中，令 $u_s=0$，受控电流源 $\beta i_b=0$，可视为开路，断开 R_L，接入 u，可得 $i=u/R_c$，因此输出电阻 $r_o=R_c$。

共基极电路具有输出电压与输入电压同相，电压放大倍数高、输入电阻小、输出电阻大等特点。由于共基极电路有较好的高频特性，故广泛用于高频及宽带放大电路中。

多级放大电路

六、多级放大电路

多级放大电路由输入级、中间级和输出级组成，如图 2.47 所示。

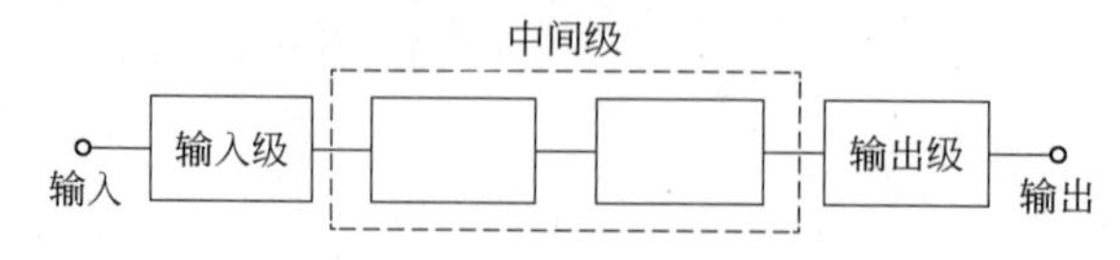

图 2.47　多级放大电路的组成方框图

1. 级间耦合方式

在多级放大电路中，要求前级的输出信号通过耦合不失真地传送到后级的输入端。常用的耦合方式有阻容耦合、直接耦合、变压器耦合。下面分别予以介绍。

（1）阻容耦合

阻容耦合就是利用电容作为耦合和隔直流元件的电路。如图 2.48 所示。第一级的输出信号通过电容 C_2 和第二级的输入电阻 r_{i2} 加到第二级的输入端。阻容耦合的优点是：前后级直流通路彼此隔开，每一级的静态工作点都相互独立，便于分析、设计和应用。缺点是：信号在通过耦合电容加到下一级时会大幅度衰减。在集成电路里制造大电容很困难，所以阻容耦合只适用于分立元件电路。

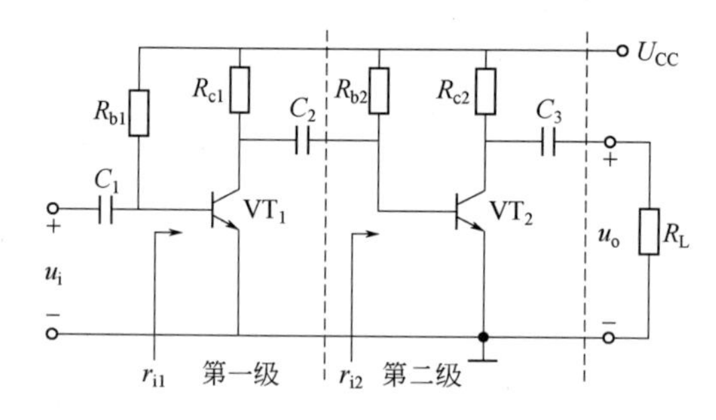

图 2.48　阻容耦合方式

（2）直接耦合

直接耦合是将前后级直接相连的一种耦合方式。但是两个基本放大电路不能像图 2.49 那样简单地连接在一起，否则会导致 VT_1 处于临界饱和状态，导致 VT_2 饱和。在采用直接耦合方式时必须解决级间电平配置和工作点漂移两个问题，以保证各级各自有合适的稳定的静态工作点。

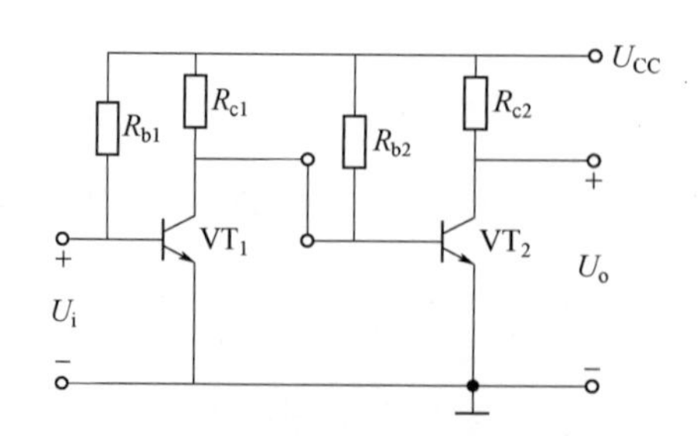

图 2.49　两个基本放大电路简单连接方式

图 2.50 给出了两个直接耦合的例子。图 2.50（a）中，由于 R_{e2} 提高了 VT_2 发射极电位，保证了 VT_1 的集电极得到较高的静态电位。所以 VT_1 不会工作在饱和区。图 2.50（b）中用负电源 U_{BB}，既降低了 VT_2 基极电位，又与 R_1、R_2 配合，使 VT_1 集电极得到较高的静态电位。

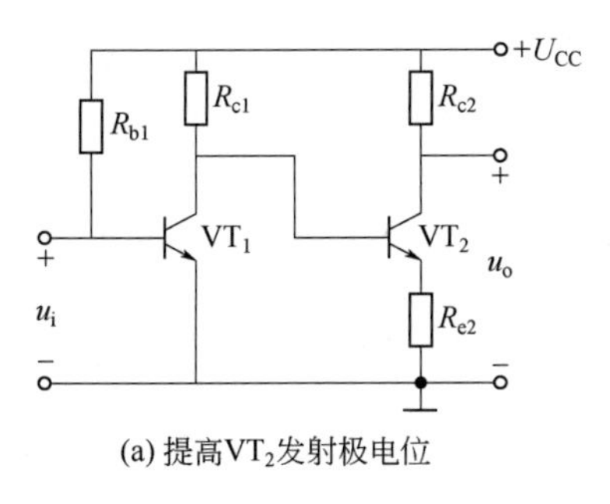

(a) 提高VT_2发射极电位

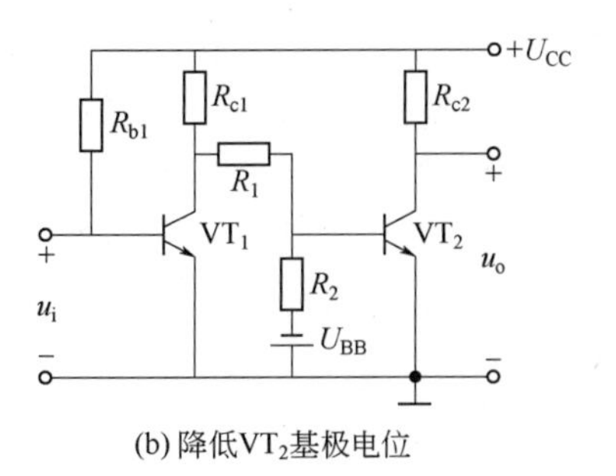

(b) 降低VT_2基极电位

图 2.50　直接耦合方式

直接耦合的优点是：电路中没有大电容和变压器，能放大缓慢变化的信号，它在集成电路中得到广泛的应用。它的缺点是：前后级直流电路相通，静态工作点相互牵制、相互影响，不利于分析和设计。

（3）变压器耦合

用变压器构成级间耦合电路的称为变压器耦合。由于变压器体积与重量较大、成本较高，所以变压器耦合较多应用在功率放大电路中。

2. 多级放大器的电压放大倍数

在多级放大器中，如各级电压放大倍数分为 $A_{u1}=u_{o1}/u_{i1}$，$A_{u2}=u_{o2}/u_{i2}$，$A_{un}=u_o/u_{in}$，由于信号是逐级传送的，前级的输出电压便是后级的输入电压，所以整个放大电路的电压放大倍数为

$$A_u=\frac{u_o}{u_i}=\frac{u_{o1}}{u_i}\times\frac{u_{o2}}{u_{i2}}\times\cdots\times\frac{u_o}{u_{in}}=A_{u1}\times A_{u2}\times\cdots\times A_{un}$$

功率放大电路

七、功率放大电路

功率放大电路是利用换能器件将电源的直流能量转换成负载所需要的信号能量。功率放大电路通常有以下基本要求：

① 输出功率大　为获得足够大的输出功率，功放管的电压和电流变化范围应很大。

② 效率要高　功率放大器的效率是负载上的信号功率与电源供给的直流功率之比。

③ 非线性失真要小　功率放大器是在大信号状态下工作，电压、电流摆动幅度很大，因此比小信号的电压放大器的非线性失真问题严重。

④ 充分考虑功放管的散热问题　在功率放大电路中，电源提供的直流功率一部分消耗在功放管上，使功放管发热，放大器的散热就非常重要。

⑤ 在功率放大电路中，要考虑保护功放管，防止功放管损坏。

功率放大电路通常是根据功放管工作点选择的不同来进行分类的，分为甲类放大、乙类

放大和甲乙类放大等形式。当静态工作点 Q 设在负载线线性段的中点，在整个信号周期内都有电流 i_C 通过时，称为甲类放大状态，其波形如图 2.51（a）所示。若将静态工作点 Q 设在截止点，则 i_C 仅在半个信号周期内通过，其输出波形被削掉一半，如图 2.51（b）所示，称为乙类放大状态。若将静态工作点设在线性区的下部靠近截止点处，则其 i_C 的流通时间为多半个信号周期，输出波形被削掉少一半，如图 2.51（c）所示，称为甲乙类放大状态。甲类功率放大电路具有结构简单、线性好、失真小等优点，但输出效率低，即使在理想情况下，效率也只能达到 50%。乙类功率放大器的效率最高，甲乙类次之。虽然乙类和甲乙类功放电路效率较高，但波形失真严重，故在实际的功率放大电路中，常常采用两管轮流导通的互补对称功率放大电路来减小失真。图 2.52 所示为乙类互补对称功率放大电路，图中 VT_1、VT_2 是两个特性一致的三极管，两管基极连接输入信号，发射极连接负载。两管均工作在乙类状态。这个电路可以看成是由两个工作于乙类状态的射极输出器所组成。

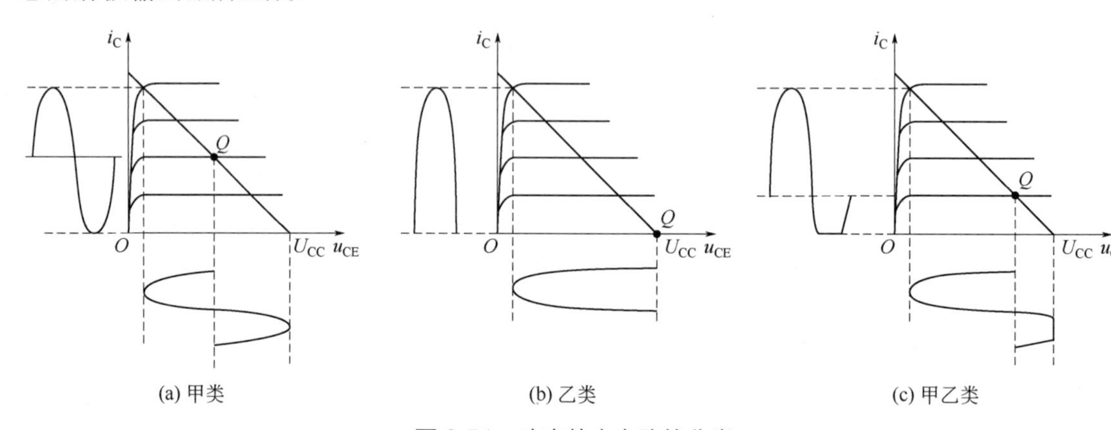

图 2.51　功率放大电路的分类

无信号时，因 VT_1、VT_2 特性一致及电路对称，发射极电压 $U_E=0$，R_L 中无静态电流。又由于管子工作于乙类状态，$I_{BQ}=0$，$I_{CQ}=0$，故电路中无静态损耗。有正弦信号 u_i 输入时，两管轮流工作。正半周时，VT_1 因发射结正偏而导通，在负载 R_L 上输出电流 i_{C1}，如图中实线所示，VT_2 因发射结反偏而截止。同理，在负半周时，VT_2 因发射结正偏而导通，在负载 R_L 上输出电流 i_{C2}，如图中虚线所示，VT_1 因发射结反偏而截止。这样，在信号 u_i 的一个周期内，电流 i_{C1} 和 i_{C2} 以正、反两个不同的方向交替流过负载电阻 R_L，在 R_L 上合成为一个完整的略有点交越失真的正弦波信号。此电路采用双电源，不需要耦合电容，故称为 OCL 电路，即无输出电容互补对称功率放大电路。图 2.53 所示为乙类互补对称功率放大电路中三极管 VT_1 的动态图解分析。U_{CEM}、I_{CM} 分别表示交流输出电压和输出电流的幅值，$U_{CE(sat)}$ 为功率管的饱和压降。输出电流 i_o 和输出电压 u_o 有效值的乘积，就是功率放大电路的输出功率，即：

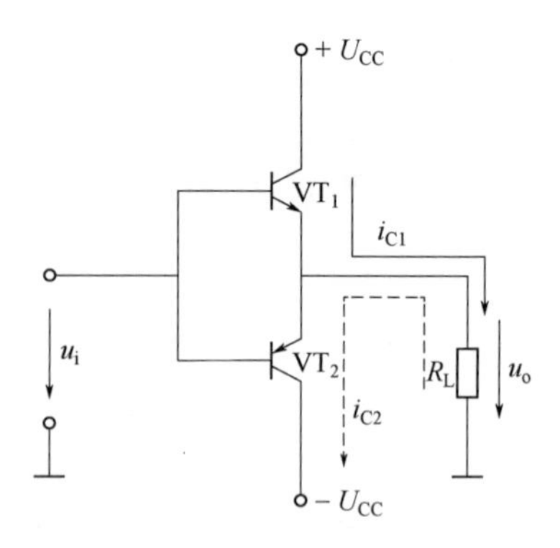

图 2.52　乙类互补对称功率放大电路

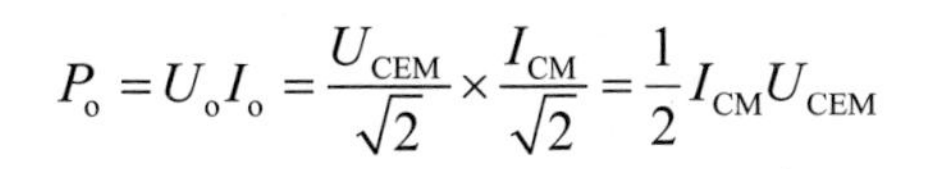

$$P_o = U_o I_o = \frac{U_{CEM}}{\sqrt{2}} \times \frac{I_{CM}}{\sqrt{2}} = \frac{1}{2} I_{CM} U_{CEM}$$

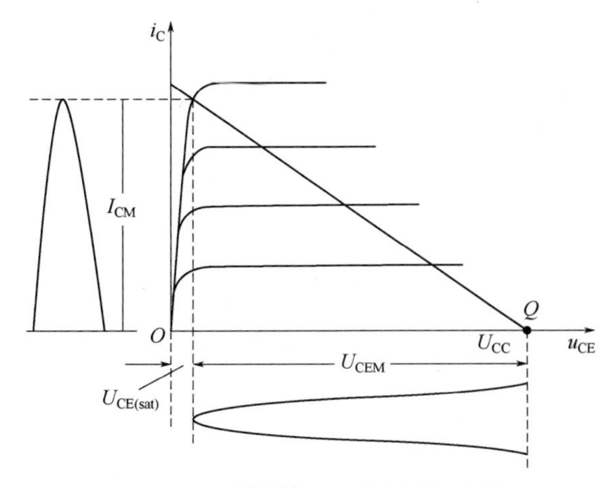

图 2.53　三极管 VT_1 动态图解分析

由于 $I_{CM} = \dfrac{U_{CEM}}{R_L}$，所以有：

$$P_o = \frac{U_{CEM}^2}{2R_L} = \frac{1}{2} I_{CM}^2 R_L$$

最大不失真输出电压的幅值为：

$$U_{CEM(max)} = U_{CC} - U_{CE(sat)} \approx U_{CC}$$

最大不失真输出电流的幅度为：

$$I_{CM} = \frac{U_{CEM}}{R_L} \approx \frac{U_{CC}}{R_L}$$

最大不失真输出功率为：

$$P_{o(max)} = \frac{1}{2} \frac{U_{CEM(max)}^2}{R_L} \approx \frac{1}{2} \frac{U_{CC}^2}{R_L}$$

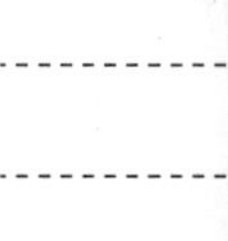

由于两个管子轮流工作半个周期，每个管子的集电极电流的平均值为：

$$I_{C1} = I_{C2} = \frac{1}{2\pi} \int_0^{\pi} I_{CM} \sin \omega t \mathrm{d}(\omega t) = \frac{I_{CM}}{\pi}$$

因为每个电源只提供半周期的电流，所以两个电源供给的总功率为：

$$P_{DC} = I_{C1} U_{CC} + I_{C2} U_{CC} = 2 I_{C1} U_{CC} = 2 U_{CC} I_{CM} / \pi$$

因此在输出最大功率时，直流电源供给功率为：

$$P_{DC} = \frac{2U_{CC}^2}{\pi R_L}$$

效率是负载获得的功率 P_o 与直流电源供给功率 P_{DC} 之比：

$$\eta = \frac{P_o}{P_{DC}} = \frac{\pi}{4} \times \frac{U_{CEM}}{U_{CC}}$$

当 $U_{CEM(max)} \approx U_{CC}$ 时，$\eta_{max} = \frac{\pi}{4} = 78.5\%$ 。

在功率放大电路中，电源提供的功率，除了转化成输出功率外，其余主要消耗在三极管上，故可认为管耗等于直流电源提供的功率与输出功率之差，即：

$$P_C = P_{CD} - P_o = \frac{2U_{CC}U_{CEM}}{\pi R_L} - \frac{U_{CEM}^2}{2R_L}$$

两管总的最大管耗为：

OTL 电路

$$P_{C(max)} = \frac{2U_{CC}^2}{\pi^2 R_L} = \frac{4}{\pi^2} P_{o(max)} \approx 0.4 P_{o(max)}$$

每只三极管的最大管耗为总管耗的一半，选择功率管时集电极最大允许管耗 P_{CM} 应大于该值，并留有一定的余量。

在实际电路中常采用单电源供电，图 2.54 所示为单电源互补对称功率放大电路。这种形式的电路无输出变压器，而有输出耦合电容，称为 OTL（英文 Output Transformerless 的缩写，意即无输出变压器）电路。

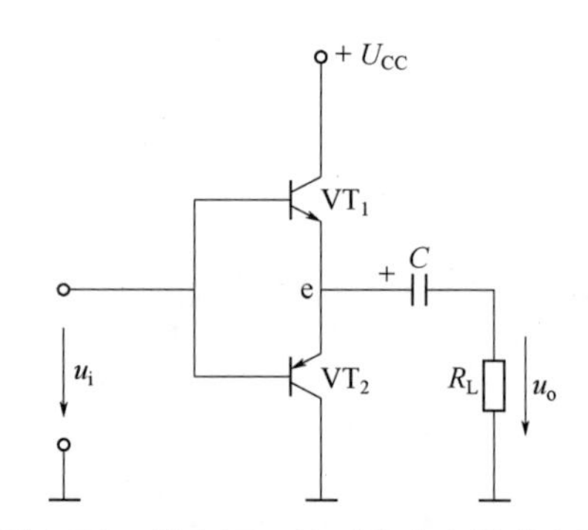

图 2.54　单电源互补对称功率放大电路

图 2.54 所示电路中三极管工作于乙类状态。静态时因电路对称，两管发射极 e 电位为 $U_{CC}/2$，负载中没有电流。动态时，在输入信号正半周，VT_1 导通，VT_2 截止，VT_1 以射极输出的方式向负载 R_L 提供电流 $i_o = i_{C1}$，使负载 R_L 上得到正半周输出电压，同时对电容 C 充电。在输入信号负半周，VT_1 截止，VT_2 导通，电容 C 通过 VT_2、R_L 放电，VT_2 也以射极输出的方式向 R_L 提供电流 $i_o = i_{C2}$，在负载 R_L 上得到负半周输出电压，电容 C 在这时起到负电源的作用。为了使输出波形对称，即 i_{C1} 与 i_{C2} 大小相等，必须保持 C 上电压恒为 $U_{CC}/2$ 不变，C 在放电过程中其端电压不能下降过多，因此 C 的容量必须足够大。

乙类互补对称功率放大器在功放管输入特性死区会出现交越失真，需要给功放管加上偏置电流，使其工作于甲乙类放大状态，以此来克服交越失真。图 2.55 为常见的几种甲乙类互补对称功率放大电路。

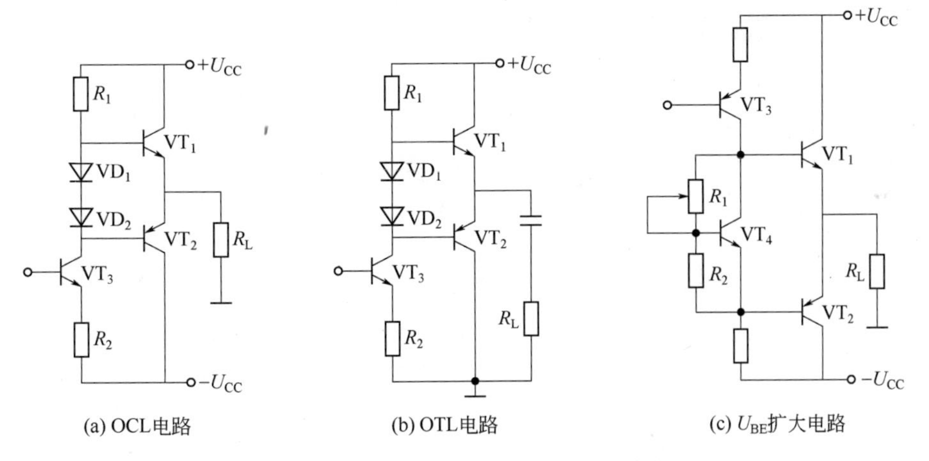

图 2.55　甲乙类互补对称功率放大电路

在图 2.55（a）、（b）中，VT_3 为推动级，利用 VT_3 集电极电流在 VD_1、VD_2 上的正向压降给两个功放管 VT_1、VT_2 提供基极偏置，从而克服交越失真。静态时，因 VT_1、VT_2 两管电路对称，两管静态电流相等，负载上无静态电流。当有交流信号输入时，VD_1 和 VD_2 的交流电阻很小，可视为短路，从而保证了 VT_1 和 VT_2 两管基极输入信号幅度基本相等。由于二极管正向压降具有负温度系数，因而这种偏置电路具有温度稳定作用，可以自动稳定输出级功放管的静态电流。图 2.55（c）是另一种常见的甲乙类互补对称功率放大电路，称为 U_{BE} 扩大电路，当 $I_{B_4} << I_{R_1} = I_{R_2}$ 时，两功放管基极之间电压为 $U_{B_1B_2} = U_{R1} + U_{R2} = U_{BE4}(1+\frac{R_1}{R_2})$。可见，调节电阻 R_1 就可调节两功放管基极间电压，从而方便地调节两功放管的静态电流。

甲乙类功率放大电路的静态电流一般很小，与乙类工作状态很接近，其最大输出功率、效率以及管耗等量的估算均可按乙类电路有关公式计算。

八、场效应管放大电路

场效应管和晶体三极管一样，根据输入输出回路公共端选择不同，场效应管放大电路分成共源、共漏和共栅三种组态。这里主要介绍共漏放大电路。图 2.56 所示为 N 沟道耗尽型绝缘栅场效应管共源放大电路。它与晶体管分压式共射放大电路结构相似。为了使场效应管能够正常工作，必须在栅、源极之间加上适当的偏压，该电路是利用电流在源极电阻上产生的压降来获得偏置电压的，这种电路叫自给偏压电路。各元器件作用如下。

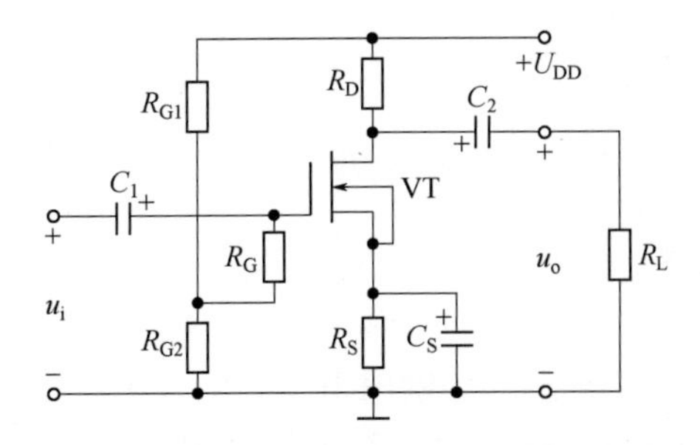

图 2.56　N 沟道耗尽型绝缘栅场效应管共源放大电路

① R_{G1}、R_{G2}：栅极分压电阻，使栅极获得合适的工作电压；

② 栅极电阻 R_G：用来提高输入电阻；

③ 漏极输入电阻 R_D：将漏极电阻转换为漏极电压，并影响放大倍数 A_u；

④ 源极电阻 R_S：利用 I_{DQ} 在其上的压降为栅源极提供偏压；

⑤ 旁路电容 C_S：消除 R_S 对交流信号的衰减。

共源电路静态工作点与晶体管静态工作点不完全一样，主要区别是晶体管有基极电流，而场效应管的栅源间电阻极高，根本没有栅极电流流过 R_G。所以，场效应管的栅极对地直流电压 U_G 是由电源电压 U_{DD} 经电阻 R_{G1}、R_{G2} 分压得到的，而场效应管的栅源电压为：

$$U_{GS}=U_G-U_S=\frac{R_{G2}}{R_{G1}+R_{G2}}U_{DD}-I_D R_S$$

适当选择 R_{G1} 或 R_{G2} 的值，就可使栅极与源极之间获得正、负及零三种偏置电压。接入 R_G 是为了提高放大器的输入电阻，并隔离 R_{G1}、R_{G2} 对交流信号的分流。静态工作点可用以下公式求得：

$$I_{DQ}=I_{DSS}\times\left(1-\frac{U_{GS}}{U_{GS(off)}}\right)^2$$

$$U_{GS}=U_G-U_S=\frac{R_{G2}}{R_{G1}+R_{G2}}U_{DD}-I_{DQ}R_S$$

$$U_{DSQ}=U_{DD}-I_{DQ}(R_D+R_S)$$

由于场效应管基本没有栅流，输入电阻极高，因此场效应管栅源之间可视为开路。又根据场效应管输出回路的恒流特性，输出回路可等效为一个受 u_{gs} 控制的电流源，即 $i_d=g_m u_{gs}$。

图 2.57 为图 2.56 所示共源放大电路的微变等效电路，从图中不难求出 A_u、r_i、r_o 三个动态指标。

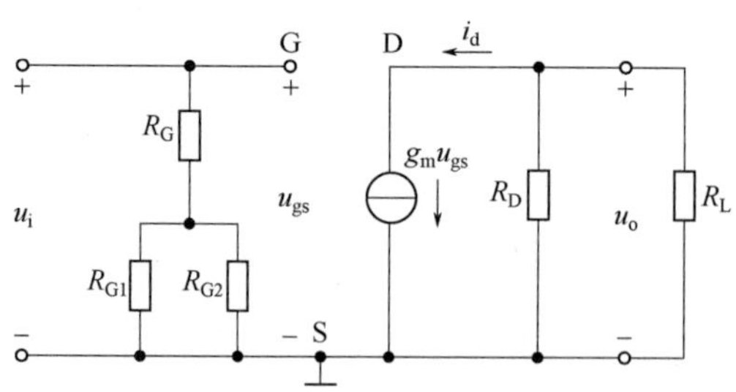

图 2.57　图 2.56 所示电路的微变等效电路

① 电压放大倍数 $A_u=\frac{u_o}{u_i}=\frac{-i_d R_L'}{u_{gs}}=\frac{-g_m u_{gs}R_L'}{u_{gs}}=-g_m R_L'$，$R_L'=R_D//R_L$。场效应管共源放大电路的电压放大倍数与跨导成正比，且输出电压与输入电压反相。

② 输入电阻 $r_i=R_G+(R_{G1}//R_{G2})$。一般 R_G 取值很大，因而场效应管共源放大电路的输入

笔记

电阻主要由 R_G 决定。

③ 输出电阻 $r_o \approx R_D$。场效应管共源放大电路的输出电阻与共射电路相似，由漏极电阻 R_D 决定。

任务实施

① 在教师安排下，将学生分成若干讨论小组，讨论图 2.24 中音频放大电路的工作原理，并完成书面报告，汇总上交指导教师。

② 在指导教师的组织下，小组之间对放大电路原理分析讨论报告进行互评，给出参考意见，上交指导教师。

③ 任课教师对各讨论报告进行评价打分，提出指导参考意见。

实施指导：

- 音频放大器的功能是将微弱的电信号进行放大，然后再进行功率放大来驱动扬声器发出满足需要的声音。
- 在图 2.24 所示音频放大电路总体上分为两部分：由 VT_1、R_1、R_2、R_5 等构成分压偏置电压放大电路；而 VT_2、VT_3、VT_4、VT_5 和其他电阻等构成了互补对称的功率放大电路。
- 微弱电信号首先经过电压放大电路进行电压放大，并传输给功率放大电路，使最后输出的电信号功率足够大，进而驱动扬声器。

任务自测

任务自测 2.2

微学习

微学习 2.2

任务三　组装、调试与故障排除

音频放大电路组装调试

任务描述

按图 2.58 所示电路图组装、制作一个音频放大器电路，对其输出参数进行测定，对其功能进行检测，确保制作质量。

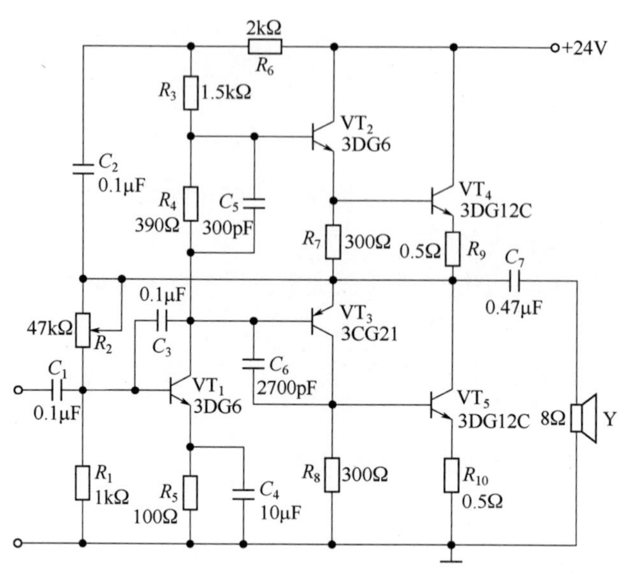

图 2.58　音频放大电路

任务分析

完成任务的第一步是能看懂电路原理图，弄清电路结构、电路每部分的功能，认识构成电路的各元器件。而后，要会根据给定参数要求选定元器件，会编制工艺流程，具备一定的焊接技能，会使用检测工具，明白检测标准和检测方法，才能较好地完成任务。

知识准备

音频放大电路工作的频率范围为 20～20000Hz，它可以对整个音频范围放大，也可以只放大其中的一部分。音频放大电路一般由两部分组成：一是电压放大电路，主要用于提高信号的电压以有效驱动功率放大电路，它实际上是一个共发射极放大电路，通常称为前置推动级。

任务实施

一、工具、材料、器件准备

工具：电烙铁、烙铁架、万用表、镊子、剥线钳，直流稳压电源或 1.5V 干电池 2 节及电池盒等。

材料：焊锡、万能电路板、软导线若干。

元器件：元器件清单列表如表 2.3。

表 2.3　音频放大器电路元器件清单列表

元件名称	元件编号	元件参数	元件数量	单位	备注
中功率半导体三极管	VT_4、VT_5	3DG12C	2	个	
小功率三极管	VT_3	3CG21	1	个	可用 9012 代替
小功率三极管	VT_1、VT_2	3DG6	2	个	可用 9013 代替
电阻	R_1	1kΩ	1	个	
电阻	R_5	100Ω	1	个	
电阻	R_4	390Ω	1	个	
电阻	R_3	1.5kΩ	1	个	
电阻	R_6	2kΩ	1	个	
电阻	R_7、R_8	300Ω	2	个	
电阻	R_9、R_{10}	0.5Ω	2	个	
电位器	R_2	0～100kΩ	1	个	
普通电容	C_1、C_2、C_3	0.1μF	3	个	
普通电容	C_4	10μF	1	个	
普通电容	C_6	2700pF	1	个	
普通电容	C_5	300pF	1	个	
普通电容	C_7	0.47μF	1	个	
扬声器	Y	8Ω	1	个	
万能电路板			1	块	可用洞洞板或印制板
导线			若干		

用直观法判别三极管的三个极：对于圆形三极管，靠近缺口的脚为 E 极，中间为 B 极，另一个为 C 极；对于半圆形三极管，将引脚朝上，半圆部分朝上，左至右依次为 C、B、E 脚。

二、音频放大器电路的组装

根据电路原理，绘制方框图，了解电路元件参数估算。

电路元器件布局及安装步骤如下：

① 绘制元器件装配图；

② 根据元器件清单列表，利用工具检测电路元器件；

③ 根据准备的电路板尺寸、插孔间距及装配图，在电路板上进行元器件的布局设计；

④ 对完成了电子元器件布局的电路检查确认无误后，再对元件进行焊接、组装。

电路组装的工艺要求：

① 严格按照图纸进行电路安装；

② 所有元件焊装前必须按要求先成型；

③ 要求元件布置美观、整洁、合理；

④ 所有焊点必须光亮、圆润、无毛刺、无虚焊、错焊和漏焊；

⑤ 连接导线应正确、无交叉，走线美观简洁。

三、音频放大器电路的调试

在音频功率放大器制作完成以后，接下来就是电路的调试。电子电路的调试非常重要，是对电路正确与否及性能指标的检测过程，也是初学者实践技能培养的重要环节。调试过程是利用符合指标要求的各种电子测量仪器，如示波器、万用表、信号发生器、频率计等，对安装好的电路或电子装置进行调整和测量，以保证电路或装置正常工作。同时，判别其性能的好坏、各项指标是否符合要求等。因此，调试必须按一定的方法和步骤进行。

1. 调试的方法与步骤

（1）不通电检查

音频功率放大电路安装完以后不要急于通电，应首先认真检查接线是否正确，包括多线、少线、错线等，尤其是电源线不能接错或接反，以免通电后烧坏电路或元器件。查线的方式有两种：一种是按照电路接线图检查安装电路，在安装好的电路中按电路图一一对照检查连线；另一种方法是按实际线路，对照电路原理图按两个元件接线端之间的连线去向检查。无论哪种方法，在检查中都要对已经检查过的连线做标记，使用万用表检查连线很方便。

（2）直观检查

连线检查完毕后，直观检查电源、地线、信号线、元器件接线端之间有无短路，连线处有无接触不良，二极管、三极管、电解电容等有极性元器件引线端有无错接、反接，如有集成块，检查是否插正确。

（3）通电检查

将直流稳压电源调到需要的直流电压加入电路，但暂不接入信号源信号。电源接通之后不要急于测量数据，首先要观察有无异常现象，包括有无冒烟、有无异常气味、触摸元件是否有发烫现象、电源是否短路等。如果出现异常，应立即切断电源，排除故障后方右重新通电。在电路检查正常之后，就可以开始静态参数测试，静态测试一般指在没有外加信号的条件下测试电路各点的电位。如测试模拟电路的静态工作点，数字电路的各输入、输出电平及逻辑关系等。对于音频功率放大电路，可用万用电表对三极管等重要元器件的静态电压进行测量，集电极电流可进行估测，同时判断三极管是否工作在正常状态，并将测量结果记录在表 2.4。

表 2.4 电路静态参数测试结果

静态参数 \ 三极管	VT_1	VT_2	VT_3	VT_4
电压	$U_{B1}=$ V	$U_{B2}=$ V	$U_{B3}=$ V	$U_{B4}=$ V
电压	$U_{C1}=$ V	$U_{C2}=$ V	$U_{C3}=$ V	$U_{C4}=$ V
电压	$U_{E1}=$ V	$U_{E2}=$ V	$U_{E3}=$ V	$U_{E4}=$ V
电压	$U_{CE1}=$ V	$U_{CE2}=$ V	$U_{CE3}=$ V	$U_{CE4}=$ V
电流	$I_{C1}=$ mA	$I_{C2}=$ mA	$I_{C3}=$ mA	$I_{C4}=$ mA
三极管工作状态				

（4）分块检查

调试包括测试和调整两个方面。测试是在安装后对电路的参数及工作状态进行测量；调

笔记

整则是在测试的基础上对电路的结构或参数进行修正，使之满足要求。

调试方法有两种。第一种是采用边安装边调试的方法，也就是把复杂的电路按原理图上的功能分块进行调试，在分块调试的基础上逐步扩大调试的范围，最后完成整机调试，这种方法称为分块调试。采用这种方法能及时发现问题和解决问题，这是常用的方法，对于新设计的电路更为有效。另一种方法是整个电路安装安完毕以后，实行一次性调试，这种方法适用于简单电路或定型产品。这里仅介绍分块调试。

分块调试是把电路按功能分成不同的部分，把每个部分看成一个模块进行调试。比较理想的调试程序是按信号的流向进行，这样可以把前面调试过的输出信号作为后一级的输入信号，为最后的联调创造条件。分块调试分为静态调试和动态调试。前面介绍的由分立元件组成的音频功率放大器可以分为推动级（前置级）和带复合管的 OTL 互补对称电路两部分。

（5）动态调试

在前面检查均正常的情况下，可以进行动态调试。动态调试可以利用前级的输出信号作为后级的输入信号，也可利用自身的信号来检查电路功能和各种指标是否满足要求，包括信号幅值、波形的形状、相位关系、频率、放大倍数、输出动态范围等。这里主要介绍用电子仪器进行动态调试。常用的电子仪器主要有：低频信号发生器 1 台，直流稳压电源 1 台，示波器 1 台，毫伏表 1 台，万用电表 1 台，另加连接导线若干。调试用电子仪器如表 2.5 所示。表 2.6 为电压放大倍数测试表，表 2.7 为输出波形测量表。

表 2.5　调试用电子仪器一览表

仪器名称	用途	量程选择	电路类型	备注
直流稳压电源	为电路提供稳定的直流电源	+24V	分立元件功放电路	
		4～12V	集成功放电路	
信号发生器	为放大电路提供输入信号	5mV～0.5V 50～1000Hz	分立元件功放电路 集成功放电路	
毫伏表	测量放大电路输出电压	1～10V	分立元件功放电路 集成功放电路	
示波器	测量输入输出波形	可调到适当位置	分立元件功放电路 集成功放电路	
万用表	测量直流电压和电流	可调到适当位置	分立元件功放电路 集成功放电路	

表 2.6　电压放大倍数测试表

u_i	第一级		总电压放大倍数
	u_{o1} / mV	$A_{u1}=\frac{u_{o1}}{u_i}$	$A_u=\frac{u_o}{u_i}$
10mV			
0.5V			

表 2.7 输出波形测量表

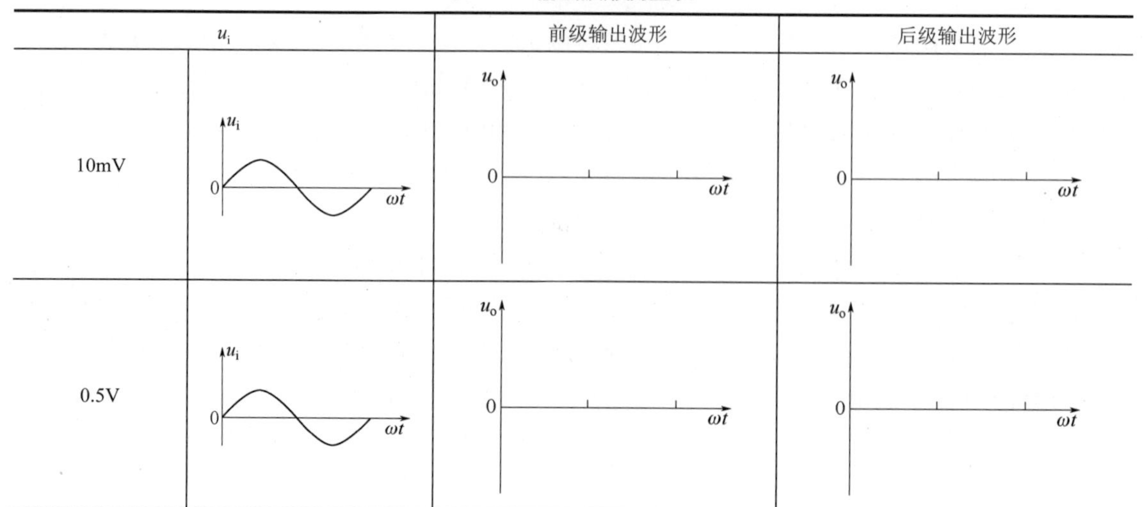

2. 调试注意事项

① 测试前要熟悉仪器的使用方法，并对仪器状态进行检查。

② 测试仪器和被测电路应具有良好的接地，即在仪器和电路之间建立一个公共参考点。

③ 测试过程中，不但要认真观察和检测，而且还要认真记录。

④ 出现故障时，要认真分析，先找出故障产生的原因，然后进行处理。

四、音频放大器电路的故障排除

在电路的制作过程中，出现电路故障常常不可避免。通过分析故障现象、解决故障问题可以提高实践和动手能力。分析和排除故障的过程，是从故障现象出发，通过反复测试，做出分析判断，逐步找出问题。分析音频放大器电路的故障，首先要通过对原理图的分析，把整体电路分成不同功能的电路模块，通过逐一测量找出故障所在区域，然后对故障模块区域内部加以测量，进而找出故障并加以排除。调试中常见的故障原因有：

① 实际制作的电路与原电路图不符。

② 元器件使用不当。

③ 元器件参数不匹配。

④ 误操作等。

查找故障的通用方法是把合适的信号或某个模块的输出信号引到其他模块上，然后依次对每个模块进行测试，直到找到故障模块为止。查找的顺序可以从输入到输出，也可以从输出到输入。找到故障模块后，要对该模块产生故障的原因进行分析、检查。查找步骤如下。

① 先检查用于测量的仪器是否使用得当。

② 检查安装的电路是否与原电路一致。

③ 检查直流电源电压是否正常。

④ 检查三极管三个极的参考电压是否正常，从而判断三极管是否正常工作或损坏。

⑤ 检查电容、电阻等元器件是否正常。

笔记

⑥ 检查反馈回路。此类故障判断是比较困难的，因为它是把输出信号的部分或全部以某种方式送到模块的输入端口，使系统形成一个闭环回路。查找故障需要将反馈回路断开，接入一个合适的输入信号使系统成为一开环系统，然后再逐一查找发生故障的模块及故障元器件。

对于比较简单的电路或自己非常熟悉的电路，可以采用观察判断法，通过仪器、仪表观察到结果，根据自己的经验，直接判断故障发生的原因和部位，从而准确、迅速地找到故障并加以排除。

五、成果展示与评估

作品制作、调试完成以后，每个小组派代表对本组制作的作品进行展示。展示过程为：先用 PPT 课件进行制作情况介绍，时间通常控制在 5～8min 之内，其他同学可进行补充介绍。然后进行作品加电检查，加电检查正常后，可加入音频信号试听音响效果。接着小组之间进行质疑，并当场解答其他组学生的提问和疑问。最后由指导教师进行点评、小结。

首先由小组长组织组员对制作完成过程与作品进行评价，每个组员必须陈述自己在任务完成过程中所做贡献或起的作用、体会与收获，并递交不少于 500 字的书面报告。小组长根据组员自我评价及作品完成过程中实际工作情况给组员评分。通过小组作品展示、陈述汇报及平时考核，对小组评分。评价内容及标准见表 2.8。

小组得分=小组自我评价（30%）+互评（30%）+教师评价（40%）

小组内组员得分=小组得分−（小组内自评得分排名名次−1）

表 2.8 评价内容及标准

类别	评价内容	权重/%	得分
学习态度（30 分）	出满勤（缺勤扣 6 分/次，迟到、早退扣 3 分/次）	30	
	积极主动完成制作任务，态度好	30	
	提交 500 字的书面报告，报告语句通顺，描述正确	20	
	团队协作精神好	20	
电路安装与调试（60 分）	熟悉音频功率放大电路工作原理	10	
	会判断三极管的引脚及元器件好坏	10	
	电路元器件安装正确、美观	30	
	会对电路进行调试，并记录静动态参数	30	
	作品达到预期效果	20	
完成报告（10 分）	报告规范，内容正确，1000 字以上	30	
	字迹工整，图文并茂 PPT	30	
	陈述汇报思路清晰，小组成员配合好	40	
总分			

项目综合测试

项目综合测试 2

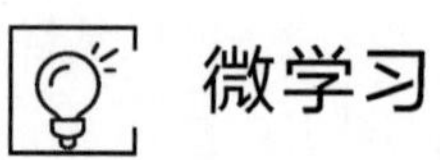

微学习

微学习 2.3

信号发生器电路的组装、调试与故障排除

学习目标

① 素养目标：培养严谨细致的工作作风，养成仔细观察、善于分析的习惯；培养团队合作精神。

② 知识目标：了解正弦波振荡电路的组成、分类、特点，产生自激振荡的条件；弄清反馈、正反馈与负反馈的基本概念，熟悉负反馈对放大器性能的影响；掌握集成运算放大器符号及主要参数，了解集成运算放大器的组成及其特点；熟悉反相比例运算、同相比例运算、加减运算、积分运算及微分运算等电路的结构；熟悉电压比较器的概念，了解单限、滞回电压比较器的构成、特点。

③ 技能目标：会计算正弦振荡电路的振荡频率和判断起振条件；会测试 RC 和 LC 振荡电路频率、波形，并能进行调整；会判断负反馈的类型；会计算、分析理想运算放大器模型及运算放大器在线性区和非线性区的工作特点；会选用运算放大器；会组装简单的信号发生器电路，并能进行参数测试和故障排除。

任务一　正弦波振荡电路的认识

任务描述

给定一个低频信号发生器电路的振荡部分电路图及相关参数，要求指出振荡电路的组成元件及反馈网络，说出其中反馈网络及振荡电路的类型，计算电路振荡频率，根据振荡电路的频率要求选择电路元件。

任务分析

要完成此任务，首先要建立振荡电路和电路反馈的概念，了解正弦波振荡电路组成与类型，了解反馈及正负反馈的作用和判断方法，会分析正弦波振荡电路的工作原理及产生振荡需满足的条件。通过振荡电路频率计算，根据需要选择振荡电路元件，能看懂信号发生器电路中的振荡电路结构，分析选取的振荡电路类型及工作原理，判断是否满足振荡条件和计算相关参数。

知识准备

电路中的反馈

一、电路中的反馈

1. 反馈的基本概念

反馈是将放大电路输出信号（电压或电流）的一部分或全部通过一定的方式回送到放大电路的输入端的过程。反馈放大电路基本组成框图如图 3.1 所示，图中带箭头的实线表示信号流通方向，符号⊗代表信号比较环节，反馈量为输出量通过反馈网络回送到输入回路的信号，而放大电路所获得的信号是输入量与反馈量比较的结果，称为净输入量。

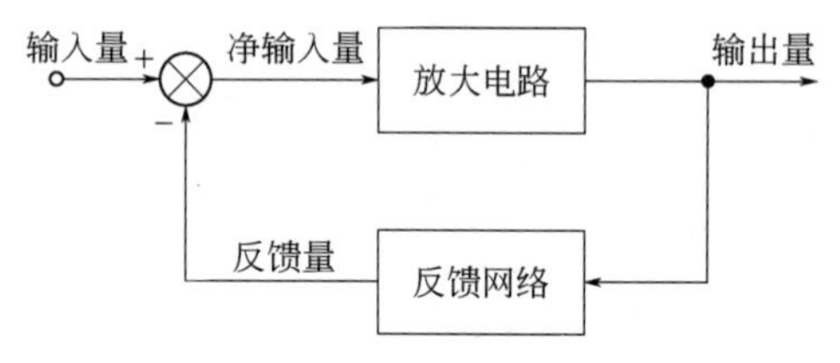

图 3.1　反馈放大电路基本组成框图

2. 反馈的类型

（1）正反馈与负反馈

反馈根据其极性来分，可以分为两类：正反馈和负反馈。反馈使放大器的净输入量增强的是正反馈，而使放大器的净输入量减弱的则是负反馈。通常采用“电压瞬时极性法”来判断反馈的极性（正、负反馈），即判断同一瞬间各交流量的相对极性。其步骤是：

① 先假定输入信号的极性（相对地，下同），根据放大电路各点的相位关系，逐级判断放大电路各点上该瞬时电压极性，用符号⊕和⊖表示。

② 由反馈量在输入端的连接方式，看反馈信号对输入信号的影响是增强还是削弱来判断反馈极性。对串联反馈，输入信号和反馈信号的极性相同时，是负反馈，极性相反时，是正反馈；对并联反馈，输入信号和反馈信号极性相反时，是负反馈，否则是正反馈。

（2）直流反馈和交流反馈

放大电路是交、直流并存的电路。那么，如果反馈回来的信号是直流成分，称为直流反馈；如果反馈回来的信号是交流成分，则称为交流反馈。

（3）电压反馈和电流反馈

根据反馈信号从输出端取样对象来分类，可以分为电压反馈和电流反馈。如果反馈信号取自输出电压，即反馈信号与输出电压成正比，称为电压反馈；如果反馈信号取自输出电流，即反馈信号与输出电流成正比，则称为电流反馈。由于反馈量与取样对象有关，因此可用如下方法来判断：将放大器的输出端短路，如果使得反馈量为零，就是电压反馈。如果反馈量

笔记

依然存在，就是电流反馈。

（4）串联反馈和并联反馈

根据反馈信号与外加输入信号在放大电路输入端的连接方式，可以分为串联反馈和并联反馈。其反馈信号和输入信号是串联的反馈称为串联反馈；其反馈信号和输入信号是并联的反馈称为并联反馈。因此，也可以从电路结构上来判断：串联反馈是输入信号与反馈信号加在放大器不同的输入端上；并联反馈则是两者并接在同一个输入端上。

3. 电路反馈类型判断方法

以图 3.2 所示集成运算放大器电路为例，其输出端和输入端通过 R_f 联系起来，因此存在反馈。

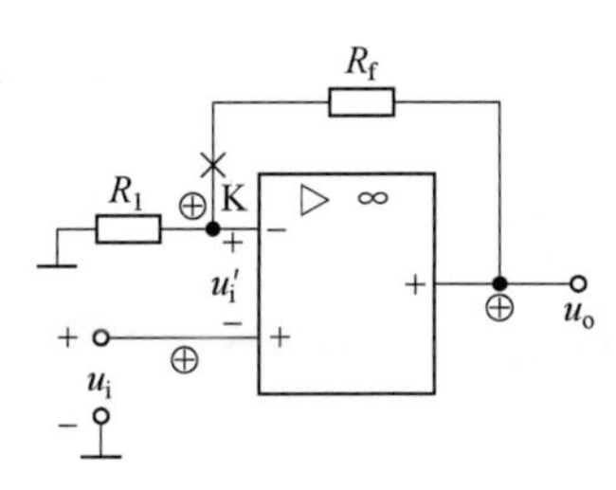

图 3.2　负反馈集成运算放大器电路

用电压瞬时极性法判断其反馈极性：先将反馈支路在适当的地方断开（一般在反馈支路与输入回路的连接处断开），用“×”表示。再假定输入信号电压对地瞬时极性为正，在图中用“⊕”表示。这个电压使同相输入端的电压 u_+ 瞬时极性为正。由于输出端与同相输入端的极性相同，所以此时输出电压 u_o 的瞬时极性为正，故标“⊕”，输出的这个电压通过反馈支路 R_f 传到断点处也是正极性，若将反馈支路断点加上，则会使得反相输入端的电压 u_- 瞬时极性为正。由于净输入电压 $u_i'=u_+-u_-$，U_- 的正极性会使净输入电压 u_i' 减小，因此这个反馈是负反馈。

将图 3.2 所示集成运算放大器电路的同相端与反相端调换，如图 3.3 所示。在 K 点处断开反馈支路后，再假定 u_i 为⊕，由于输出端与反相输入端的信号极性是相反的，所以输出 u_o 应该为⊖。通过 R_f 传到断点处也是⊖，所以若将反馈加上，则会使得 u_+ 端为负极性，这个极性使净输入量 u_i' 增大，因此这个电路的反馈是正反馈。

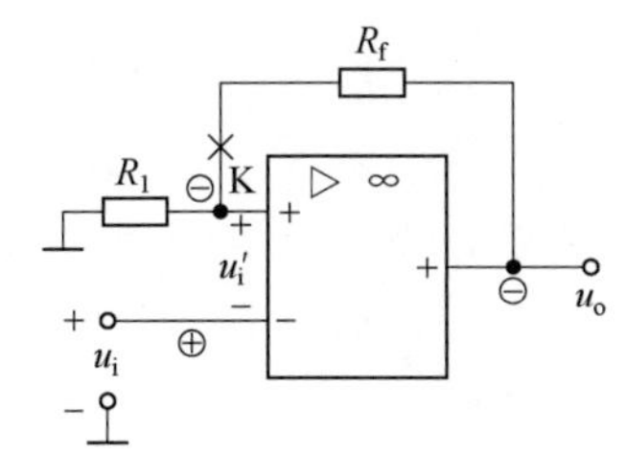

图 3.3　正反馈集成运算放大器电路

图 3.4 所示电路中，R_2 连接运算放大器 A_1 的输入回路和输出回路，是 A_1 本级反馈元件。R_4 是 A_2 的本级反馈元件。R_5 连接 A_1 的输入回路与 A_2 的输出回路，是级间反馈元件。因此电路存在三个反馈回路。用瞬时极性法判断：先假设输入信号的瞬时极性为正，沿闭环系统，标出放大电路各级输入和输出的瞬时极性，最后将反馈信号的瞬时极性和输入信号的瞬时极性相比较，得出 R_2 和 R_4 均为本级负反馈，R_5 为级间负反馈。对于由运算放大器组成的反馈

电路，在判断本级反馈的极性时，若反馈通路接回到反相输入端，则为负反馈；接回到同相输入端，则为正反馈。

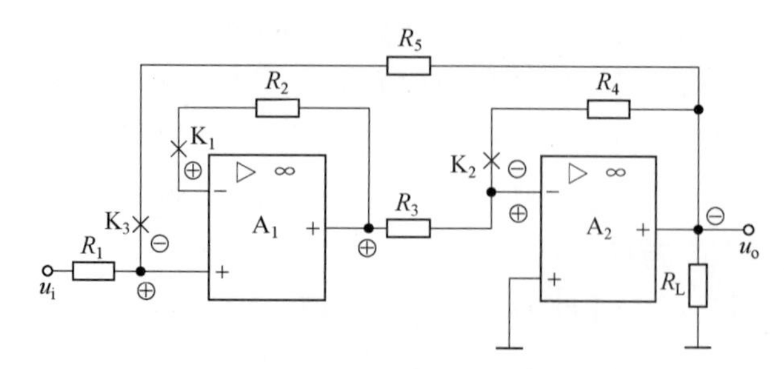

图 3.4　运算放大器组成的反馈电路

如果输入信号与反馈信号加到输入级的同一极上，若两者极性相反则为负反馈，相同则为正反馈；如果输入信号与反馈信号加到输入级的不同极上，则两者极性相同者为负反馈，相反者为正反馈。例如图 3.5 所示电路中，u_i 经两级放大后再经反馈支路 R_f 回送到输入回路，产生反馈电压 u_{e1}，u_i 和 u_{e1} 同相，则净输入电压 $u_{be1}=u_i-u_{e1}$，因此是负反馈。

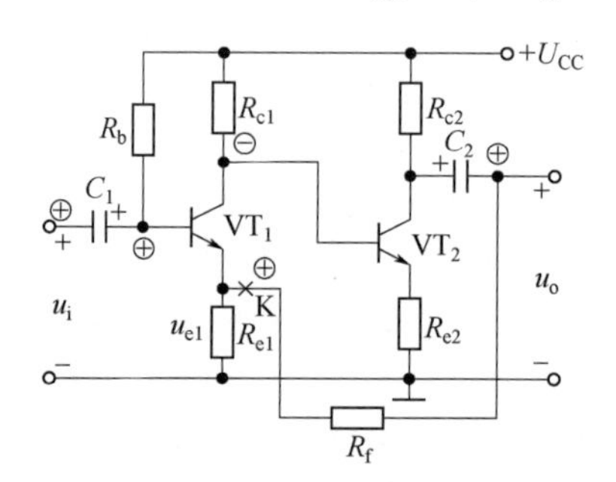

图 3.5　电压负反馈电路

反馈电路直接从输出端引出的，是电压反馈；从负载电阻 R_L 的靠近“地”端引出的，是电流反馈。例如图 3.5 所示电路的反馈支路直接接在输出端，反馈信号与输出电压成正比，故为电压负反馈。

输入信号和反馈信号分别加在两个输入端（同相和反相）上的，是串联反馈；加在同一输入端（同相或反相）上的，是并联反馈。对于分立元件组成的共发射极放大电路来说，有如下的判别口诀：集出为压，射出为流，基入为并，射入为串，即从集电极引出反馈为电压反馈，从发射极引出反馈为电流反馈，反馈到基极为并联反馈，反馈到发射极为串联反馈。而共集电极电路为典型的电压串联负反馈。

正反馈虽然能使放大器净输入量增加，即放大倍数增大，但随之而来的是放大器其他性能变差，最终使放大器失去放大作用，因此一般不采用正反馈。负反馈虽使放大器净输入量削弱，即放大倍数减小，但却能使放大器其他性能变好，因此负反馈在放大器中得到广泛应用。由于直流负反馈仅能稳定直流量，即稳定静态工作点，在此不做过多讨论。对交流负反馈而言，根据输出端取样对象的不同和输入端的不同接法，可以组成电压串联负反馈、电压并联负反馈、电流串联负反馈和电流并联负反馈四种类型的负反馈。

笔记

4. 负反馈的一般表示法

如果用 $\dot{A}$ 表示基本放大电路的放大倍数，$\dot{F}$ 表示负反馈网络的反馈系数，$\dot{X}_i$、$\dot{X}_i'$、$\dot{X}_o$ 和 $\dot{X}_f$ 分别表示放大电路的输入信号、净输入信号、输出信号和反馈信号，则负反馈放大器的组成框图如图 3.6 所示。假设信号频率都处在中频段，同时为了简明，$\dot{X}_i$、$\dot{X}_i'$、$\dot{X}_o$ 和 $\dot{X}_f$ 均用有效值表示，$\dot{A}$ 和 $\dot{F}$ 用实数表示，可得出负反馈放大器的基本关系式：

开环放大倍数 $$A=\frac{X_o}{X_i'}$$

反馈系数 $$F=\frac{X_f}{X_o}$$

负反馈的一般表示方法

闭环放大倍数 $$A_f=\frac{X_o}{X_i}=\frac{X_o}{X_i'+X_f}=\frac{AX_i'}{X_i'+X_oF}=\frac{AX_i'}{X_i'+X_i'AF}=\frac{A}{1+AF}$$

上式中，$1+AF$ 称为反馈深度，当$1+AF>>1$ 时，称深度负反馈。此时有

$$A_f=\frac{A}{1+AF}\approx\frac{A}{AF}=\frac{1}{F}$$

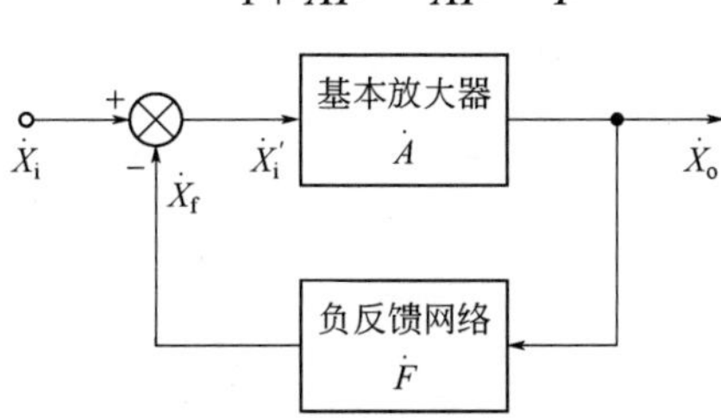

图 3.6　负反馈放大器的方框图

可见，在深度负反馈情况下，闭环放大倍数 A_f 仅取决于反馈系数 F 的值。一般来说，反馈系数 F 的值比较稳定，因此闭环放大倍数 A_f 也比较稳定。另外，在深度负反馈情况下，由于净输入量很小，因而有 $X_i\approx X_f$。

5. 负反馈对放大器性能的影响

（1）降低放大倍数

由式 $A_f=\dfrac{A}{1+AF}$ 可知，引入负反馈后，由于（$1+AF$）>1，故 $A_f<A$。即闭环放大倍数减小到只有开环放大倍数的 $\dfrac{1}{1+AF}$。

负反馈对放大器性能的影响

（2）提高放大倍数的稳定性

对闭环放大倍数的表达式进行微分得

$$\frac{dA_f}{dA}=\frac{1}{1+AF}-\frac{AF}{(1+AF)^2}=\frac{1}{(1+AF)^2}$$

即 $$dA_f=\frac{1}{(1+AF)^2}dA$$

所以
$$\frac{\mathrm{d}A_\mathrm{f}}{A_\mathrm{f}}=\frac{1}{1+AF}\times\frac{\mathrm{d}A}{A}$$

可见，闭环放大倍数的相对变化量，只有开环放大倍数相对变化量的 $\frac{1}{1+AF}$，即放大倍数的稳定性提高了（$1+AF$）倍。

（3）减小非线性失真以及抑制干扰噪声

由于三极管是非线性器件，如果放大器的静态工作点选得不合适，输出信号波形将产生饱和失真或截止失真，即非线性失真。这种失真可以利用负反馈来改善，其原理是利用负反馈造成一个预失真的波形来进行矫正，如图 3.7 所示。无负反馈时的输出波形正半周幅度大，负半周幅度小。引入负反馈后，反馈信号波形也是正半周幅度大，负半周幅度小。将其回送到输入回路，由于净输入信号 $X_\mathrm{i}'=X_\mathrm{i}-X_\mathrm{f}$，和无反馈时的输出波形正好相反，从而使输出波形失真获得补偿。同样道理，负反馈可以减小由于放大器本身所产生的干扰和噪声。但对随输入信号同时加入的（或者说输入信号本身就失真）干扰和噪声没有作用。总之，负反馈只能抑制反馈环内的干扰和噪声。

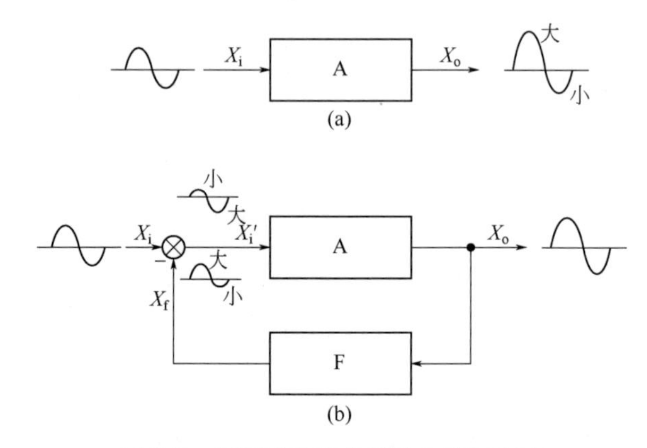

图 3.7　负反馈改善非线性失真示意图

（4）扩展通频带

由放大器的频率特性可知，对于阻容耦合放大器来讲，放大倍数在高频区和低频区都要下降，并且规定当放大倍数下降到 0.707 $A_{u\mathrm{m}}$ 时，所对应的两个频率分别称为下限频率 f_L 和上限频率 f_h，这两个频率之间的频率范围称为放大器的通频带，用 BW 表示，即 $BW=f_\mathrm{h}-f_\mathrm{L}$。通频带愈宽，表示放大器工作的频率范围愈宽。特别是引入负反馈以后，虽然放大器的放大倍数下降了，但通频带却加宽了。如图 3.8 所示。

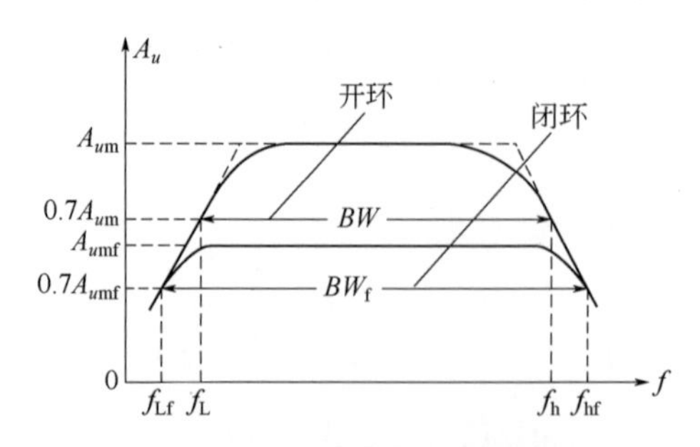

图 3.8　开环与闭环的幅频特性

设放大器的开环放大倍数为 A，闭环放大倍数为 A_f，开环带宽为 BW，闭环带宽为 BW_f，则 $A_f \times BW_f = A \times BW$ 。所以有 $BW_f = \dfrac{A}{A_f} \times BW = \dfrac{A}{\dfrac{A}{1+AF}} \times BW = (1+AF)BW$ ，即 $BW_f = (1+AF)BW$。可见负反馈使放大器通频带展宽（$1+AF$）倍。

（5）改变输入电阻和输出电阻

① 对输入电阻的影响：输入电阻是从输入端看进去的等效电阻，因此，输入电阻的变化仅决定于反馈网络与输入端的连接方式，而与输出端的取样方式无关。分析证明：凡是串联负反馈，都能使输入电阻提高，即 $R_{if}>R_i$；凡是并联负反馈，都能使输入电阻降低，即 $R_{if}<R_i$。R_i 为无反馈时放大电路的输入电阻，称为开环输入电阻；R_{if} 为引入负反馈后放大电路的输入电阻，称为闭环输入电阻。

② 对输出电阻的影响：放大电路的输出电阻，是从其输出端看进去的等效电阻。负反馈对输出电阻的影响，决定于反馈网络在输出端的取样对象，而与输入端连接方式无关。分析证明：凡是电压负反馈，都能稳定输出电压，使输出电阻降低，即 $R_{of}<R_o$；凡是电流负反馈，都能稳定输出电流，使输出电阻增大，即 $R_{of}>R_o$，R_o 为无反馈时放大电路的输出电阻，称为开环输出电阻；R_{of} 为引入负反馈后的输出电阻，称为闭环输出电阻。

负反馈对输入、输出电阻 R_i、R_o 的影响如表 3.1 所示。

表 3.1　负反馈对 R_i、R_o 的影响

反馈类型	开环电阻	闭环电阻
串联负反馈	R_i	$(1+AF)R_i$
并联负反馈	R_i	$(1+AF)^{-1}R_i$
电流负反馈	R_o	$(1+AF)R_o$
电压负反馈	R_o	$(1+AF)^{-1}R_o$

6. 反馈式音调控制器

反馈式音调控制器如图 3.9 所示，R_1、R_2、C_1 组成低音音调控制器，而 R_3、R_4、C_3 组成高音音调控制器，实际上是电压并联负反馈的应用电路。先考虑在频率很低的情况，此时 C_1、C_3 相当于开路，因此，高音音调控制器不起作用，低音音调控制器能起作用，当 R_2 动触点在 A 点时，输入电阻为 R_1，反馈电阻为 R_1+R_2；而当 R_2 动点在 B 点时，输入电阻为 R_1+R_2，反馈电阻为 R_1。可见电位器 R_2 能调节输出的低音放大倍数和音量。当频率逐渐上升时，C_1 开始起作用，C_1 对 R_2 起旁路作用。当频率上升到 C_1 的容抗极小，几乎将 R_2 短路时，电位器 R_2 就不起作用。所以电位器 R_2 只能对低音的输出音量起控制作用。再考虑频率很高的情况，此时，C_1、C_3 相当于短路，因此，低音音调控制器无调节作用，高音音调控制器能起调节作用。电位器 R_4 能调节输出的高音音量。

7. 负反馈放大电路的自激振荡

一个放大器接通电源后，若在没有输入信号的情况下在示波器上观察到其输出端有频率很高的稳定的正弦波信号输出，这种现象称为放大器的自激振荡，简称“自激”。自激现象破坏了放大器的正常工作，因此是有害的，应当消除。

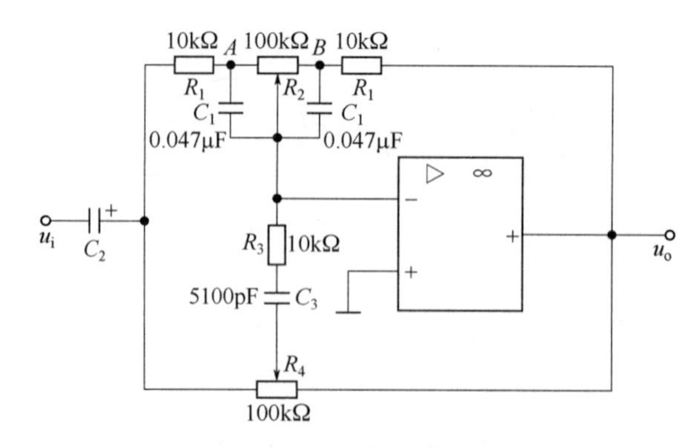

图 3.9　反馈式音调控制器

在负反馈放大器的中频区，反馈信号与输入信号是反相的。然而在放大器的高频区和低频区，基本放大器和反馈网络都会产生附加相移。如果其总的附加相移达到 180°，那么，反馈信号与输入信号就变为同相，原来的负反馈就变成正反馈，于是电路就产生自激振荡。常用的消除自激振荡的方法是在放大器中的适当位置加上 RC 网络，以破坏其产生自激的条件，从而达到消除自激的目的。

正反馈与自激振荡

二、正弦波振荡电路的类型与工作原理

1. 正反馈与自激振荡

（1）自激条件

若将图 3.10 中的 $\dot{X}_f$ 的极性由“−”改成“+”，则净输入信号变成 $\dot{X}_i' = \dot{X}_i + \dot{X}_f$，这样就成为正反馈放大器。如果 $\dot{X}_f$ 足够大，则可以实现在没有输入（$\dot{X}_i = 0$）时，保持有稳定的输出信号，即产生自激振荡。这种不需要外部输入，靠自身电刺激和正反馈引起输出的现象，称自激振荡。自激振荡器方框图如图 3.10 所示。

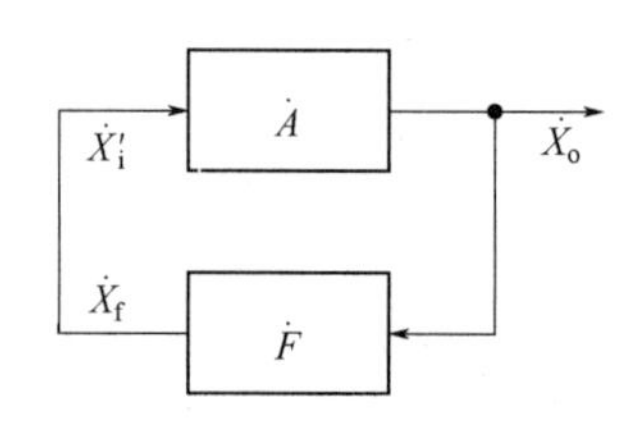

图 3.10　自激振荡器方框图

发生自激时，$\dot{X}_f = \dot{F}\dot{X}_o$，$\dot{X}_o = \dot{A}\dot{X}_i'$，在稳定振荡时，$\dot{X}_f = \dot{X}_i'$，所以产生正弦波振荡的条件是：

幅值平衡条件　　　　$|\dot{A}\dot{F}| = 1$

相位平衡条件　　　　$\varphi_A + \varphi_F = 2n\pi \quad (n = 0, 1, 2, \cdots)$

产生自激振荡必须同时满足相位和幅值两个基本条件。相位平衡条件指的是 $\dot{X}_f$ 与 $\dot{X}_i$ 必须同相位，就是要求反馈是正反馈；幅值平衡条件是要求环路增益等于 1。在自激振荡的两个条件中，关键是相位平衡条件，如果电路不满足正反馈的要求，则肯定不会振荡。至于幅值条件，可以在满足相位条件后，通过调节电路参数来达到。

笔记

（2）振荡的建立

欲使一个振荡电路能自行建立振荡，就必须满足$\left|\dot{A}\dot{F}\right|>1$的条件。这样，在接通电源后，振荡电路就有可能自行起振，或者说能够自激，最后趋于稳态平衡。振荡的建立过程：在电路接通电源后，各种电扰动形成微弱激励信号⟶放大⟶选频⟶正反馈⟶再放大⟶再选频⟶再正反馈⟶振荡器输出电压增大⟶器件进入非线性区⟶限幅⟶稳幅振荡（$\left|\dot{A}\dot{F}\right|=1$），这个由小到大逐步建立起稳幅振荡的过程是非常短暂的。

从振荡条件分析中可知，振荡电路是由放大电路和反馈网络两大主要部分组成的一个闭环系统。电路要得到单一频率的正弦波，必须具有选频特性，即只使某一特定频率的正弦波满足振荡条件，电路还应包含选频网络。要稳定振荡电路的输出信号幅值，又必须加上稳幅电路。因此，自激振荡电路包含放大电路、正反馈网络、选频网络和稳幅电路四个部分。

正弦波振荡电路可分为LC振荡电路、RC桥式振荡电路以及石英晶体振荡电路。

LC 振荡器

2. LC振荡器

（1）变压器反馈式LC振荡电路

图3.11所示是一典型的变压器反馈式LC振荡器的原理图。它的基本部分是一个分压偏置的共射放大电路，只是集电极负载由以前的R_c换成现在的LC并联电路，放大电路没有外加的输入信号，而是由变压器耦合取得的反馈电压$\dot{U}_f$来提供。由于LC并联电路谐振时呈纯阻性，而C_b、C_e分别是耦合电容和旁路电容，对振荡频率信号可视为短路。因此，在$f=f_0$（谐振频率）时，三极管的集电极输出电压信号与基极输入电压信号相位仍相差180°。输出电压$\dot{U}_o$经过变压器后得到反馈电压$\dot{U}_f$，并反馈到输入回路。由图中的同名端可见，反馈电压$\dot{U}_f$与U_c反相，与$\dot{U}_i$同相，满足正弦波振荡的相位平衡条件。对于幅值条件，只要适当选择反馈线圈的匝数，使U_f较大，或者选配适当的电路参数，使放大电路具有足够的放大倍数，起振条件就比较容易满足。由于只有当LC并联回路谐振时，电路才满足振荡的相位平衡条件，所以变压器反馈式振荡电路的振荡频率为

$$f_0\approx\frac{1}{2\pi\sqrt{LC}}$$

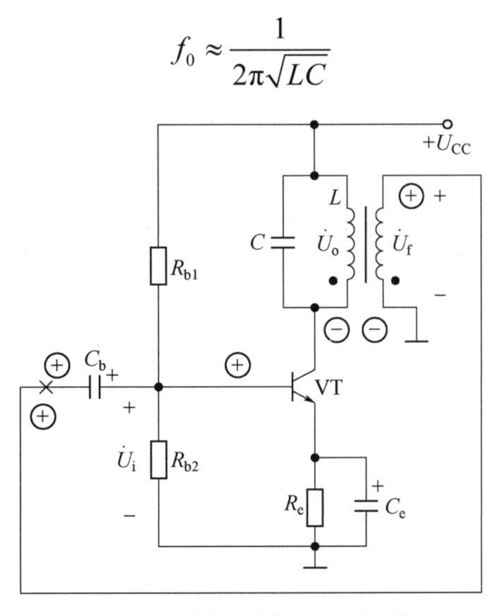

图3.11　变压器反馈式LC振荡电路

当电路起振后，振荡幅度将不断增大，三极管逐渐进入非线性区，放大电路的电压放大倍数$|\dot{A}|$将随$U_i = U_f$的增加而下降，限制了U_o的继续增大，最终使电路进入稳幅振荡。

变压器反馈式LC振荡电路便于实现阻抗匹配，容易起振，且调节频率方便。

（2）电感三点式LC振荡电路

在实际电路中，为了避免变压器同名端容易搞错的问题，也为了制造简便，采取了自耦形式的接法，如图3.12所示。由于电感L_1和L_2引出三个端点，并且电感的三个端子分别与三极管三个电极相连接（指在交流通路中连接），所以通常称为电感三点式LC振荡电路。电感三点式振荡电路又称哈特莱（Hartley）振荡电路。对于LC并联电路的谐振频率f_0而言，电感的首端、中间抽头、尾端三点中若有一点交流接地，则三个端点的相位关系有以下两种情况：

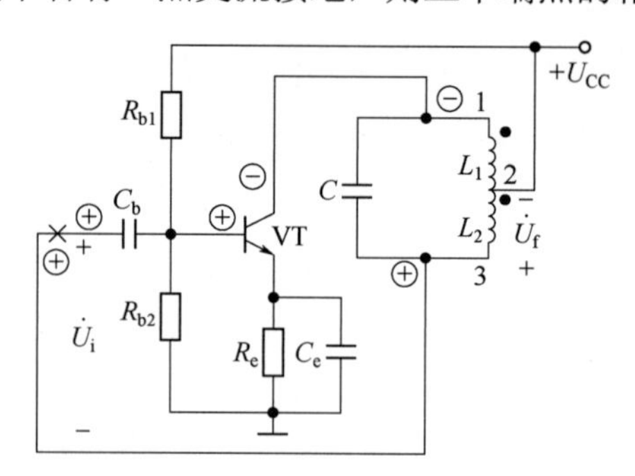

图3.12　电感三点式振荡电路

① 若电感的中间抽头交流接地，则首端与尾端的相位相反；

② 若电感的首端或尾端交流接地，则电感其他两个端点的相位相同。

图3.12中电感2端交流接地，则1、3端相位相反。利用瞬时极性法，可判断出反馈电压$\dot{U}_f$与放大电路的输入电压$\dot{U}_i$同相，满足自激振荡的相位平衡条件。

只要使放大电路有足够的电压放大倍数，且适当选择L_1及L_2两段线圈的匝数比，即改变L_1和L_2电感量的比值，就可获得足够大的反馈电压$\dot{U}_f$，从而使幅度条件得到满足。

电感三点式振荡电路的振荡频率基本上等于LC并联回路的谐振频率，即

$$f_0 \approx \frac{1}{2\pi\sqrt{LC}} = \frac{1}{2\pi\sqrt{(L_1 + L_2 + 2M)C}}$$

式中，M为电感L_1和L_2之间的互感；$L = L_1 + L_2 + 2M$，为回路的等效电感。

电感三点式正弦波振荡电路容易起振，并且采用可变电容器调节频率方便。但由于它的反馈电压取自电感L_2，因此输出波形较差。

（3）电容三点式LC振荡电路

为了获得良好的振荡波形，可采用图3.13所示电容三点式LC振荡电路。由于图中LC振荡回路电容C_1和C_2的三个端子和三极管的三极相连接，故称为电容三点式电路，又称考尔皮兹（Colpitts）振荡电路。电容三点式和电感三点式一样，都具有LC并联回路，因此，电容C_1、C_2中的三个端点的相位关系与电感三点式也相似。同样利用瞬时极性法可判断出电路属于正反馈，满足振荡的相位平衡条件。至于幅值条件，只要将管子的β值选得大一些（例如几十倍），并恰当选取比值C_2/C_1（一般取0.01～0.5），就有利于起振。电路的振荡频率为：

笔记

$$f_0 = \frac{1}{2\pi\sqrt{LC}} = \frac{1}{2\pi\sqrt{L\frac{C_1C_2}{C_1+C_2}}}$$

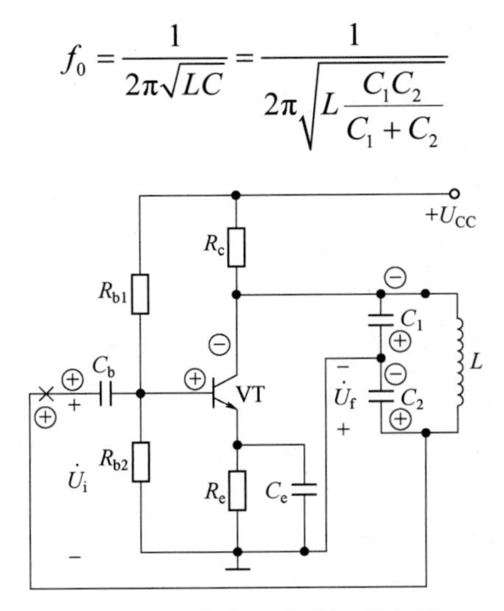

图 3.13 电容三点式振荡电路

这种电路由于反馈电压取自电容 C_2 两端，电容对高次谐波的容抗小，因而可将高次谐波滤掉，所以输出波形好。调节频率时要求 C_1、C_2 同时可变，否则影响幅值条件，这在实用上不方便，因而在谐振回路中将一可调电容并联于 L 的两端，可在小范围内调频。这种振荡电路的工作频率范围可从几百千赫到几百兆赫。它通常用在调幅和调频接收机中。但是，由于该电路振荡频率较高，C_1、C_2 通常较小，三极管的极间电容随温度等因素变化，对振荡频率的稳定性有一定的影响。为了保持电路振荡频率高的特点，同时又具有较高的稳定性。通常在电感 L 支路中串联一个小电容 C_3，构成图 3.14 所示的改进型电容三点式振荡电路，又称克莱普（Clapp）振荡电路。

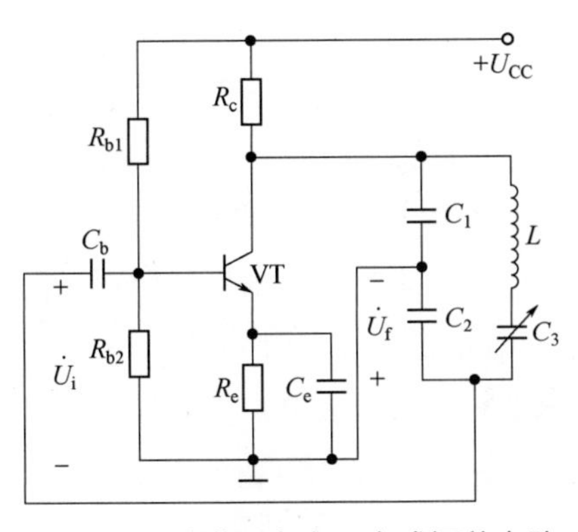

图 3.14 改进型电容三点式振荡电路

其振荡频率为：

$$f_0 \approx \frac{1}{2\pi\sqrt{L\frac{1}{\frac{1}{C_1}+\frac{1}{C_2}+\frac{1}{C_3}}}}$$

为了减小三极管极间电容的变化对振荡频率的影响，通常 $C_1 \gg C_3$，且 $C_2 \gg C_3$。因此上式可近似为：

$$f_0 \approx \frac{1}{2\pi\sqrt{LC_3}}$$

例如图 3.15（a）所示电路中，C_1、C_2、L 组成并联谐振回路，且反馈电压取自电容 C_1 两端。由于 C_b 和 C_e 数值较大，对于高频振荡信号可视为短路。它的交流通路如图 3.15（b）所示。根据交流通路，用瞬时极性法判断，可知反馈电压和放大电路输入电压极性相同，满足相位平衡条件，可以产生振荡，振荡频率为：

$$f_0 = \frac{1}{2\pi\sqrt{L\frac{C_1C_2}{C_1+C_2}}} = \frac{1}{2\pi\sqrt{300\times10^{-6}\times\frac{0.001\times10^{-6}\times0.001\times10^{-6}}{0.001\times10^{-6}+0.001\times10^{-6}}}}$$

$$\approx 410.9(\text{kHz})$$

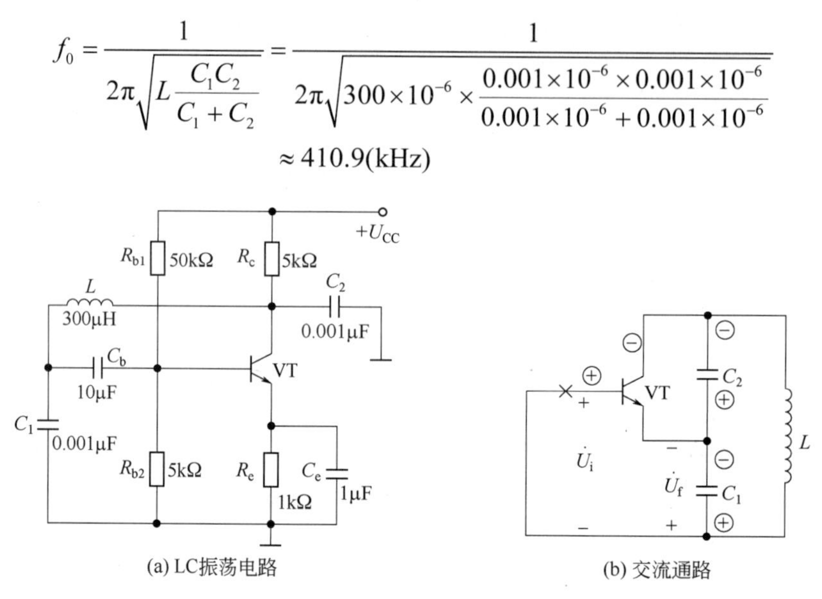

图 3.15　示例电路

图中三极管的三个电极分别与电容 C_1 和 C_2 的三个端子相接，所以该电路属于电容三点式振荡电路；C_e 是 R_e 的旁路电容，如果去掉 C_e，振荡信号在发射极电阻 R_e 上将产生损耗，放大倍数降低，甚至难以起振。C_b 为耦合电容，它将振荡信号耦合到三极管基极。如果去掉 C_b，则三极管基极直流电位与集电极直流电位近似相等，由于静态工作点不合适，电路将无法正常工作。

3. RC 桥式正弦波振荡电路

图 3.16 所示是用集成运算放大器组成的 RC 桥式正弦波振荡电路，它由 RC 串并联电路组成的选频及正反馈网络和一个具有负反馈的同相放大电路构成。其中 R_f 、R_1、串联的 RC、并联的 RC 各为一个桥臂，构成一个电桥，放大电路的输出、输入分别接到电桥的对角线上。故称此振荡电路为 RC 桥式振荡器。

图的左边虚线框中是 RC 串并联网络，这个电路具有选频特性。输出电压 $\dot{U}_o$ 通过正反馈支路加到 RC 串并联网络两端，并从中取出 $\dot{U}_f$（反馈电压）加到放大器的同相输入端，作为输入信号 $\dot{U}_i$。其中只有 $f=f_0$ 的信号通过 RC 串并联网络时才不会产生相移，电路呈现纯电阻特性，并且信号的幅度最大（可以证明：当 $f_0=\dfrac{1}{2\pi RC}$ 时，$U_i=U_f=\dfrac{1}{3}U_o$，$\varphi=0^\circ$）；而其

笔记

他频率的信号都将产生相移，且幅度变小。因而可以设想，放大电路输入端的$\dot{U}_i$（$f=f_0$的信号）经过同相输入放大器放大后，得到的$\dot{U}_o$再经过RC串并联网络回到输入端的信号$\dot{U}_f$，其相位与$\dot{U}_i$相同，加强了$\dot{U}_i$，形成正反馈，满足相位平衡条件。由于只有当$f=f_0$时，电路才满足自激振荡的条件，所以RC桥式振荡器的振荡频率为：

$$f_0=\frac{1}{2\pi RC}$$

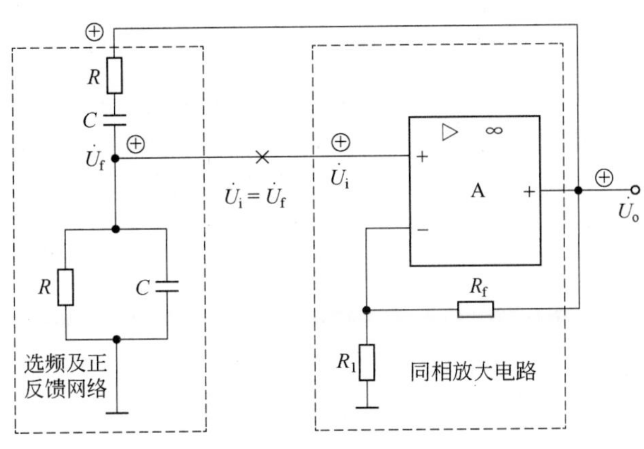

图 3.16　RC 桥式正弦波振荡电路

如果将R和C换成可变电阻和可变电容，则输出信号频率就可以在一个相当宽的范围内进行调节。实验室用的低频信号发生器多采用RC桥式振荡器。

同相输入放大电路的电压放大倍数$A_u=1+\frac{R_f}{R_1}$。电路起振时应使$AF>1$，考虑对应于$f=f_0$的频率信号的反馈系数$F=\frac{U_f}{U_o}=\frac{1}{3}$，故$A$应略大于3，也就是要求$\frac{R_f}{R_1}$应大于2才能起振。通常$R_f$是具有负温度系数的热敏电阻，其作用是进行稳幅，减小波形失真。自动稳幅的过程解释如下：电路起振后，输出电压$\dot{U}_o$的幅值不断增大，则流过热敏电阻R_f的电流也不断增大，引起R_f的温度升高和电阻值的减小，即$\frac{R_f}{R_1}$比值随之减小；直到$\frac{R_f}{R_1}$=2，A=3，AF=1时，满足振幅平衡条件而维持等幅振荡。由于这个振荡电路输出电压的幅值不是依靠三极管的非线性来限幅，所以有良好的输出电压波形。

假设图3.16所示振荡电路中$R=5.6\text{k}\Omega$，$C=2700\text{pF}$，热敏电阻$R_f=12\text{k}\Omega$，则

$$f_0=\frac{1}{2\pi RC}=\frac{1}{2\pi\times5.6\times10^3\times2700\times10^{-12}}\approx10.5(\text{kHz})$$

对于f_0振荡频率，反馈系数为$1/3$，所以起振时A应大于3，由此可知$\frac{R_f}{R_1}$应大于2，故R_1应整定在小于6kΩ的阻值。

4. 石英晶体振荡器

石英晶体振荡器如图3.17所示，是用石英晶体作为谐振选频元件的振荡器，它有极高的

石英晶体振荡器

频率稳定性，广泛用于要求频率稳定性高的设备中。在石英晶体的两个电极上加一电场，晶片就会产生机械变形；反之，若在晶片的两侧施加机械压力，则在晶片相应的方向上产生电场，这种物理现象称为压电效应。在晶片的两极加上交变电压时，晶片将会产生机械变形振动，同时晶片的机械振动又会产生交变电场。在一般情况下，这种机械振动的振幅和交变电场的振幅都很微小，只有在外加交变电压的频率为某一特定频率时，振幅才会突然增加，比其他频率下的振幅大得多，这种现象称为谐振，它与 LC 回路的谐振现象十分相似，所以又称石英晶体振荡器为石英晶体谐振器，这一特定频率称为晶体的固有频率或谐振频率，它与晶体的切割方式、几何形状、尺寸等有关。石英晶体振荡器的符号和等效电路如图 3.18 所示。等效电路中，L 很大，C_0、C、R 很小，所以回路的品质因数 Q 很大，可达 10^4～10^6。而一般由电感线圈组成的谐振回路的品质因数 Q 不会超过 400。所以，用石英谐振器组成的振荡电路，可获得很高的频率稳定性。

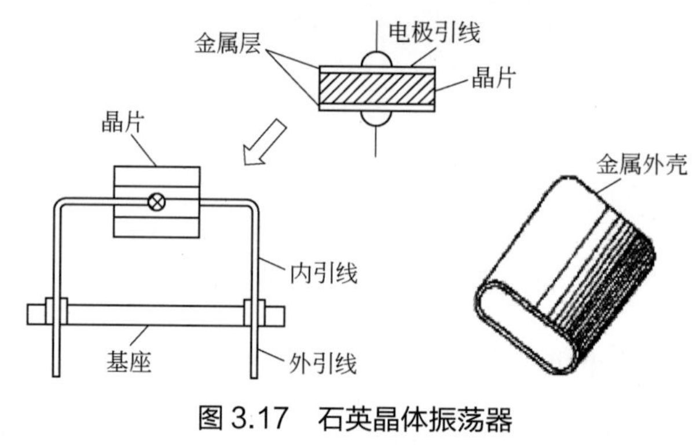

图 3.17　石英晶体振荡器

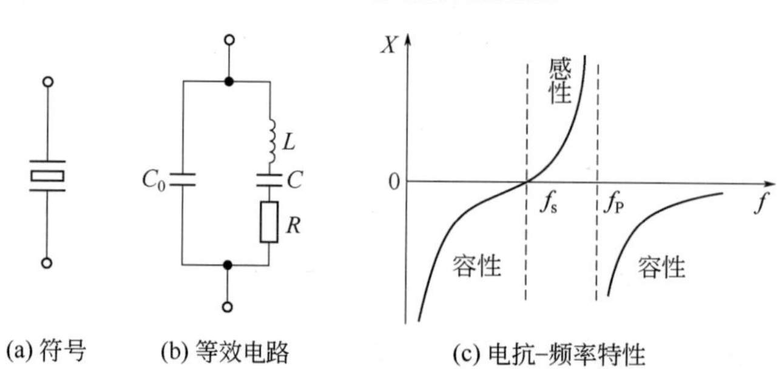

图 3.18　石英晶体振荡器的符号、等效电路及电抗特性

从石英晶体的符号和等效电路可知，这个电路有两个谐振频率。当 L、C、R 支路串联谐振时，等效电路的阻抗最小（等于 R），串联谐振频率为

$$f_{\mathrm{s}}=\frac{1}{2\pi\sqrt{LC}}$$

当等效电路并联谐振时，并联谐振频率为

$$f_{\mathrm{P}}=\frac{1}{2\pi\sqrt{L\frac{CC_0}{C+C_0}}}=f_{\mathrm{s}}\sqrt{1+\frac{C}{C_0}}$$

由于 $C \ll C_0$，因此，f_s 和 f_P 两个频率非常接近。当信号频率 f 正好处于 f_s 和 f_P 之间，石英晶体呈现电感性，可看成电感。而在此之外则呈现出容性，见图 3.18（c）。

石英晶体振荡电路的类型可分为并联型晶体振荡电路和串联型晶体振荡电路。前者石英晶体作为一个电感 L，工作在 f_s 和 f_P 之间；后者工作在串联谐振频率 f_s 处。图 3.19 为典型的并联型石英晶体振荡电路，外接电容 C_3 和 C_1、C_2 组成并联回路。

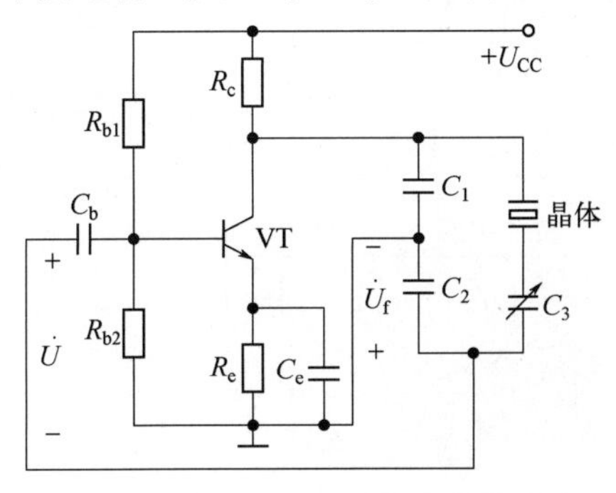

图 3.19　并联型石英晶体振荡电路

图 3.20 是一种串联型石英晶体振荡电路。石英晶体与电容 C 和 R 组成选频及正反馈网络，运算放大器 A 与电阻 R_f、R_1 组成同相负反馈放大电路，其中具有负温度系数的热敏电阻 R_f 和 R_1 所引入的负反馈用于稳幅。显然，在石英晶体的串联谐振频率 f_s 处，石英晶体的阻抗最小，且为纯电阻，可满足振荡的相位平衡条件。

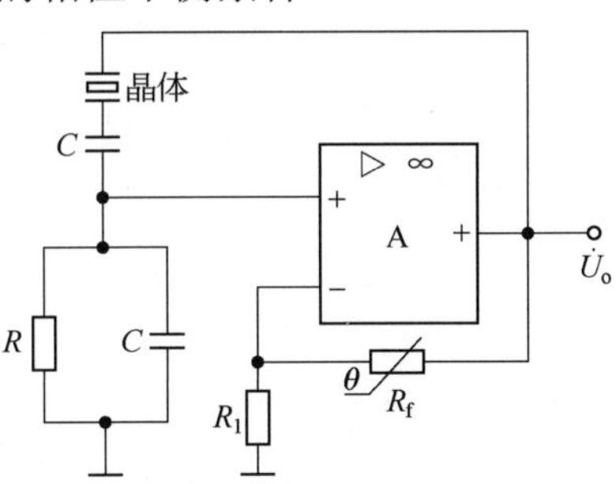

图 3.20　串联型石英晶体振荡电路

在图 3.20 中，为了提高正反馈网络的选频特性，应使振荡频率既符合晶体的串联谐振频率，又符合通常的 RC 串并联网络所决定的振荡频率，即应使振荡频率 f_0 既等于 f_s，又等于 $\dfrac{1}{2\pi RC}$。为此，需要进行参数的匹配，电阻 R 应等于石英晶体串联谐振时的等效电阻，电容 C 应满足等式 $f_s = \dfrac{1}{2\pi RC}$。

任务实施

① 学生分小组讨论图 3.21 所示为实验室用低频信号发生器电路，讨论其中振荡电路的组成与类型，写出其振荡频率公式，讨论振荡电路中哪些元件构成选频网络，转换开关 S 和可变电容器的作用。然后进行汇报，师生互评，教师小结。

任务实施指导：实用的低频信号发生器要求频率可调，图 3.21 所示电路就是一个频率可调的低频振荡器电路；R_1、R_2、R_3 和可变电容器构成 RC 选频电路；转换开关 S 用作频率粗调；可变电容器用作频率细调。

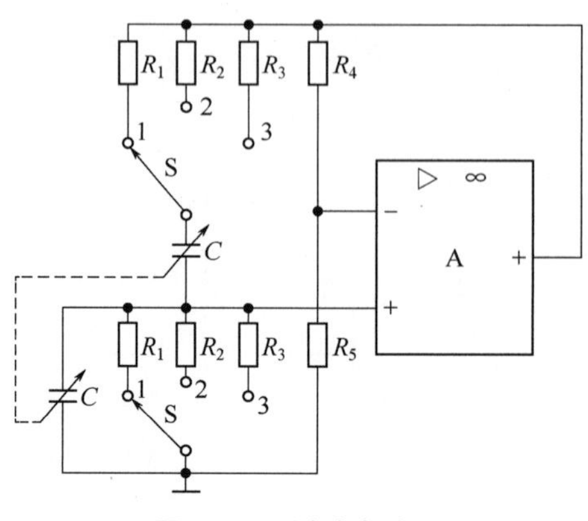

图 3.21　讨论电路 1

② 图 3.22 所示电路是收录机的本机振荡电路，指出反馈网络，说明是否满足振荡的相位条件，若 L_3 接反，讨论电路能否振荡。

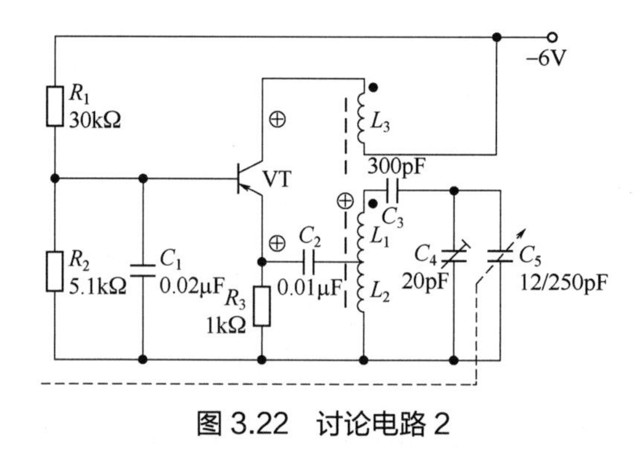

图 3.22　讨论电路 2

任务实施指导：反馈网络由 L_3、L_1、L_2、C_3、C_4 和 C_5 等元件组成。反馈信号从 L_2 两端取出，经电容 C_2 耦合到晶体管 VT 的发射极，充当输入信号。VT 的基极通过电容 C_1 交流接地，构成共基极接法的电路。设发射极信号瞬时极性为正，则其他各点的瞬时极性如图中“⊕”所示。可知是正反馈，满足相位条件。若 L_3 接反，则电路由正反馈变成负反馈，不满足相位条件，故不能振荡。

任务自测

任务自测 3.1

笔记

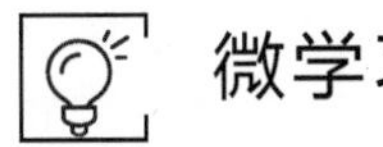

微学习

微学习 3.1

任务二　集成运算放大器的认识与应用

任务描述

图 3.23 所示为某信号发生器电路原理图，内有两个集成运算放大器，分析其作用与功能。

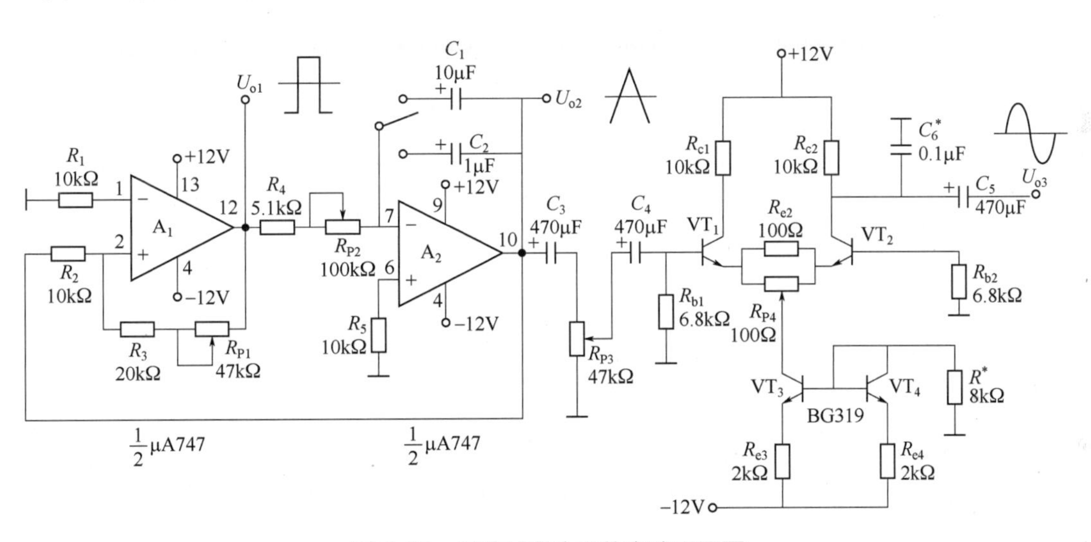

图 3.23　某信号发生器的电路原理图

任务分析

集成运算放大器（可简称集成运放）是应用极为广泛的一种模拟集成电路。要会分析集成运算放大器在电路中的作用，首先要明白集成电路的基本知识，集成运算放大器的基本结构、主要参数和工作特点及其典型的应用电路，然后再结合实际电路进行分析判断。

知识准备

一、集成运算放大器的性能指标

集成运算放大器性能指标

集成电路是采用半导体制造工艺，在一小块半导体基片上，把电子元件以及连接导线集中制造而构成的一个完整电路，是将元器件和电路融为一体的固态组件，故又叫固体电路。它具有重量轻、体积小、外部焊点少、工作可靠等优点，这是分立元件电路无法相比之处。集成电路按集成度（一块硅片上所包含的元器件数目）来分，可分为小规模、中规模、大规模和超大规模集成电路。按功能划分，有数字集成电路和模拟集成电路两大类。数字集成电路用于产生、变换和处理各种数字信号；模拟集成电路用于处理模拟信号。模拟集成电路种类较多，有集成运算放大器、集成功放、集成稳压器、集成模数转换器等多种，其中应用最为广泛的为集成运算放大器。

集成运算放大器采用具有高电压增益、高输入电阻和低输出电阻的直接耦合多级放大电路，具有两个输入端、一个输出端；大多数型号的集成运算放大器为两组电源供电。其内部电路框图如图 3.24 所示。其中高阻输入级是一个输入阻抗高、静态输入电流极小的差动放大电路，是提高集成运算放大器质量的关键部分，它有同相输入端和反相输入端。如果输出信号与输入信号相位相同，则输入信号加在同相输入端；如果输出信号与输入信号相位相反，则输入信号加在反相输入端。中间级主要进行电压放大，一般由共发射极放大电路构成，能提供足够大的电压放大倍数。低阻输出级接负载，要求其输出电阻低，带负载能力强，一般由互补对称射极输出电路构成。偏置电路的作用是向各个放大级提供合适的偏置电流，决定各级的静态工作点。

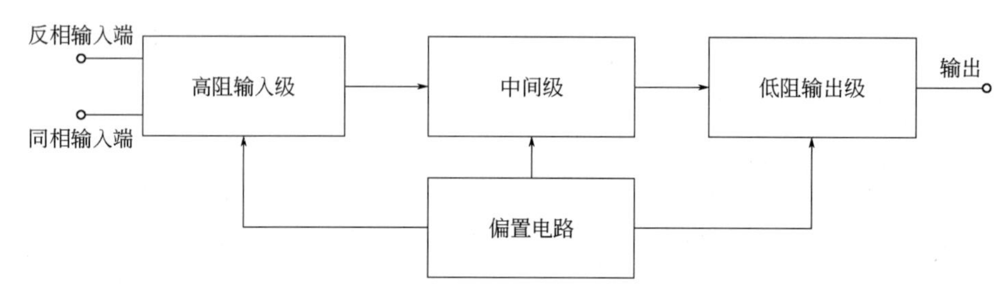

图 3.24　集成运算放大器的内部电路框图

图 3.25 是集成运算放大器的外形图。集成运算放大器除了输入、输出、公共接地端子和电源端子外，有些还有调零端、相位补偿端以及其他一些特殊端子。由于这些端子对分析电路的输入、输出关系没有作用，所以没有画出。图 3.26 为集成运算放大器的图形符号和电压传输特性，图中“−”表示反相输入端，“+”表示同相输入端。“▷”表示信号的传输方向，“∞”表示理想条件。

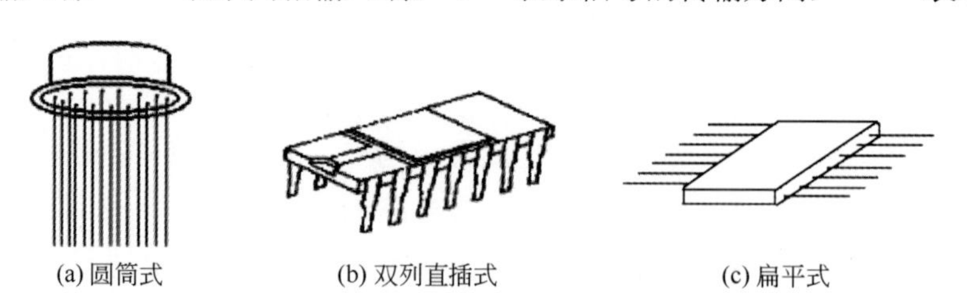

图 3.25　几种集成运算放大器的外形图

1．集成运算放大器主要参数

① 输入失调电压 U_{IO} 及其温漂。对于理想运算放大器，当输入电压为零时，输出电压应为零，但实际运算放大器并非如此。为了使输入电压为零时输出电压也为零，需在集成运算放大器两输入端额外附加补偿电压，该补偿电压称为输入失调电压 U_{IO}，它反映了运算放大器内部输入级不对称的程度。U_{IO} 越小越好，一般约为 ±(1 ~ 10) mV。U_{IO} 通常是由差动输入

极两个晶体管的基-集间电压 U_{BE} 引起，而 U_{BE} 受温度的影响，故 U_{IO} 也是受温度影响的参数，其受温度影响的程度称为输入失调电压的温漂，用 $\Delta U_{IO}/\Delta T$ 表示。

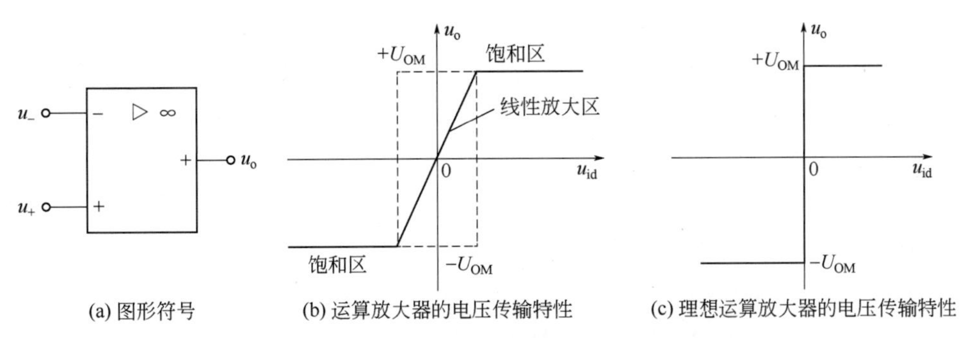

图 3.26　集成运算放大器的图形符号及电压传输特性

② 输入失调电流 I_{IO} 及其温漂。静态时，当集成运算放大器输出电压为零时，输入失调电流为流入两个输入端的基极电流之差：$I_{IO}=\left|I_{B+}-I_{B-}\right|$，它反映了输入级电流参数不对称程度，$I_{IO}$ 越小越好，一般约为 1nA～0.1μA。因为静态基极电流是受温度影响的，所以 I_{IO} 是温度的函数，通常用 $\Delta I_{IO}/\Delta T$ 来表示，称为输入失调电流的温漂。

③ 开环差模电压放大倍数 A_{ud}。指集成运算放大器工作在线性区，在没有接反馈电路，而接入规定的负载时的差模电压放大倍数。A_{ud} 是影响运算精度的重要因素，其值越大，其运算精度越高，性能越稳定。

④ 开环共模电压放大倍数 A_{uc}。是指集成运算放大器在开环状态下，两输入端加相同信号（称为共模）时，输出电压与该输入信号电压的比值。共模信号一般为电路中的无用信号或有害信号，应该加以抑制，因此共模电压放大倍数愈小愈好。

⑤ 差模输入电阻 r_{id}。是指集成运算放大器开环时，差模输入信号电压的变化量与它所引起的输入电流的变化量之比，即从输入端看进去的动态电阻。r_{id} 越大越好，一般在几百千欧到几兆欧。

⑥ 差模输出电阻 r_o。集成运算放大器在开环情况下，输出电压与输出电流之比，称为差模输出电阻 r_o。r_o 越小，性能越好，一般在几百欧左右。

⑦ 最大输出电压 U_{pp}。在额定电压和额定输出电流时，集成运算放大器不失真输出的最大电压。

⑧ 共模抑制比 K_{CMR}。差模电压放大倍数和共模电压放大倍数之比，越大越好。

2. 集成运算放大器特性分析

（1）电压传输特性

集成运算放大器输出电压 u_o 与其输入电压 u_{id} ($u_{id}=u_+-u_-$)之间的关系曲线称为电压传输特性，如图 3.26（b）所示。由于集成运算放大器的开环差模电压放大倍数 A_{ud} 非常高，所以它的线性区非常窄，在 u_{id} 很小的范围内为线性区。在饱和区，输出电压 u_o 只有$+U_{OM}$ 和 $-U_{OM}$ 两种取值可能，而$\pm U_{OM}$ 接近正、负电源电压值。

（2）理想运算放大器的技术指标

所谓理想运算放大器，就是将各项技术指标理想化的集成运算放大器。理想运算放大器的电压传输特性如图 3.26（c）所示。具有下面特性的运算放大器称为理想运算放大器。

① 输入为零时，输出恒为零；

② 开环差模电压放大倍数 $A_{ud} \to \infty$；

③ 差模输入电阻 $r_{id} \to \infty$；

④ 差模输出电阻 $r_o = 0$；

⑤ 共模抑制比 $K_{CMR} \to \infty$；

⑥ 失调电压、失调电流及温漂为 0。

（3）运算放大器的分析方法

① 当运算放大器工作在线性区时，它的输出信号与输入信号应满足 $u_o = A_{ud}\left(u_+ - u_-\right)$，由于 u_o 是有限的，而 A_{ud} 为无穷大，所以有 $u_+ - u_- = 0$，即 $u_+ = u_-$。这说明在线性工作区时，理想运算放大器的两输入端电位相等，相当于同相输入端与反相输入端短路，但不是真短路，故称“虚短”。

② 当运算放大器工作在线性区时，由于输入电阻 r_{id} 为无穷大，所以输入电流为零，相当于两输入端对地开路，这种现象被称作“虚断”，即 $i_+ = i_- = 0$。

另外，在分析电路时经常会碰到“虚地”的概念，如图 3.27 所示。因 $i_+ = i_- = 0$，所以 $u_+ = 0$；又因 $u_- = u_+$，所以 u_- 点虽不接地，却如同接地一样，故称为“虚地”。

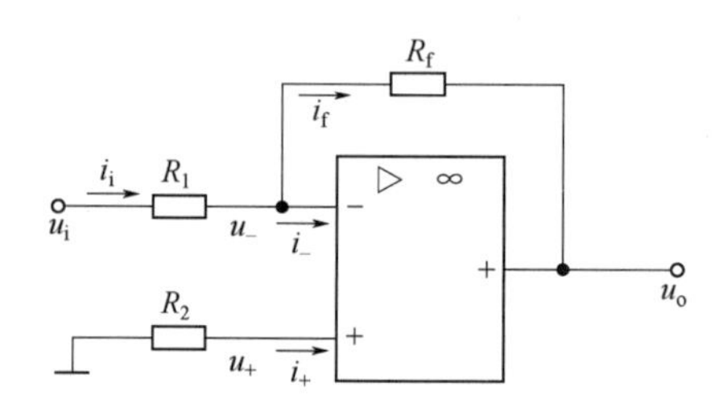

图 3.27 运算放大器中的“虚地”

③ 运算放大器工作在非线性区时，输出电压 u_o 的值只有两种可能：正向饱和电压 $+U_{OM}$ 或负向饱和电压 $-U_{OM}$。在非线性区内，“虚短”现象不复存在，其净输入电压 $(u_+ - u_-)$ 的大小取决于电路的实际输入电压及外接电路的参数。

总之，在分析集成运算放大器的应用电路时，一般要将它看成理想运算放大器，首先判断集成运算放大器的工作区域，然后根据不同区域的不同特点分析电路输出与输入的关系。

比例运算电路

二、集成运算放大器的简单应用

1. 集成运算放大器基本线性应用电路

（1）比例运算电路

集成运算电路的输出与输入电压之间存在比例关系，即电路可实现比例运算的电路称为比例运算电路。根据输入信号接法的不同，比例运算电路有三种基本形式：反相输入、同相输入和差动输入，下面介绍前两种。

反相比例运算电路如图 3.28 所示。外加输入信号 u_i 通过电阻 R_1 加在集成运算放大器的反相输入端，而同相输入端通过电阻 R_2 接地。由图可以看出，运算放大器工作在线性区。所

笔记

以利用“虚短”“虚断”和“虚地”特点可得出：

$$i_{\mathrm{i}}=\frac{u_i}{R_1}$$

$$i_{\mathrm{f}}=-\frac{u_{\mathrm{o}}}{R_{\mathrm{f}}}$$

$$i_{\mathrm{i}}=i_{\mathrm{f}}$$

$$u_{\mathrm{o}}=-\frac{R_{\mathrm{f}}}{R_1}u_{\mathrm{i}}$$

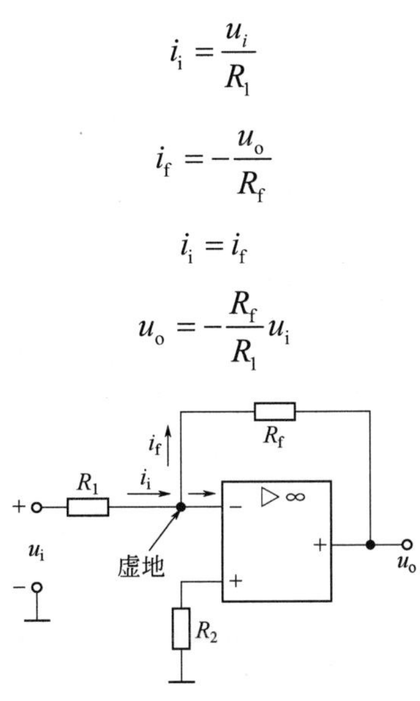

图 3.28　反相比例运算电路

可见输出电压与输入电压成比例关系，“$-R_{\mathrm{f}}/R_1$”为其比例系数。式中，“$-$”表示 u_{o} 与 u_{i} 反相。当 $R_1=R_{\mathrm{f}}$ 时，比例系数为“-1”，电路成为反相器。

同相比例运算电路如图 3.29 所示，图中电阻 R_2 称为平衡电阻，其作用是为了保证运算放大器的两个输入端处于静态平衡的状态，避免因电阻不平衡时，偏置电流引起的失调。它的求法是：令运算放大器电路中所有信号电压为零，使从同相端和反相端向外看对地的电阻相等，即 $R_2=R_1//R_{\mathrm{f}}$。外加输入信号 u_{i} 通过平衡电阻 R_2 加在集成运算放大器的同相输入端，而反相输入端没有外加输入信号，只有反馈信号，故称其为同相输入方式。电阻 $R_2=R_1//R_{\mathrm{f}}$，起平衡补偿作用。由图可以看出，运算放大器工作在线性区。因此有

$$u_-=\frac{R_1}{R_1+R_{\mathrm{f}}}u_{\mathrm{o}}$$

$$u_-=u_+$$

$$u_+=u_{\mathrm{i}}$$

$$u_{\mathrm{o}}=\left(1+\frac{R_{\mathrm{f}}}{R_1}\right)u_{\mathrm{i}}$$

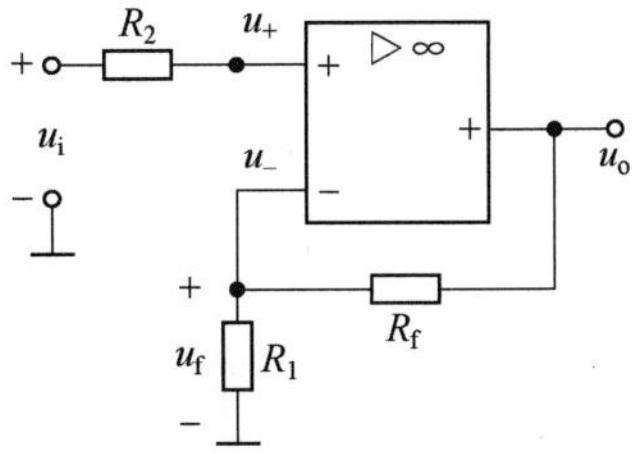

图 3.29　同相比例运算电路

可见，同相比例运算电路的比例系数大于 1，其值为 $1+\left(R_{\mathrm{f}}/R_{1}\right)$。当 R_1 开路时，$u_{\mathrm{o}}=u_{\mathrm{i}}$，电路成为电压跟随器。

（2）加法运算电路

加法器或求和电路是指能实现加法运算的电路。根据信号输入方式的不同，加法器有反相输入式和同相输入式之分。图 3.30 是反相加法运算电路。运算放大器工作在线性区，且反相端为“虚地”，即 $u_-=u_+=0$，由于 $i_1=\dfrac{u_{\mathrm{i1}}}{R_1}$，$i_2=\dfrac{u_{\mathrm{i2}}}{R_2}$，$i_3=\dfrac{u_{\mathrm{i3}}}{R_3}$，$i_{\mathrm{f}}=-\dfrac{u_{\mathrm{o}}}{R_{\mathrm{f}}}$，$i_{\mathrm{f}}=i_1+i_2+i_3$，因此有 $u_{\mathrm{o}}=-i_{\mathrm{f}}R_{\mathrm{f}}=-R_{\mathrm{f}}\left(\dfrac{u_{\mathrm{i1}}}{\mathrm{R}_1}+\dfrac{u_{\mathrm{i2}}}{\mathrm{R}_2}+\dfrac{u_{\mathrm{i3}}}{\mathrm{R}_3}\right)$。令 $R_{\mathrm{f}}=R_1=R_2=R_3$，则 $u_{\mathrm{o}}=-\left(u_{\mathrm{i1}}+u_{\mathrm{i2}}+u_{\mathrm{i3}}\right)$。

加法运算电路

图 3.30 中，电阻 R 为平衡电阻，取 $R=R_1//R_2//R_3//R_{\mathrm{f}}$。该电路的突出优点是各路输入电流之间相互独立，互不干扰。

（3）减法运算电路

减法运算是指电路的输出电压与两个输入电压之差成比例，基本电路如图 3.31 所示。外加输入信号 u_{i1} 和 u_{i2} 分别通过电阻加在运算放大器的反相输入端和同相输入端，称为差动输入方式。为了保证运算放大器两个输入端对地电阻平衡，通常有 $R_1=R_2$，$R_{\mathrm{f}}=R_3$。对于这种电路用叠加原理求解比较简单。设 u_{i1} 单独作用时输出电压为 u_{o1}，此时应令 $u_{\mathrm{i2}}=0$，电路为反相比例运算电路，$u_{\mathrm{o1}}=-\dfrac{R_{\mathrm{f}}}{R_1}$。设 u_{i2} 单独作用时输出电压为 u_{o2}，此时应令 $u_{\mathrm{i1}}=0$，电路为同相比例运算电路，则：

减法运算电路

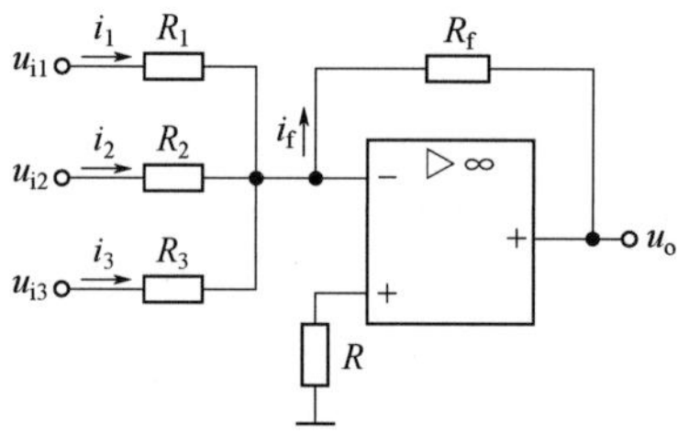

图 3.30　反相加法运算电路

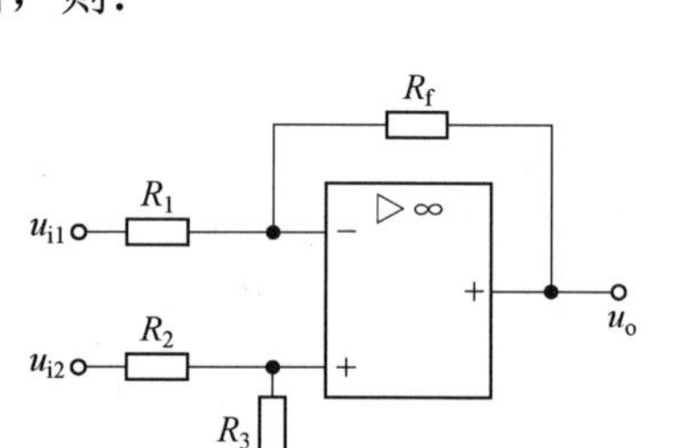

图 3.31　减法运算电路

$$u_+=\frac{R_3}{R_2+R_3}u_{\mathrm{i2}}$$

$$u_{\mathrm{o2}}=\left(1+\frac{R_{\mathrm{f}}}{R_1}\right)u_+=\left(1+\frac{R_{\mathrm{f}}}{R_1}\right)\times\left(\frac{R_3}{R_2+R_3}\right)u_{\mathrm{i2}}$$

当 u_{i1}、u_{i2} 同时作用于电路时，有：

$$\begin{aligned}u_{\mathrm{o}}&=u_{\mathrm{o1}}+u_{\mathrm{o2}}\\&=\left(1+\frac{R_{\mathrm{f}}}{R_1}\right)\times\left(\frac{R_3}{R_2+R_3}\right)u_{\mathrm{i2}}-\frac{R_{\mathrm{f}}}{R_1}u_{\mathrm{i1}}\end{aligned}$$

当 $R_1=R_2$，$R_{\mathrm{f}}=R_3$ 时，有：

$$u_o = \frac{R_f}{R_1}(u_{i2} - u_{i1})$$

可见，差动输入运算放大器能实现两个信号的减法运算。

（4）积分运算电路

图 3.32（a）所示为简单积分电路及充电过程。当u_i从零值突变到某一定值时，u_o按指数规律上升，$u_o = \frac{1}{C}\int i_c \mathrm{d}t$。这种 RC 积分电路的缺点是随着充电时间的增长，充电电流不断减小，不能实现输出电压随时间线性增长的实际要求。为了实现恒流充电，提高积分电压的线性度，采用集成运算放大器构成的积分运算电路如图 3.32（b）所示。由于同相输入端通过R_1接地，所以运算放大器的反相输入端为虚地。电容C上流过的电流等于电阻R中的电流，即：

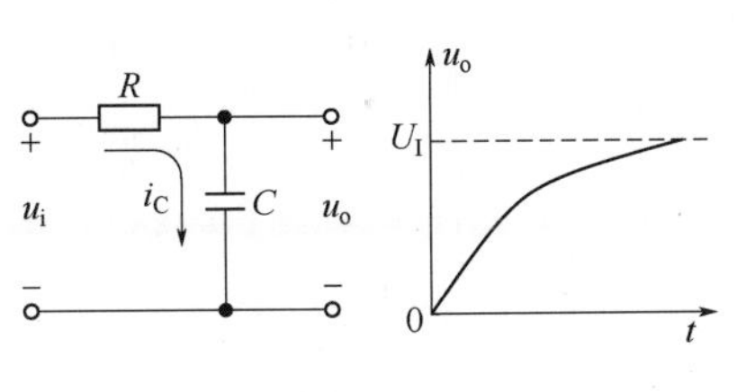

(a) 简单积分电路及充电过程

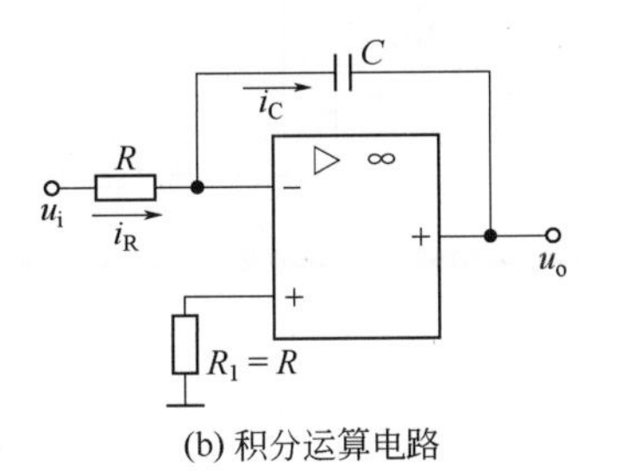

(b) 积分运算电路

图 3.32　积分运算电路

积分运算电路

$$i_C = i_R = \frac{u_i}{R}$$

$$u_C = u_- - u_o = -u_o$$

$$u_o = -u_C = -\frac{1}{C}\int \frac{u_i}{R}\mathrm{d}t = -\frac{1}{RC}\int u_i \mathrm{d}t$$

当u_i为常量，即$u_i = U_I$时，$u_o = -\frac{1}{RC}U_I t$。

（5）微分运算电路

积分的逆运算是微分，所以只要将积分运算电路的电阻与电容位置互换，便可得到如图 3.33 所示的微分运算电路。根据理想运算放大器工作在线性区“虚短”和“虚断”的特点可知，反相端仍为虚地，由图 3.33 可知：

图 3.33　微分运算电路

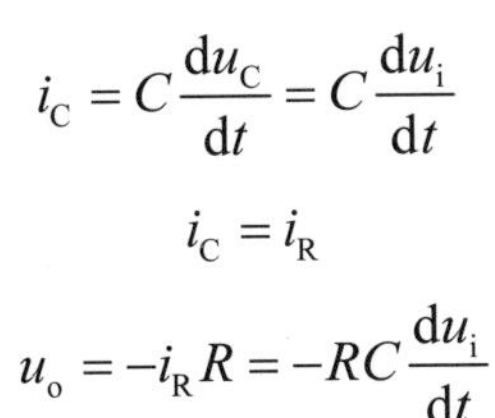

$$i_C = C\frac{\mathrm{d}u_C}{\mathrm{d}t} = C\frac{\mathrm{d}u_i}{\mathrm{d}t}$$

$$i_C = i_R$$

$$u_o = -i_R R = -RC\frac{\mathrm{d}u_i}{\mathrm{d}t}$$

微分运算电路

图中R_1为平衡电阻，取$R_1 = R$。

当多个运算电路相连接时，应按顺序求出每个运算电路输入与输出间的运算关系，然后求出整个电路的运算关系，下面以图 3.34 所示电路为例说明。

$$u_{o1}=-\frac{1}{R_1C}\int u_1\mathrm{d}t=-\frac{1}{100\times10^3\times10^{-6}}\int u_1\mathrm{d}t=-10\int u_1\mathrm{d}t$$

$$u_{o2}=\left(1+\frac{R_3}{R_2}\right)u_{o1}-\frac{R_3}{R_2}u_2=\left(1+\frac{20}{10}\right)\left(-10\int u_1\mathrm{d}t\right)-\frac{20}{10}u_2=-30\int u_1\mathrm{d}t-2u_2$$

$$u_o=-\frac{R_6}{R_5}u_{o2}=-\frac{100}{10}\left(-30\int u_1\mathrm{d}t-2u_2\right)=300\int u_1\mathrm{d}t+20u_2$$

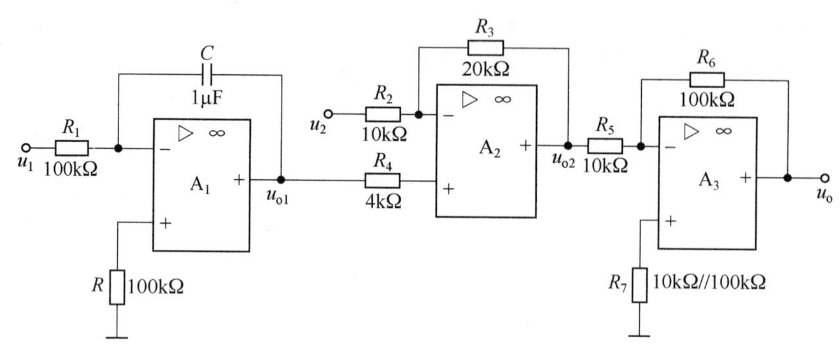

图 3.34 示例电路

2. 集成运算放大器线性应用电路实例

（1）电流-电压转换电路

图 3.35 所示为电流-电压转换电路。由图可得 $u_o=-i_R R_f=-i_s R_f$。可见，输出电压 u_o 与输入电流 i_s 成正比，实现了线性变换的目的。如果接一个固定不变的负载电阻 R_L，则输出电压与负载电流成正比，即 $i_o=\frac{u_o}{R_L}=-\frac{R_f}{R_L}i_s$。

（2）电压-电流转换电路

图 3.36 所示为电压-电流转换电路，u_s 为电压源，根据“虚短”原理，有：

$$u_s=i_oR$$

所以

$$i_o=\frac{u_s}{R}$$

可见输出电流 i_o 与输入电压 u_s 成正比，实现了线性转换。

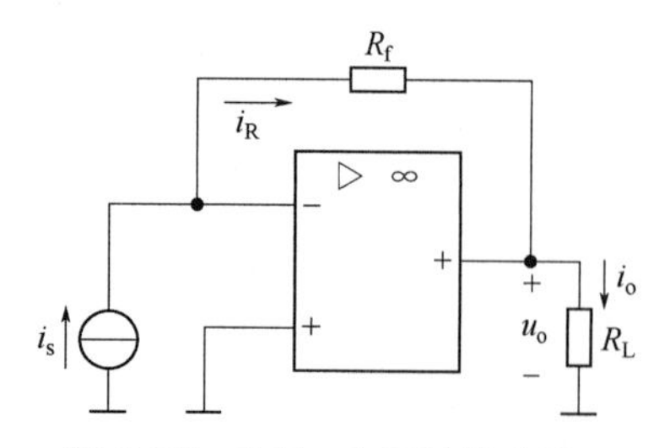

图 3.35 电流-电压转换电路

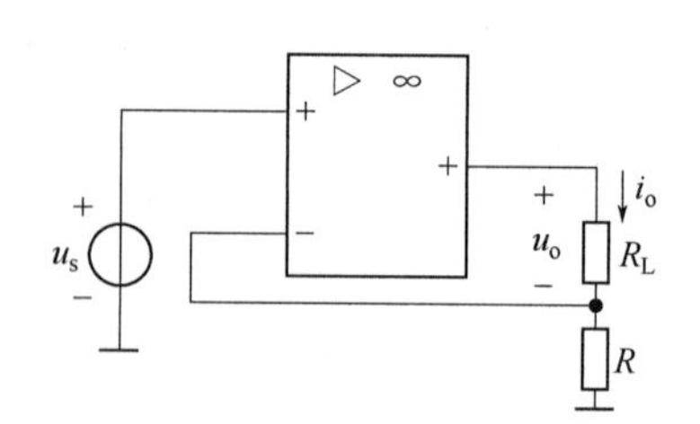

图 3.36 电压-电流转换电路

笔记

3. 集成运算放大器的非线性应用电路

集成运算放大器的非线性应用电路实例很多，以下只介绍比较器和限幅器。

（1）比较器

① 过零电压比较器。过零电压比较器是参考电压为零的比较器。根据输入方式的不同又可分为反相输入和同相输入两种。当同相输入端接地时为反相输入过零电压比较器，而当反相输入端接地时为同相输入过零电压比较器。反相输入过零电压比较器电路如图 3.37（a）所示，其电压传输特性如图 3.37（b）所示。当输入信号电压 $u_i>0$ 时，输出电压 u_o 为 $-U_{OM}$；当 $u_i<0$ 时，u_o 为 $+U_{OM}$。

过零电压比较器

同相输入过零电压比较器电路如图 3.38（a）所示，其电压传输特性如图 3.38（b）所示。当输入信号电压 $u_i>0$ 时，输出电压 u_o 为 $+U_{OM}$；当 $u_i<0$ 时，u_o 为 $-U_{OM}$。

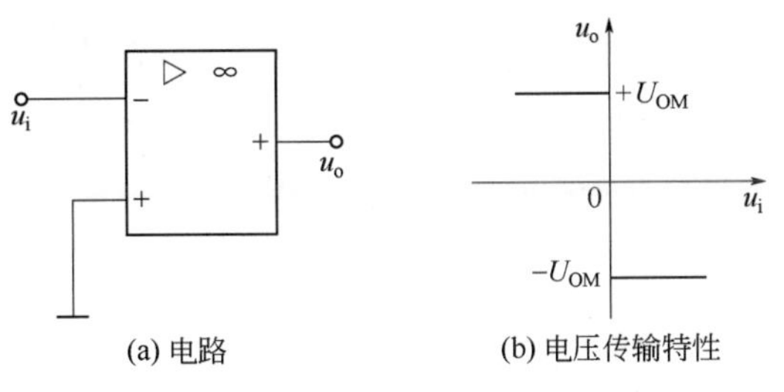

(a) 电路　　(b) 电压传输特性

图 3.37　反相输入过零电压比较器

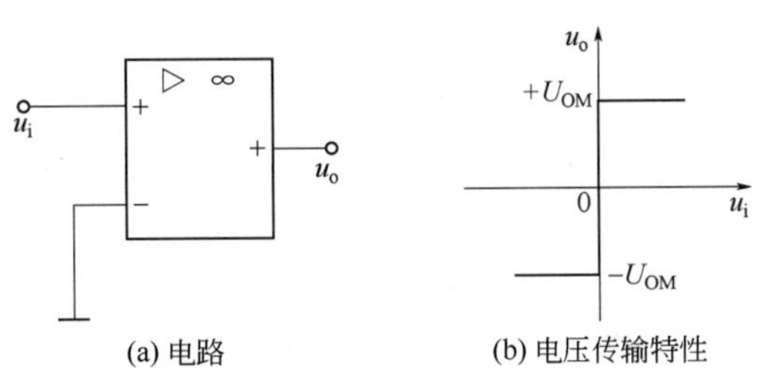

(a) 电路　　(b) 电压传输特性

图 3.38　同相输入过零电压比较器

② 单限电压比较器。又称电平检测器，用于检测输入信号电压是否大于或小于某一特定值。根据输入方式不同，单限电压比较器可分为反相输入和同相输入两种。图 3.39 所示为反相输入式单限电压比较器。当输入电压 $u_i>U_R$ 时，u_o 为 $-U_{OM}$；当输入电压 $u_i<U_R$ 时，u_o 为 $+U_{OM}$。

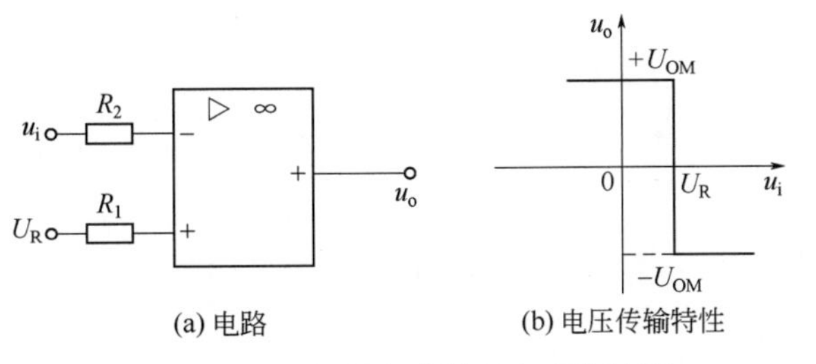

(a) 电路　　(b) 电压传输特性

图 3.39　反相输入式单限电压比较器

单限电压比较器

在传输特性上输出电压发生转换时的输入电压称为门限电压 U_{th}，单限电压比较器只有一个门限电压，其值可以为正也可以为负。实际上前面介绍的过零电压比较器是单限电压比较器的一种特例，它的门限电压$U_{th}=0$。

③ 滞回电压比较器。单限电压比较器虽然电路比较简单，灵敏度高，但它的抗干扰能力却很差。当输入信号在U_R处上下波动（有干扰）时，电路会出现多次翻转，时而为$+U_{OM}$，时而为$-U_{OM}$，输出波形不稳定。用这样的输出信号是不允许去控制继电器的。采用滞回电压比较器可以消除上述现象。滞回电压比较器又称为施密特触发器，其电路如图 3.40（a）所示，它是在电压比较器的基础上加上正反馈构成的。

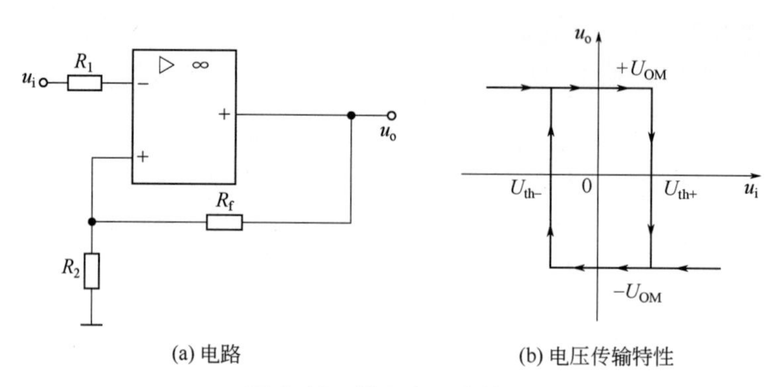

(a) 电路　　(b) 电压传输特性

图 3.40　滞回电压比较器

通过正反馈支路，门限电压就随输出电压u_o的变化而变化，所以这种电路有两个门限电压。虽然灵敏度低一些，但抗干扰能力却大大提高了，只要干扰信号的变化不超过两个门限电压值之差，其输出电压是不会出现反复变化的。当u_i从很小逐渐增大，但$u_i<u_+$时，运算放大器输出为正向最大值，即$u_o=+U_{OM}$，此时同相输入端的电位为：

$$u_+'=\frac{R_2}{R_2+R_f}\times(+U_{OM})=\mathrm{U}_{th+}$$

当输入电压u_i增大到$u_i>U_{th+}$时，由于强正反馈，输出跳变到负向最大值，即

$$u_o=-U_{OM}$$

此时同相输入端的电位变为

$$u_+''=\frac{R_2}{R_2+R_f}\times(-U_{OM})=U_{th-}$$

以后在u_i由大逐渐减小的过程上，只要$u_-=u_i>u_+''$，输出仍为负向饱和电压。只有当u_i减小到使$u_-<u_+''$时，输出才由负向饱和电压变为正向饱和电压。其电压传输特性如图 3.40（b）所示。

可以看出，滞回电压比较器存在两个门限电压：上门限电压U_{th+}和下门限电压U_{th-}，两者之差称为回差电压，即：

$$\Delta U_{th}=U_{th+}-U_{th-}=\frac{2R_2}{R_2+R_f}U_{OM}$$

笔记

回差电压的存在，提高了电路的抗干扰能力。并且改变 R_2 和 R_f 的数值就可以改变 U_{th+}、U_{th-} 和 ΔU_{th}。

（2）限幅器

有时为了与输出端的数字电路的电平配合，需要将比较器的输出电压限定在某一特定的数值上，这就需要在比较器的输出端接上限幅电路。图 3.41（a）为一电阻 R 和双向稳压管 VZ 构成的限幅电路，输出电压值限制在 $u_o = \pm(U_Z + U_D)$ 范围之内。在实用电路中，有时在比较器的输出端与反相输入端之间跨接一个双向稳压管进行双向限幅，如图 3.41（b）所示。假设稳压管 VZ 截止，则集成运算放大器必工作在开环状态，其输出不是 $+U_{OM}$ 就是 $-U_{OM}$。所以双向稳压管中总有一个工作在稳压状态，一个工作在正向导通状态，故输出电压 $u_o = \pm(U_Z + U_D)$，达到限幅的目的。

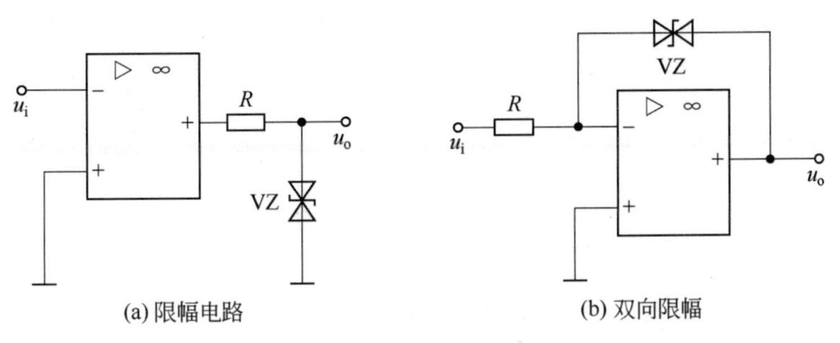

图 3.41　限幅器

4. 选择和使用运算放大器注意事项

选择集成运算放大器时，应从电路的主要功能指标和各类运算放大器的不同特点两方面来综合考虑。在满足主要功能指标前提下，兼顾其他指标，并尽可能采用通用型运算放大器以降低成本。

因为存在失调电压和失调电流，当集成运算放大器输入为零时，输出不为零。为了补偿这种由输入失调造成的不良影响，使用时大都要采用调零措施。集成运算放大器通常都有规定的调零端子、调零电位器的阻值及连接方法。在集成运算放大器良好的情况下，只要调零电路及施加的电压没有问题，一般都不难调好零点。

集成运算放大器内部是一个多级放大电路，运算放大电路部分又引入了深度负反馈，因此大多数集成运算放大器在内部都设置了消除自激的补偿电路，避免其工作时产生自激振荡。有些集成运算放大器引出了消振端子，用外接 RC 消除自激现象。实际使用时，通常在电源端、反馈支路及输入端连接电容或阻容支路来消除自激。

集成运算放大器在使用时，如果输入输出电压过大、输出短路或电源极性接反，会造成集成运算放大器损坏，因此需要采取保护措施。为防止输入差模或共模电压过高而损坏集成运算放大器的输入级，可在集成运算放大器的输入端并接极性相反的两只二极管，使输入电压的幅度限制在二极管的正向导通电压之内；为了防止集成运算放大器正负电源极性接反，可采用电源极性保护电路；为了防止运算放大器输出端因接到外部电压引起击穿或过流，可在输出端接上稳压管。

任务实施

学生分组分析讨论图 3.42 中两个集成运算放大器的作用及构成方波-三角波产生电路的工作原理，形成书面报告。

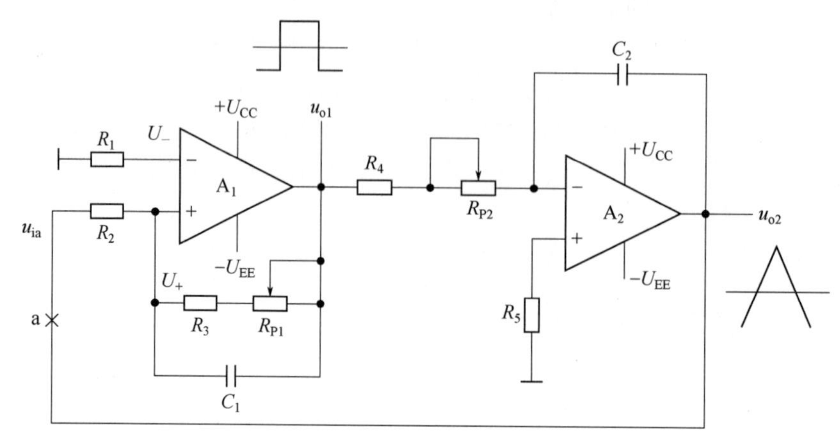

图 3.42　方波-三角波产生电路

任务实施指导：

运算放大器 A_1 与 R_1、R_2、R_3、R_{P1} 组成滞回电压比较器。运算放大器的反相端接基准电压，即 $U_-=0$；同相端接输入电压 u_{ia}；比较器的输出 u_{o1} 的高电平等于正电源电压$+U_{CC}$，低电平等于负电源电压$-U_{EE}$($|+U_{CC}|=|-U_{EE}|$)。当输入端 $U_+=U_-=0$ 时，比较器翻转，u_{o1} 从$+U_{CC}$跳到$-U_{EE}$，或从$-U_{EE}$跳到$+U_{CC}$。设 $u_{o1}=+U_{CC}$，则

$$U_+=\frac{R_2}{R_2+R_3+R_{P1}}U_{CC}+\frac{R_3+R_{P1}}{R_2+R_3+R_{P1}}u_{ia}=0$$

整理上式，得比较器的下门限电位为：

$$U_{ia-}=\frac{-R_2}{R_3+R_{P1}}U_{CC}$$

若 $u_{o1}=-U_{EE}$，则比较器的上门限电位为：

$$U_{ia+}=\frac{-R_2}{R_3+R_{P1}}(-U_{EE})=\frac{R_2}{R_3+R_{P1}}U_{CC}$$

比较器的门限宽度 U_H 为：

$$U_H=U_{ia+}-U_{ia-}=2\frac{R_2}{R_3+R_{P1}}U_{CC}$$

由上面公式可得比较器的电压传输特性，如图 3.43 所示。

从电压传输特性可见，当输入电压 u_{ia} 从上门限电位 U_{ia+}下降到下门限电位 U_{ia-}时，输出电压 u_{o1} 由高电平$+U_{CC}$ 突变到低电平$-U_{EE}$。

笔记

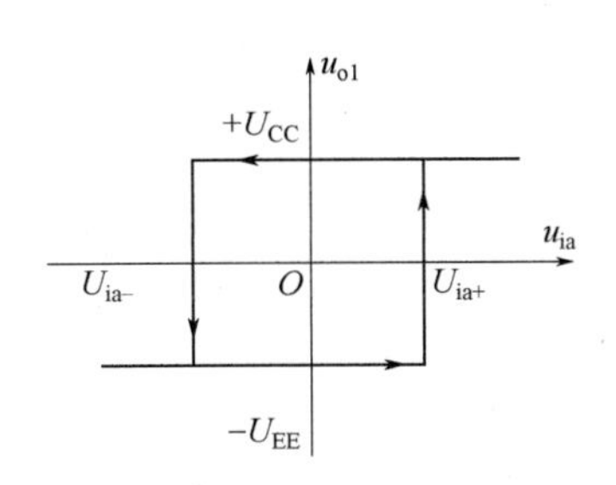

图 3.43 比较器的电压传输特性

a 点断开后，运算放大器 A_2 与 R_4、R_{P2}、R_5、C_2 组成反相积分器，其输入信号为方波 u_{o1} 时，则积分器的输出为：

$$u_{o2}=\frac{-1}{(R_4+R_{P2})C_2}\int u_{o1}\mathrm{d}t$$

当 $u_{o1}=+U_{CC}$ 时，有：

$$u_{o2}=\frac{-1}{(R_4+R_{P2})C_2}U_{CC}t$$

当 $u_{o1}=-U_{EE}$ 时，有：

$$u_{o2}=\frac{-1}{(R_4+R_{P2})C_2}(-U_{EE})t=\frac{1}{(R_4+R_{P2})C_2}U_{CC}t$$

a 点闭合，形成闭环电路，则自动产生方波-三角波，其波形如图 3.44 所示。

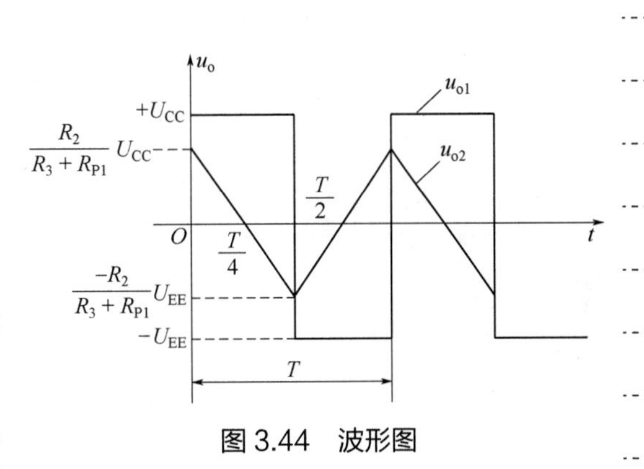

图 3.44 波形图

比较器的门限电压为 U_{ia+}时，输出 u_{o1} 为高电平（$+U_{CC}$）。这时积分器开始反向积分，三角波 u_{o2} 线性下降。当 u_{o2} 下降到比较器的下门限电位 U_{ia-}时，比较器翻转，输出 u_{o1} 由高电平跳到低电平，这时积分器又开始正向积分，u_{o2} 线性增加。如此反复，就可自动产生方波-三角波。方波的幅度略小于$+U_{CC}$和$-U_{EE}$。三角波的幅度为：

$$U_{o2m}=\frac{-1}{(R_4+R_{P2})C_2}\int_0^{\frac{T}{4}}U_{o1}\mathrm{d}t=\frac{U_{CC}}{(R_4+R_{P2})C_2}\times\frac{T}{4}$$

实际上，三角波的幅度也就是比较器的门限电压 U_{ia+}:

$$U_{o2m}=\frac{R_2}{(R_3+R_{P1})C_2}U_{CC}=\frac{U_{CC}}{(R_4+R_{P2})C_2}\times\frac{T}{4}$$

方波-三角波的频率为

$$f = \frac{(R_3 + R_{P1})}{4R_2(R_4 + R_{P2})C_2}$$

由此可见：

① 方波的幅度由$+U_{CC}$和$-U_{EE}$决定；

② 调节电位器R_{P1}，可调节三角波的幅度，但会影响其频率；

③ 调节电位器R_{P2}，可调节方波-三角波的频率，但不会影响其幅度，可用R_{P2}实现频率微调，而用C_2改变频率范围。

任务自测

任务自测 3.2

微学习 3.2

任务三　组装、调试与故障排除

任务描述

按图 3.45 组装、制作一个低频信号发生器电路，对其输出参数进行测定，对其功能进行检测，确保制作质量。

信号发生器的组装调试

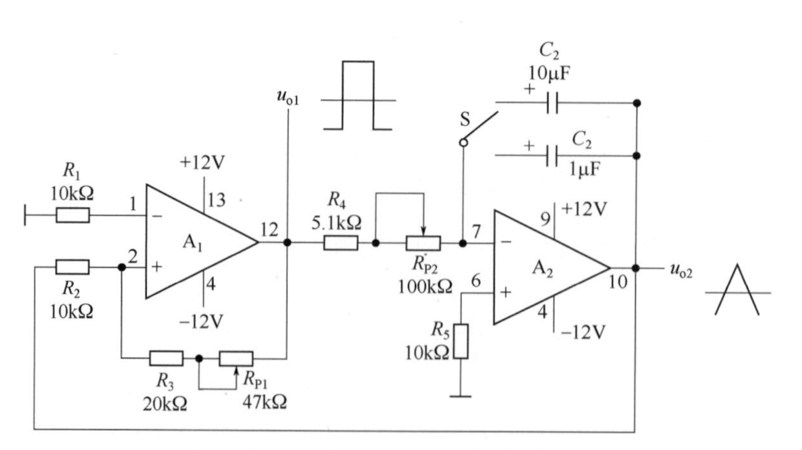

图 3.45　方波-三角波信号发生器的电路原理图

任务分析

完成任务的第一步是能识读电路原理图，弄清电路结构、电路每部分的功能，认识构成电路的各元器件。然后根据给定参数要求选定元器件，编制工艺流程，绘制简易的元件布局图，具备一定的电路配线技能。要会使用检测工具，明白检测标准和检测方法，才能较好地完成任务。（本任务可只要求学生完成方波-三角波信号发生器电路组装、调试及故障排除，检测几组电压、输出频率，不需要封装电路和安装面板及相关旋钮、开关）。

知识准备

一、面包板

面包板又称万用线路板或集成电路实验板，板子上有很多小插孔，如图 3.46 所示。在电子电路的组装、调试和训练过程中，各种电子元器件可根据需要随意插入或拔出，无需焊接，能节省电路的组装时间，而且元件可以重复使用。其反面见图 3.47，每个塑料槽中插入一条金属片，在同一个槽的插孔通过金属条相通，不同槽的插孔互不相通。

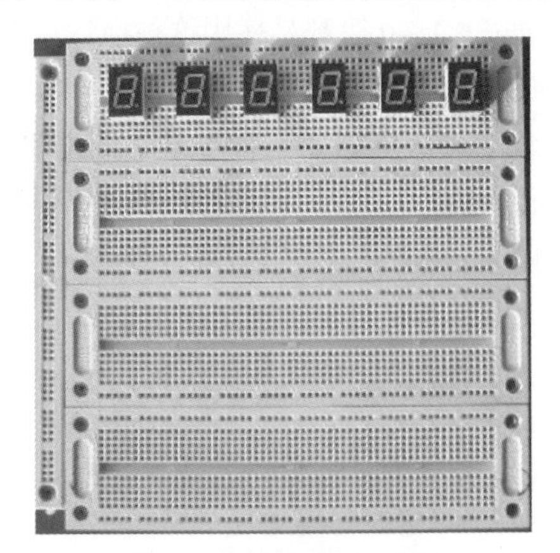

图 3.46 面包板的外形

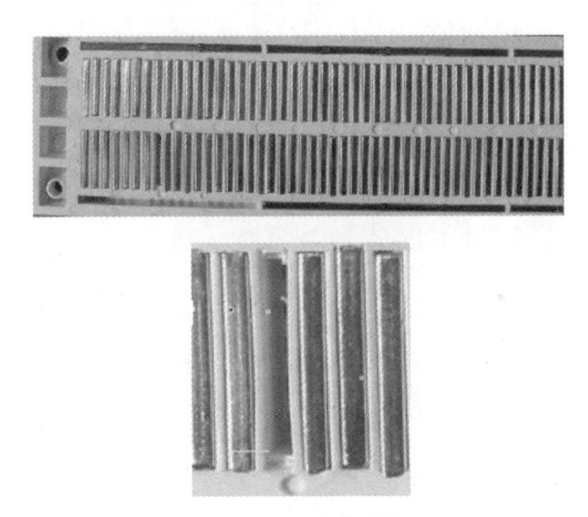

图 3.47 面包板的反面

二、集成电路块引脚排列

半导体集成电路块的引脚排列主要有圆周排列、双列和单列三种情况。

引脚按圆周排列，如图 3.48 所示，引脚顺序：从上往下看，自管键标记开始逆时针方向依次是第 1、2、3、…。

双列直插分布的引脚排列如图 3.49 所示，弧形凹口位于集成电路的一个端部，正视集成块外壳上所标识的型号，弧形凹口下方左起为该集成块电路的第 1 脚，自此脚开始逆时针方向依次是第 2、3、4、…。

圆形凹坑、小圆圈、色条标记：主要用于双列直插型和单列直插型的集成电路，如图 3.50 所示，此种电路标记与型号均标在外壳的同一平面上，其引脚排列顺序是：正视集成块型号，圆形凹坑下方左起为该集成块电路的第 1 脚。双列直插型集成块从第 1 脚开始逆时针方向依次是第 2、3、4、…；对于单列直插型的集成块，从第 1 脚开始依次是第 2、3、4、…。

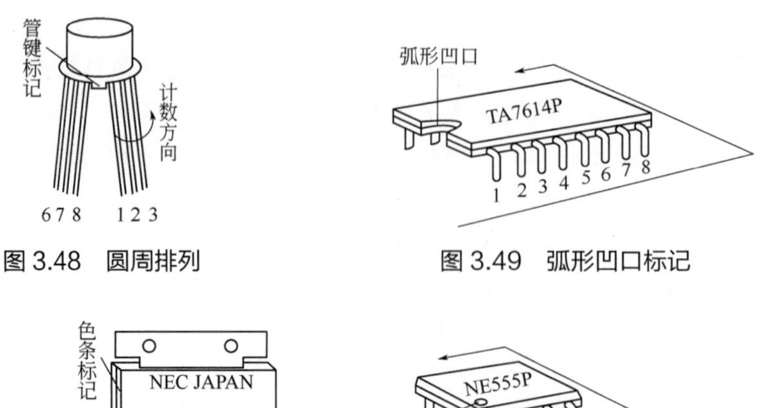

图 3.48 圆周排列

图 3.49 弧形凹口标记

色条标记
NEC JAPAN
UPC 1031Hz
1
10
计数方向

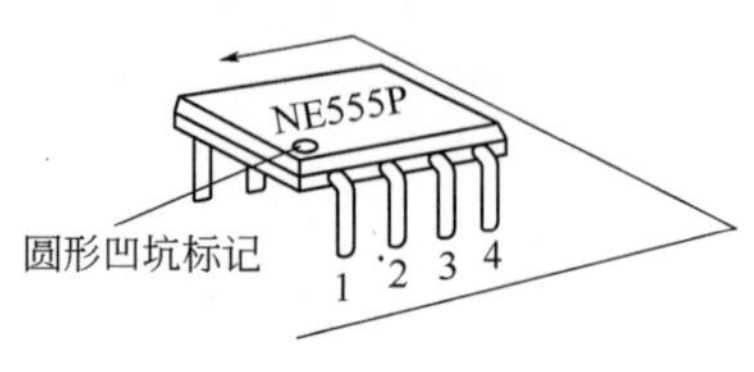

图 3.50 圆形凹坑、小圆圈、色条标记

斜切角标记：一般应用于单列直插型集成电路上，其外形如图 3.51 所示。其引脚排列顺序是：从斜切角的这一端开始，依次是第 1、2、3、…，如 LA4140 等都是使用这种标识识别标记。

不少集成电路块同时使用两种标记，如 μPC1360，既使用弧形凹口，又使用小圆圈标记，但两种标识效果是一致的，如图 3.52 所示。也有少数的集成电路块只标型号，无其他标记，其引脚排列顺序是：集成块印有型号的一面朝上，正视型号，左下方的第 1 脚为集成电路第 1 脚，按逆时针方向依次是第 2、3、…，如图 3.53 所示。

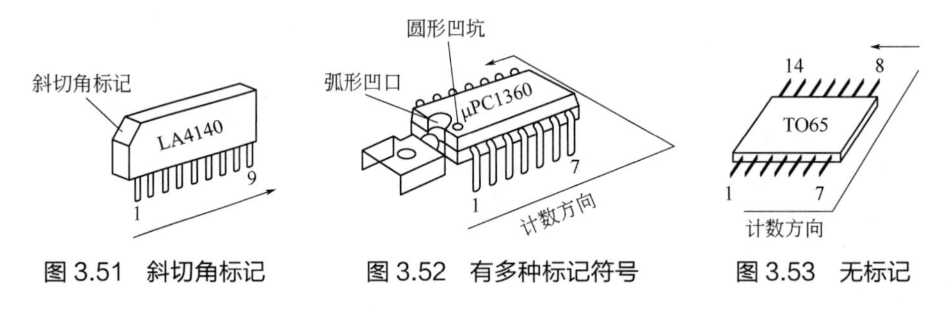

图 3.51 斜切角标记　　图 3.52 有多种标记符号　　图 3.53 无标记

任务实施

一、工具、材料、器件准备

工具：万用表、螺钉旋具、镊子、小刀、试电笔、斜嘴钳等。

器件：集成运算放大器 μA747 一个，10kΩ 电阻 3 个，20kΩ 电阻 1 个，5.1kΩ 电阻 1 个，100kΩ 电位器（三脚）1 个，47kΩ 电位器（三脚）1 个，10μF 的电容器 1 个，1μF 的电容器 1 个，两孔插头 2 个，选择开关 1 个。

材料：单芯铜导线、面包板等。

笔记

二、电子元器件布局

电子元件布局见图 3.54。

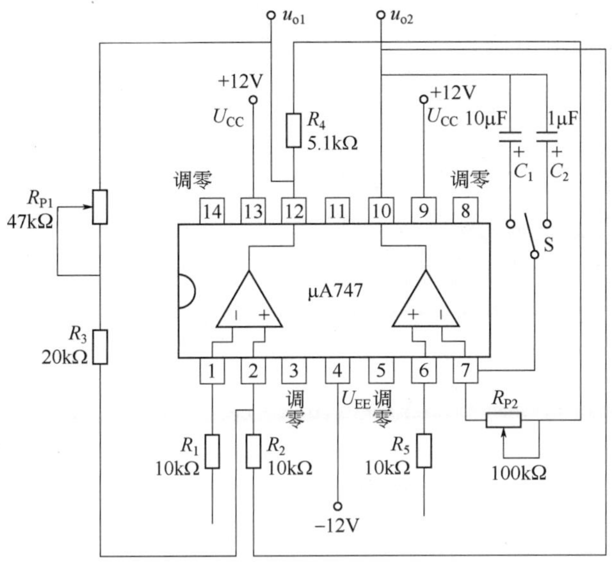

图 3.54　电子元件布局图

三、信号发生器电路的组装

1. 组装的工艺步骤

① 识读要组装的电路原理图，熟悉电路的基本构成和所用的元器件。

② 熟悉组装要使用的面包板内部结构和集成块引脚的区分。

③ 根据面包板尺寸及电路原理图进行布局设计。

④ 对照电路图仔细检查元件引脚是否插对。

⑤ 配线：用单芯铜导线依据电路图将元器件引脚相连，组成完整电路。

⑥ 再次检查无误后，在教师指导下进行通电测试，分别使用示波器检查两个输出电压波形是否符合方波-三角波波形。

2. 组装过程中注意事项

① 正式组装前，必须根据电路图、准备的面包板大小先进行电路组装布局设计，否则会导致因为布局不合理而返工的现象。

② 同型号电阻先插到板上，尽量不要混插。混插看起来会快速，但出错的概率增大了很多倍。

③ 集成运算器安装时必须分清引脚排列顺序。

④ 插好电阻、集成运算放大器后，仔细检查电路，确认无误后，再进行配线。

⑤ 通电测试要注意采用的电源电压是否符合要求。

四、信号发生器电路的参数测试

1. 低频信号发生器电路的主要性能指标与要求

① 频率范围。频率范围是指各项指标都能得到保证时的输出频率范围，或称有效频率范围。一般为20Hz～200kHz，现在做到1Hz～1MHz并不困难。在有效频率范围内，频率应能连续调节。

② 频率准确度。频率准确度是表明实际频率值与其标称频率值的相对偏离程度，一般为±3%。

③ 频率稳定度。频率稳定度是表明在一定时间间隔内，频率准确度的变化，所以实际上是频率不稳定度或漂移。没有足够的频率稳定度，就不可能保证足够的频率准确度。另外，频率的不稳定可能使某些测试无法进行。频率稳定度分长期稳定度和短期稳定度，且一般应比频率准确度高一至二个数量级，一般应为（0.1%～0.4%）/h。

④ 非线性失真系数。振荡波形应尽可能接近正弦波，这个性能用非线性失真系数表示。

⑤ 输出电压。输出电压须能连续或步进调节，幅度应在0～10V范围内连续可调。

⑥ 输出功率。某些低频信号发生器电路要求提供负载所需要的功率。输出功率一般为0.5～5W连续可调。

⑦ 输出阻抗。对于需要功率输出的低频信号发生器电路，为了与负载完美地匹配以减小波形失真和获得最大输出功率，必须匹配输出变压器，以改变输出阻抗，如50Ω、75Ω、150Ω、600Ω和1.5kΩ等几种。

⑧ 输出形式。低频信号发生器电路输出形式有平衡输出与不平衡输出。

2. 低频信号发生器电路的参数测试

① 准备工作。先接上电源，仔细观察电路，无元器件快速发热或冒烟等现象，预热片刻，使仪器稳定工作后进行参数测试。

② 选择频率。根据测试需要，调节电位器，选择相应频率范围。

③ 输出电压的调节和测读。调节输出电压，可以连续改变输出信号大小。输出电压的大小可由万用表测定。一般在改变信号频率后，应重新调整输出电压大小。

观察信号发生器电路输出信号。低频信号发生器电路输出已知频率和已知电压的信号。f_1=10kHz时，u_1=3V、5V；f_2=1kHz时，u_2=3V、5V。用电子电压表测量输出电压值。用示波器观察输出信号波形，并测量、计算电压（峰-峰值、有效值）、周期、频率。

本任务完成时，可只要求按表3.2记录所组装的方波-三角波低频信号发生器电路测试数据。调节电路，用电子电压表测量输出电压值，用示波器观测四种情况下输出频率和波形。

表3.2 方波-三角波低频信号发生器电路测试数据记录表

序号	电压/V	频率/kHz	u_{o1}输出波形	u_{o2}输出波形
1	3	1	u_o 0 ωt	u_o 0 ωt

笔记

续表

序号	电压/V	频率/kHz	u_{o1} 输出波形	u_{o2} 输出波形
2	3	10	u_o 0 ωt	u_o 0 ωt
3	5	1	u_o 0 ωt	u_o 0 ωt
4	5	10	u_o 0 ωt	u_o 0 ωt

五、低频信号发生器电路的故障排除

发现低频信号发生器故障后，先检查各元器件是否出现未插好或短路等现象。确认电路连接无误后，对故障进行分析，弄清可能是哪部分电路或哪个元器件出现问题，可采取测试元器件两端电压或电阻的方法确认元器件本身是否存在故障。

如果出现方波输出不正常，首先要分析方波产生电路，参阅原理图寻找故障点。首先设置电路的有关参数，即频率为 1kHz，方波幅度控制置于最大输出，功能开关置于方波位。用示波器检查各点波形，通过测各点波形，查找出故障点。

正常情况下调校好后不会出现漂移现象，如果出现漂移，问题可能出在两个运算放大器上。两个电平偏离方向相同（都是正或负），故障可能就在 A_1；两个电平偏离方向不同（一正一负），故障可能在 A_2。为确定故障点，采用信号跟踪法，将外部信号源接入电路，这个信号源能向 1kΩ 负载提供 1kHz、10Vrms 的正弦波输入。

六、成果展示与评估

产品组装、调试完成以后，每小组派代表对所完成的作品进行展示。

要求显示图 3.55 所示的两种波形。呈交不少于 1000 字的小组任务完成报告，内容包括方波-三角波电路图及工作原理分析、信号发生器电路的组装、制作工艺及过程、功能实现情况、收获与体会几个方面；进行作品展示时要制作 PPT 汇报，PPT 课件要美观、条理清晰；汇报要思路清晰、表达清楚流利，可以小组成员协同完成。

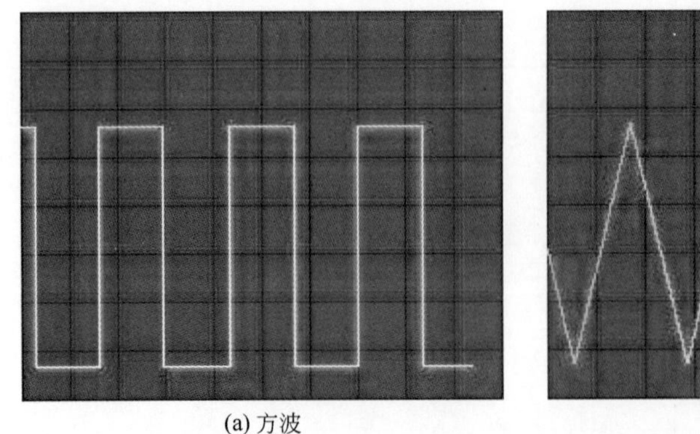
(a) 方波

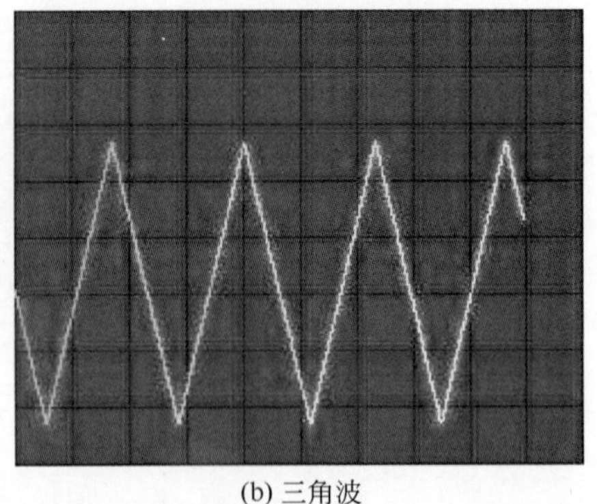
(b) 三角波

图 3.55　方波、三角波波形显示效果图

评估时，首先由小组长组织组员对方波-三角波信号发生器电路组装、制作完成过程与作品进行评价，每个组员必须陈述自己在任务完成过程中所做贡献或起的作用、体会与收获，并递交不少于 500 字的书面报告。小组长根据组员自我评价及作品完成过程中实际工作情况给组员评分。然后小组互评和教师评价，通过小组作品展示、陈述汇报及平时的过程考核，对小组进行评分。评价内容及标准见表 3.3。

小组得分=小组自我评价（30%）+互评（30%）+教师评价（40%）

小组内组员得分=小组得分-（小组内自评得分排名名次-1）

表 3.3　评价内容及标准

类别	评价内容	权重/%	得分
学习态度（30 分）	出满勤（缺勤扣 6 分/次，迟到、早退扣 3 分/次）	30	
	积极主动完成制作任务，态度好	30	
	提交 500 字的书面报告，报告语句通顺，描述正确	20	
	团队协作精神好	20	
电路安装与调试（60 分）	熟练说出信号发生器电路工作原理	10	
	会识别集成运算放大器的引脚	10	
	电路元器件安装正确、布局美观	30	
	会对电路进行调试，并能分析小故障出现的原因	30	
	组装电路能实现输出两种波形信号的功能	20	
完成报告（10 分）	小组完成的报告规范，内容正确，1000 字以上	30	
	字迹工整，汇报 PPT 课件图文并茂	30	
	陈述汇报思路清晰、表达清楚，组员配合好	40	
总分			

项目综合测试

项目综合测试 3

微学习

笔记

微学习 3.3

逻辑测试笔电路的组装、调试与故障排除

学习目标

① 素养目标：培养自主学习习惯和严谨细致的工作作风，养成规范操作的职业习惯，培养精益求精的科学精神，提高逻辑思维能力。

② 知识目标：系统地学习数字信号和数字电路的基本知识，掌握数字逻辑运算规则与公式、逻辑函数化简方法、逻辑门电路组成与类别，理解和熟知组合逻辑电路结构与功能特点、工作原理及电路分析步骤；了解电子测量仪器的种类、用途及基本工作原理。

③ 技能目标：会识读逻辑运算符号、基本逻辑门电路；会进行逻辑函数化简与基本运算；能识读和分析组合逻辑运算电路，能组装和调试简单的数字逻辑电路。

任务一　数字编码的认知

任务描述

学会进行数制与码制换算，能够将一个已知的十进制数转换为各种码制的二进制码。

任务分析

要会进行数制与码制换算，首先要掌握数字信号概念，区分模拟信号和数字信号，明白数制间换算，才能初步建立数字编码（即码制）的概念，并学会数制与码制转换。数字逻辑电路的基本工作信号是以高低电平为特征的二进制信号，分析和设计数字电路的主要工具是逻辑代数。因此本任务先介绍数字电路的基本概念、数制与码制、基本逻辑运算及门电路，然后介绍逻辑代数的基本公式与定理、逻辑函数的表示方法以及逻辑函数的化简。

数字电路概述

一、数字电路与脉冲信号

在时间上和数值上均是离散（或不连续）的信号称为数字信号，常用数字 0 和 1 来表示。数字电路的任务是对数字信号进行运算（算术运算和逻辑运算）、计数、存储、传递和控制。在数字电子技术中，把作用时间很短的、突变的电压或电流称为脉冲。数字信号实质上是一种脉冲信号。常见的脉冲信号波形有矩形波、尖顶波等多种，一个实际的脉冲波形如图 4.1 所示。其波形的物理意义参数如下。

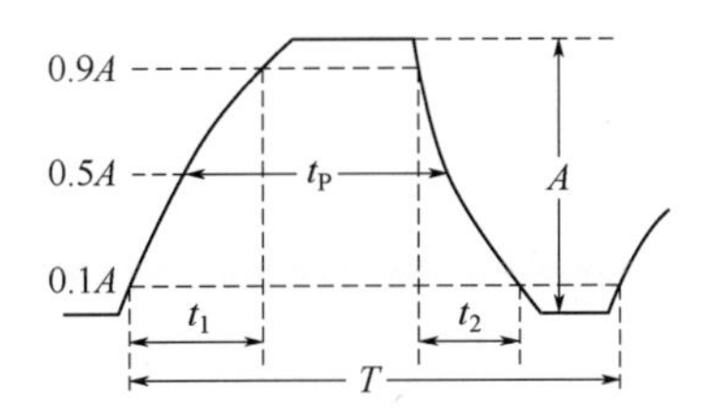

图 4.1　实际脉冲波波形

脉冲幅度 A ——脉冲信号变化的最大值。

脉冲前沿 t_1 ——脉冲最先来到的一边，指脉冲的幅度由 10%上升到 90%所需的时间。

脉冲后沿 t_2 ——脉冲结束时的一边，指脉冲的幅度由 90%下降到 10%所需要的时间。

脉冲宽度 t_P ——脉冲前沿幅度的 50%到后沿幅度的 50%所需要的时间，也称脉冲持续时间。

脉冲周期 T ——周期性脉冲信号前后两次出现的时间间隔。

脉冲频率 f ——单位时间内的脉冲数，与周期的关系为 $f=\dfrac{1}{T}$。

脉冲信号又分为正脉冲和负脉冲，正脉冲的前沿是上升边，后沿是下降边，负脉冲正好相反。理想矩形脉冲如图 4.2 所示。

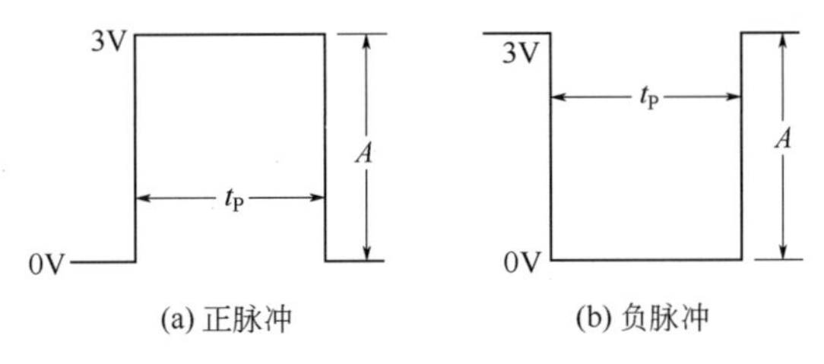

图 4.2　理想矩形脉冲波波形

二、逻辑状态的表示方法

现实生活当中有很多对立的状态，如开关的闭合和断开，灯泡的亮和灭，事物的真和假，脉冲信号的有和无等。在数字电路当中通常用逻辑“1”和“0”来表示这两种状态。例如灯亮为“1”，灯灭为“0”；有脉冲为“1”，无脉冲为“0”。脉冲信号通常用它的电位高低来表示：有脉冲时电位较高，称它具有高电平；无脉冲时电位较低，称它具有低电平。必须注意，高、低电平指的是一个范围。如规定高电平的下限值U_{H}为标准高电平，则在标准高电平U_{H}以上一个范围的电位都是高电平；规定低电平的上限值U_{L}为标准低电平，则在标准低电平U_{L}以下一个范围的电位都是低电平。在数字系统中，如果高电平用“1”，低电平用“0”表示，称为正逻辑系统；如果高电平用“0”，低电平用“1”表示，称为负逻辑系统。本书中采用正逻辑系统。

数制

三、数制与码制

（1）数制

数制是计数进位制的简称。人们在日常生活中，习惯于用十进制数，而在数字系统中，多采用二进制数，有时也采用八进制数或十六进制数。

① 十进制。十进制数有 0、1、2、…、9 十个数码，计数的基数是 10，进位规则是“逢十进一”。一个十进制数N可表示为$N=\sum k_i \times 10^i$，k_i是第i位的数码，10^i称为第i位的权。注意小数点的前一位为第 0 位，即$i=0$。例如十进制数 129.5 按权展开形式为：$(129.5)_{10}=1\times10^2+2\times10^1+9\times10^0+5\times10^{-1}$。

② 二进制。二进制有 0、1 两个数码，基数为 2，按“逢二进一”的规律计数。一个二进制数N可表示为$N=\sum k_i \times 2^i$，k_i是第i位的数码，2^i称为第i位的权。例如二进制数$(10111.11)_2$按权展开形式为：

$$(10111.11)_2=1\times2^4+0\times2^3+1\times2^2+1\times2^1+1\times2^0+1\times2^{-1}+1\times2^{-2}$$

③ 十六进制。十六进制有 0、1、2、…、9、A(10)、B(11)、C(12)、D(13)、E(14)、F(15)十六个数码。基数为 16，按“逢十六进一”的规律计数。仿效二进制和十进制，一个十六进制数N可表示为$N=\sum k_i \times 16^i$。例如十六进制数$(\mathrm{A68F})_{16}$按权展开形式为：$(\mathrm{A68F})_{16}=10\times16^3+6\times16^2+8\times16^1+15\times16^0$。

（2）数制转换

数制转换

① 二进制、十六进制数转换成十进制数。先将二进制数或十六进制数按权展开，然后把所有各项按十进制数相加即可。例如二进制数$(101111)_2$、十六进制数$(\mathrm{5FD})_{16}$转换成十进制数为：

$$(101111)_2=1\times2^5+1\times2^3+1\times2^2+1\times2^1+1\times2^0=(47)_{10}$$

$$(\mathrm{5FD})_{16}=5\times16^2+15\times16^1+13\times16^0=(1533)_{10}$$

② 十进制数转换成二、十六进制数。十进制数转换成二进制数或十六进制数，要分整数和小数两部分分别进行转换，这里只介绍整数部分的转换。通常采取除 2 或除 16 取余法，直到商为 0 止。读数方向由下而上。例如将十进制数$(58)_{10}$转换成二进制数，采取“除 2 取余法”，过程如下：

笔记

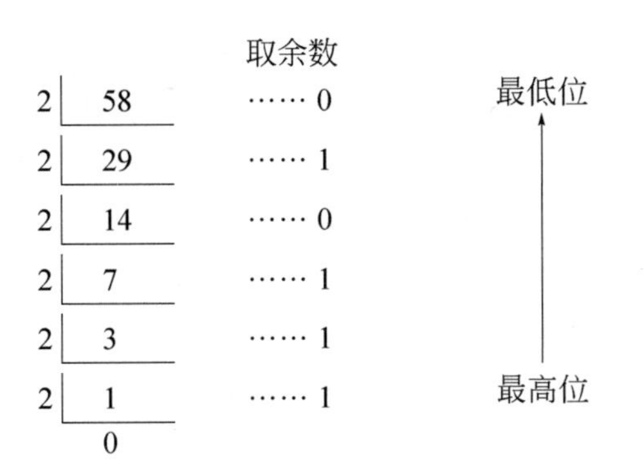

由此得 $(58)_{10}=(111010)_2$

再采取“除 16 取余”的方法，求对应的十六进制数，过程如下

取余数

16 | 58 …… 10(A)　最低位

16 | 3 …… 3　最高位

0

由此得 $(58)_{10}=(3A)_{16}$

③ 二进制数与十六进制数之间的转换。由于两种数制的基数 2 与 16 之间的关系为 $2^4=16$，四位二进制数恰好对应一位十六进制数。根据这个关系，将二进制数转换成十六进制数时，只要以小数点为界，分别向左、右两边按四位一组进行分开，不足四位补 0，再将每一组二进制数转换为相应的十六进制数，最后将结果按序排列即可。

例如将二进制数 $(11011101101.101)_2$ 转换成十六进制数，方法如下：

0110　1110　1101 · 1010

↓　↓　↓　↓

6　E　D · A

由此得 $(11011101101.101)_2=(6ED\cdot A)_{16}$。

十六进制数转换成二进制数，其过程恰好和上面相反，即只要把原来的十六进制数逐位用相应的四位二进制数代替即可。

将十六进制数 $(9F.34)_{16}$ 转换成二进制数，方法如下：

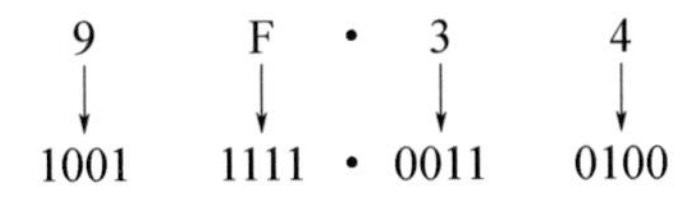

将首或尾的 0 去掉后得 $(9F.34)_{16}=(10011111.001101)_2$

为了便于对照，将几种数制之间的关系列于表 4.1 中。

表 4.1　几种数制之间的关系对照表

十进制数	二进制数	十六进制数	十进制数	二进制数	十六进制数
0	0	0	11	1011	B
1	1	1	12	1100	C
2	10	2	13	1101	D
3	11	3	14	1110	E
4	100	4	15	1111	F
5	101	5	16	10000	10
6	110	6	32	100000	20
7	111	7	64	1000000	40
8	1000	8	127	1111111	7F
9	1001	9	128	10000000	80
10	1010	A	255	11111111	FF

（3）码制

码制

8421 编码

在数字系统中，往往用一定位数的二进制数码来表示各种文字、符号、信息等，这个特定的二进制码称为代码。建立这种代码与十进制数值、字母、符号的一一对应的关系，称为编码。利用四位二进制代码来表示一位十进制数的编码，称 BCD 码。四位二进制数共有 $2^4=16$ 种不同组合，而十进制数的十个数码只需十种组合状态，因此，取舍不同，编码方式也就各异。可见 BCD 码的种类很多。表 4.2 列出了几种常见的 BCD 码。

表 4.2　几种常见的 BCD 码

二进制数	BCD 码对应的十进制数			
	8421 码	2421 码	5421 码	余 3 码
0 0 0 0	0	0	0	—
0 0 0 1	1	1	1	—
0 0 1 0	2	2	2	—
0 0 1 1	3	3	3	0
0 1 0 0	4	4	4	1
0 1 0 1	5	—	—	2
0 1 1 0	6	—	—	3
0 1 1 1	7	—	—	4
1 0 0 0	8	—	5	5
1 0 0 1	9	—	6	6
1 0 1 0	—	—	7	7
1 0 1 1	—	5	8	8
1 1 0 0	—	6	9	9
1 1 0 1	—	7	—	—
1 1 1 0	—	8	—	—
1 1 1 1	—	9	—	—

8421 码、2421 码、5421 码是有权码，如 8421 码中从左到右的权依次为：8、4、2、1。8421 码是最常用的 BCD 码。余 3 码是无权码，编码规则是：将余 3 码看作四位二进制数，

其数值要比它表示的十进制数多 3。

任务实施

教师将学生进行分组，分别给定不同的十进制数，安排每组将这些数转换成不同的码制，并进行小组讨论分析，提交任务报告。可进行分阶段多次训练。

任务自测

任务自测 4.1

微学习

微学习 4.1

任务二　认知逻辑门电路

任务描述

对两个已知逻辑函数进行与非、或非运算，写出 Y 的表达式并画出波形图。

任务分析

要完成上述任务，首先要明确基本与、非、或及与非、或非、与或非等逻辑运算的内涵与表达方式，然后才能根据运算规则写出 Y 的表达式并画出波形图。

知识准备

事物的因果关系，或者说条件和结果的关系，可以用逻辑运算，即逻辑代数来描述。逻辑代数按一定的逻辑关系进行运算，是分析和设计数字电路的数学工具。逻辑变量只有 0 和 1 两种逻辑值，并不表示数量的大小，而是表示两种对立的逻辑状态（如用 0 和 1 表示灯的开或关，电流的大或小，电压的高或低，晶体管的饱和或截止，事件的是或非等）。

基本逻辑运算与实现

一、基本逻辑运算及实现

1. 三种基本逻辑运算

逻辑代数的基本运算有与、或、非三种。图 4.3 给出了三种指示灯控制电路。

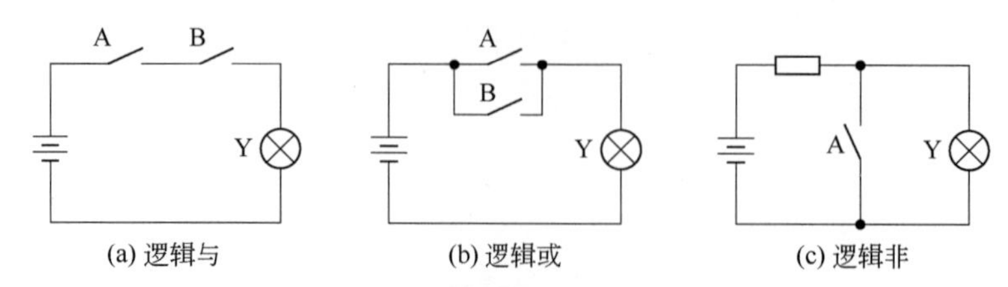

图 4.3 指示灯控制电路

如果将开关闭合作为条件，把指示灯亮作为结果，那么图 4.3 所示控制电路就代表了三种不同的因果关系：

① 只有所有条件同时满足时，结果才会发生。这种因果关系叫逻辑与关系，如图 4.3（a)。

② 只要条件之一能够满足，结果就会发生。这种因果关系叫逻辑或关系，如图 4.3（b)。

③ 条件满足时，结果不会发生；而条件不满足时，结果一定发生。这种因果关系叫逻辑非关系，如图 4.3（c)。

如果以 A、B 表示条件，并用 1 表示条件满足，0 表示不满足；以 Y 表示事件的结果，并用 1 表示事件发生，0 表示不发生。则与、或、非的逻辑关系可用表 4.3、表 4.4、表 4.5 来描述。这种描述逻辑关系的表格称之为真值表。

表 4.3 与运算真值表

A B	Y
0 0	0
0 1	0
1 0	0
1 1	1

表 4.4 或运算真值表

A B	Y
0 0	0
0 1	1
1 0	1
1 1	1

表 4.5 非运算真值表

A	Y
0	1
1	0

如果以“ • ”代表与运算（或称逻辑相乘），以“+”代表或运算（或称逻辑相加），以变量上的“—”代表非运算（或称逻辑求反），即可得到表 4.6 所示三种基本逻辑运算表达式。

笔记

表 4.6　三种基本逻辑运算表达式

基本逻辑运算	表达式	运算关系
与运算	Y=A・B 或写成 Y=AB	0・0=0；0・1=0； 1・0=0；1・1=1
或运算	Y=A+B	0+0=0；0+1=1； 1+0=1；1+1=1
非运算	$Y=\bar{A}$	$\bar{0}=1$；$\bar{1}=0$

能实现与、或、非三种基本逻辑运算关系的单元电路分别叫做与门、或门、非门（也称反相器），其对应的逻辑符号如图 4.4 所示。

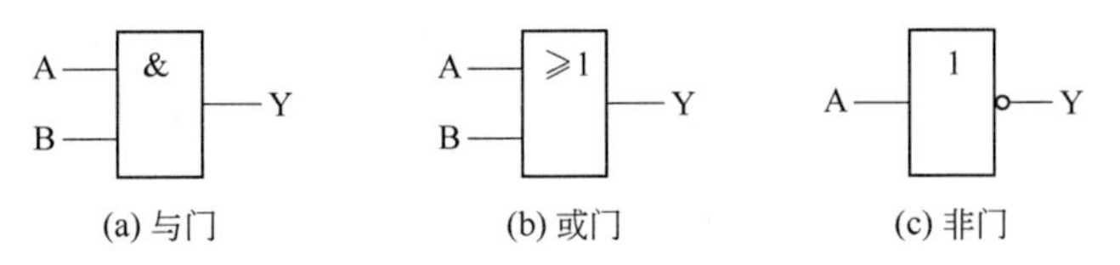

图 4.4　与门、或门、非门的逻辑符号

2. 复合逻辑运算

基本逻辑门电路

与、或、非是三种最基本的逻辑关系，任何其他的复杂逻辑关系都可由这三种基本逻辑关系组合而成。例如将与门和非门按图 4.5（a）连接，可得到图 4.5（b）的与非门。表 4.7 列出了几种常见的复合逻辑关系。

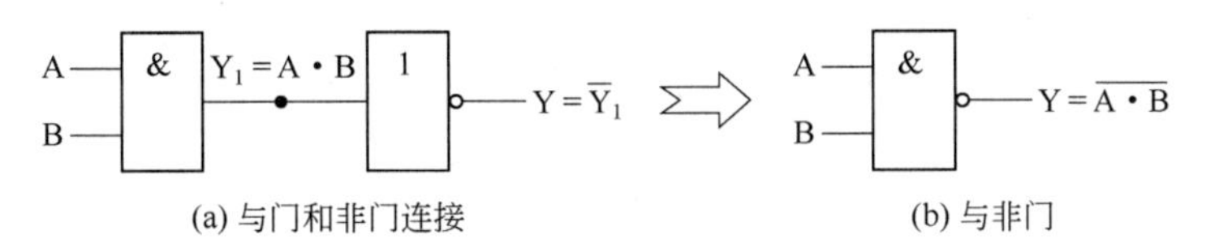

图 4.5　与非门的复合

表 4.7　几种常见复合逻辑关系

逻辑关系	逻辑表达式	图形符号	逻辑功能
与非	$Y=\overline{AB}$	A, B — & —o Y	有 0 出 1 全 1 出 0
或非	$Y=\overline{A+B}$	A, B — ≥1 —o Y	有 1 出 0 全 0 为 1
与或非	$Y=\overline{AB+CD}$	A, B — &；C, D — &；— ≥1 —o Y	描述较复杂
异或	$Y=\bar{A}B+A\bar{B}$ $=A\oplus B$	A, B — =1 — Y	相同出 0 相异出 1
同或	$Y=\bar{A}\bar{B}+AB$ $=A\odot B=\overline{A\oplus B}$	A, B — =1 —o Y	相同出 1 相异出 0

二、TTL 集成逻辑门

TTL 电路的输入端和输出端都采用晶体管逻辑电路，这里只介绍典型的 TTL 与非门电路。

1. 电路组成与逻辑功能分析

TTL 集成逻辑门

图 4.6 所示是典型的 TTL 与非门电路。多发射三极管 VT_1 和电阻 R_1 组成输入级；VT_2 和 R_2、R_3 组成中间放大级；VT_3、VT_4、VT_5 和 R_4、R_5 组成输出级，其中 VT_3 与 VT_4 组成的复合管作为 VT_5 的有源负载，以提高电路的带负载能力。

当输入端至少有一个接低电平(+0.3V)时，对应于输入端接低电平的发射结导通，VT_1 处于深度饱和状态，VT_2 的基极电位很小，只有 0.4V 左右，VT_2、VT_5 截止，电源$+U_{CC}$通过 R_2 向 VT_3、VT_4 提供电源，VT_3、VT_4 导通，减去 R_2 上的压降和 VT_3、VT_4 两个发射结上的电压，输出为高电平大约在 3.6V 左右。当输入端全接高电平(+3.6V)时，电源$+U_{CC}$通过 R_1 和 VT_1 的集电结向 VT_2、VT_5 提供基极电流，VT_2、VT_5 饱和导通。输出为低电平 0.3V，即 VT_5 的饱和压降。此时 VT_1 的基极电位为 2.1V，VT_1 的集电结正偏，发射结反偏，称之为倒置放大状态。由于 VT_2 饱和，VT_3 的基极电位只有 1V 左右，只能使 VT_3 处于微导通，而 VT_4 处于截止状态。

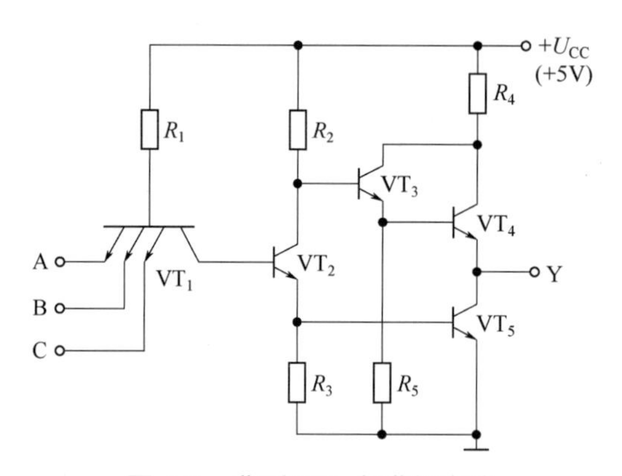

图 4.6 典型 TTL 与非门电路

2. 电压传输特性

电压传输特性是指与非门输出电压与输入电压的关系曲线。它反映输入由低电平变到高电平时输出电平相应的变化情况，图 4.7（a）是 TTL 与非门电压传输特性的测试电路。输入端 A 接至可调电压，B、C、D 端接$+U_{CC}$（相当于接高电平），改变 A 端的电压，并分别测出 u_i 和 u_o，就可得到图 4.7（b）所示 TTL 与非门的电压传输特性曲线。当 u_i 较低（小于 0.6V）时，由于 VT_1 饱和，VT_2 和 VT_5 截止，输出为高电平，（大约为 3.6V 左右），对应于曲线的 *AB* 段，这一段称为截止区。当 u_i 大于 0.6V 以后，VT_2 开始导通，VT_5 仍然截止，随着 u_i 的增加，VT_2 的基极电位增加，VT_2 的集电极电位下降，故 u_o 随 u_i 的增加而线性下降，一直维持到 u_i 增大到 1.3V 左右，对应于曲线的 *BC* 段，这一段称为线性区。当 u_i 增大到 1.3V 以后，再稍增加一点儿，VT_5 也将由原来的截止状态向饱和状态变化，故 u_i 大于 1.3V 以后，u_o 将急剧下降，对应于曲线的 *CD* 段，这一段称为转折区。转折区对应的 u_i 范围较小，u_i 大约大于 1.4V 以后，VT_2、VT_5 同时饱和，输出为低电平（大约为 0.3V 左右），对应于曲线的 *DE* 段，

这一段称为饱和区。从电压传输特性曲线可以看出：输入低电平信号值在一定范围内变化，输出高电平并不立即下降（*AB* 段）。同样，输入高电平信号值在一定范围内变化，输出低电平也不立即上升（*DE* 段）。这就是说，TTL 与非门允许输入电平有一个波动范围，以防止电路工作过程中外界的干扰电压。

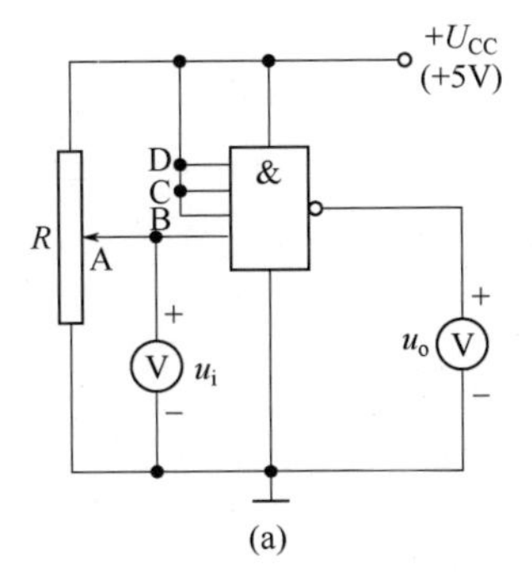

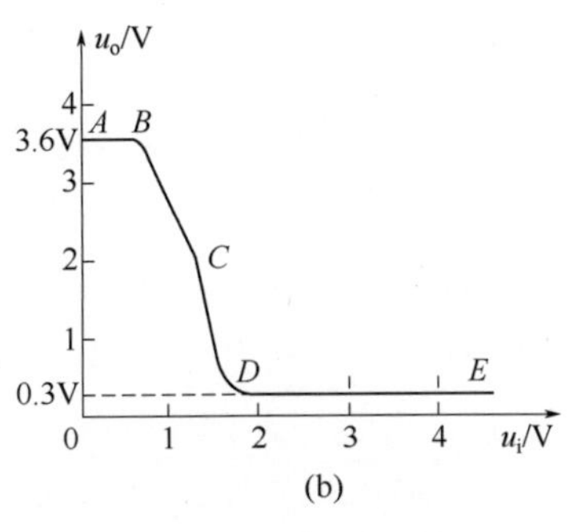

图 4.7 TTL 与非门电压传输特性测试电路和特性曲线

3. TTL 与非门的主要参数及使用注意事项

表 4.8 列出了 74LS00 与非门的主要参数。

表 4.8 74LS00 与非门主要参数

符号	参数名称	参数值		
		最大	典型	最小
U_{iH} /V	输入高电平电压	—	3.6	2
U_{iL} /V	输入低电平电压	0.8	0.3	—
U_{oH} /V	输出高电平电压	—	3.6	2.7
U_{oL} /V	输出低电平电压	0.5	0.3	—
I_{oH} /mA	输出高电平电流	–0.4	—	—
I_{oL} /mA	输出低电平电流	8	—	—
I_{iH} /mA	输入高电平电流	20	—	—
I_{iL} /mA	输入低电平电流	–0.4	—	—

① 输出高电平 U_{oH}：一个或一个以上输入端为低电平时的输出电压值。典型值为 3.6V。

② 输出低电平 U_{oL}：所有输入端均为高电平时的输出电压值。典型值为 0.3V。

③ 关门电平 U_{off}：保证 TTL 与非门输出高电平所允许的最高输入低电平值。$U_{iLmax}=0.8V$。

④ 开门电平 U_{on}：保证 TTL 与非门输出低电平所允许的最低输入高电平值 $U_{iHmin}=2.0V$。

关门电平 U_{off} 和开门电平 U_{on} 是两个很重要的参数，它们反映了电路的抗干扰能力。在 TTL 与非门使用中，输入端会有噪声电压叠加到输入信号的高、低电平上，只要噪声电压的幅度不超过允许的界限，就不会影响输出的逻辑状态。例如：在 74LS00 的一组与非门输入端输入 $u_i=0.3V$ 低电平信号。由表 4.8 可知：74LS00 输入低电平电压最大值是 0.8V，因此，只要噪声电压 U_N 小于 0.5V，就不会改变输出的高电平状态。把+0.5V 称作该 TTL 与非门的低电平噪声容限。电路的允许噪声容限越大，其抗干扰能力越强。

⑤ 扇出系数 N_o：与非门输出端最多能接同类与非门的个数。一般 TTL 与非门的扇出系

数 N_o 为 8～10，特殊驱动器集成门的扇出系数可达 20。

⑥ 平均传输延迟时间 t_{Pd}：表征开关速度的一个参数。一般可以理解为从输入变化（从低到高或从高到低）时算起到输出有变化（也是从高到低或从低到高）所需的时间。74LS 系列 TTL 与非门的 t_{Pd} 的典型值是 3～5ns。t_{Pd} 值越小，门电路转换速度越快。

在 TTL 与非门使用过程中，若有多余或暂时不用的输入端，其处理的原则是应保证其逻辑状态为高电平。一般方法有：①剪断悬空或直接悬空；②与其他已用输入端并联使用；③将其接电源+U_{CC}。电路的安装应尽量避免干扰信号的侵入，确保电路稳定工作。

4. 其他类型的 TTL 与非门

（1）集电极开路与非门（OC 门）

在实际应用中，有时需要将几个与非门的输出端并联进行线与（一种靠线的连接实现与运算的方法），对前面讨论的与非门电路来讲，其输出端是不允许进行线与连接的，因为当一个门的输出为低电平，而其他门的输出为高电平时，电源将通过并联的各个高电平输出门的 VT_4 管向低电平输出门的 VT_5 管灌入一个很大的电流，这不仅会使输出低电平抬高而破坏其逻辑关系，而且还会因流过大电流而损坏 VT_5 管。为了使门电路的输出端能并联使用，产生了集电极开路与非门，简称 OC 门，如图 4.8 所示。OC 门只有在输出端和电源间外接电阻 R_L 后才能正常工作。

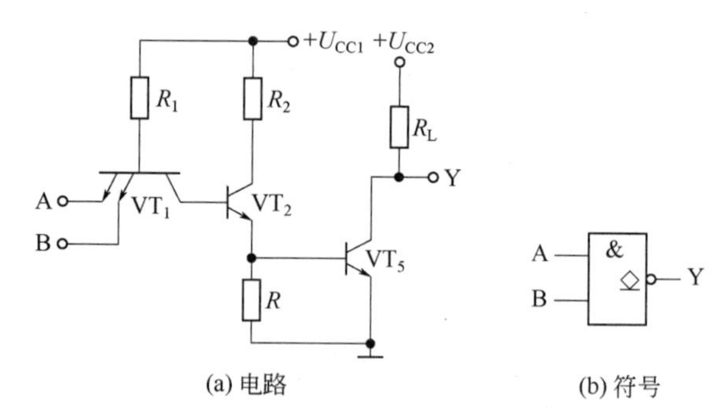

(a) 电路 (b) 符号

图 4.8 集电极开路与非门的电路和符号

OC 门主要有两个作用：①驱动显示器和执行机构。由于 OC 门负载电阻 R_L 和电源可根据需要来选择，只要 R_L 和 U_{CC} 值选得合适，就可直接驱动发光二极管和较大电流的执行机构；②实现线与关系。单个 OC 门输出时 $Y=\overline{AB}$，多个 OC 门输出端直接并连公共负载时（见图 4.9），只有当所有 OC 门输出均为高电平时，输出才为高电平，这样就在输出线 Y_1、Y_2 间实现了与的功能，这就是线与，其表达式为 $Y=\overline{AB}\cdot\overline{CD}=\overline{AB+CD}$，也就是该电路能完成与或非逻辑功能。

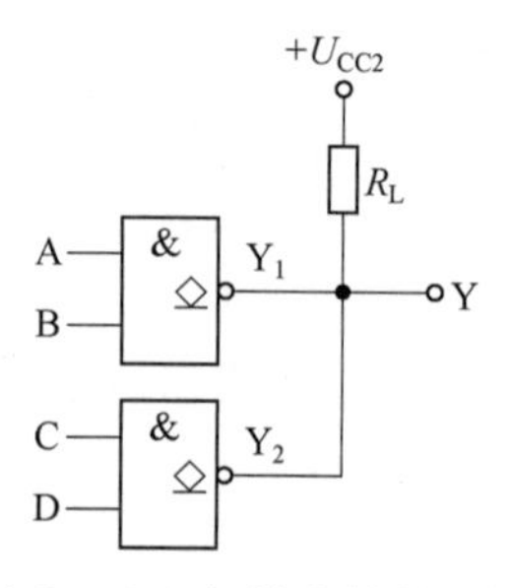

图 4.9 OC 门输出端并联接法

笔记

（2）三态输出与非门（TSL 门）

三态输出与非门是在普通与非门的基础上附加使能控制电路构成的门电路，电路及符号如图 4.10 所示。所谓三态门，就是它除了具有输出电阻较小的高电平和低电平两种状态外，还具有极高输出阻抗的第三个状态，称为高阻态（或禁止态）。

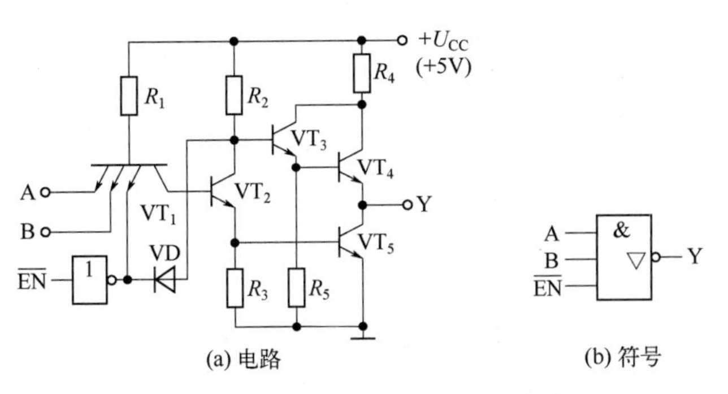

图 4.10　电器三态输出与非门电路

TSL 门除了正常的数据输入之外，还有一个控制端 $\overline{EN}$（亦称使能端）。在图 4.10 中，电路的控制端 $\overline{EN}$ 通过反相器引导去控制 VT_1 和 VD，当 $\overline{EN}=0$ 时，VD 不导通，电路为正常工作状态，即 $Y=\overline{AB}$。当 $\overline{EN}=1$ 时，VD 导通，由于 $\overline{EN}$ 还同时控制 VT_1，所以 VT_1、VT_3 基极都为低电平，致使输出端 Y 被悬空，这就是 TSL 门的第三个状态，称为高阻态或禁止态。逻辑符号中文字上的非号及小圆圈表示低电平有效。三态门的典型应用如图 4.11 所示。

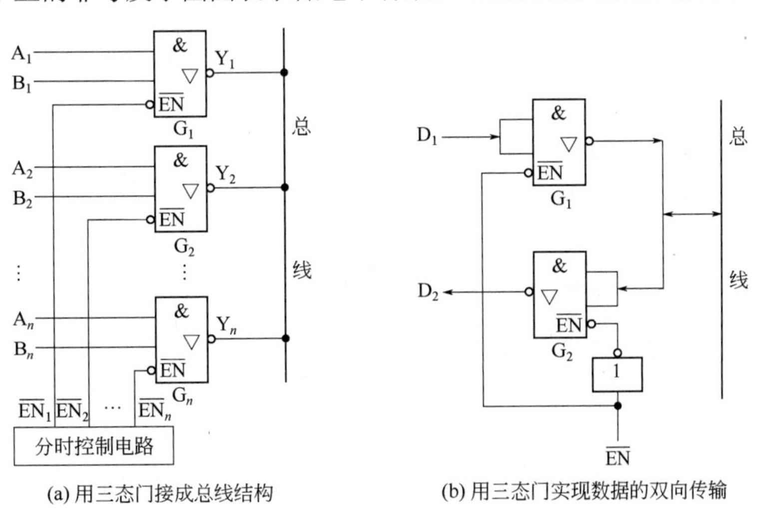

图 4.11　三态门的典型应用

TSL 门在计算机系统中经常被用作数据传送。为了减少连线的数目，希望能在同一条导线上分时传送若干门电路的输出信号，这时就可以用三态门来实现，如图 4.11（a）所示。只要分时控制电路依次使三态门 G_1、G_2、…、G_n 轮流使能，即任何时刻仅有一个为 0，就可实现输出信号轮流送到总线上。在图 4.11（b）中，当 $\overline{EN}$=0 时，G_1 工作，G_2 处于高阻状态，数据 D_1 经 G_1 反相后送到总线。$\overline{EN}$=1 时，G_1 处于高阻状态，G_2 工作，总线上的数据经 G_2 反相后在 D_2 端输出。

三、CMOS 逻辑门电路

金属—氧化物—半导体场效应管逻辑门电路在英文里简称 MOS。MOS 有三种形式：由 N 沟道增强型 MOS 管构成的 NMOS、由 P 沟道增强型 MOS 管构成的PMOS以及兼有N沟道和P沟道的互补CMOS。这三种形式的电路以CMOS发展最迅速，应用最广泛，它的开关速度虽比 TTL 门电路低，但由于制造工艺简单、体积小、集成度高，因此特别适用于大规模集成制造。CMOS 电路的另一个特点是输入阻抗高（可达 $10^{10}\Omega$ 以上），即直流负载很小，几乎不取用前级信号源电流，因此有很高的扇出能力。

CMOS 反相器（非门）电路如图 4.12（a）所示。VT_1 为增强型 PMOS 管，VT_2 为增强型 NMOS 管，二者串联，它们的漏极连在一起作为反相器的输出端，栅极连在一起作为输入端。

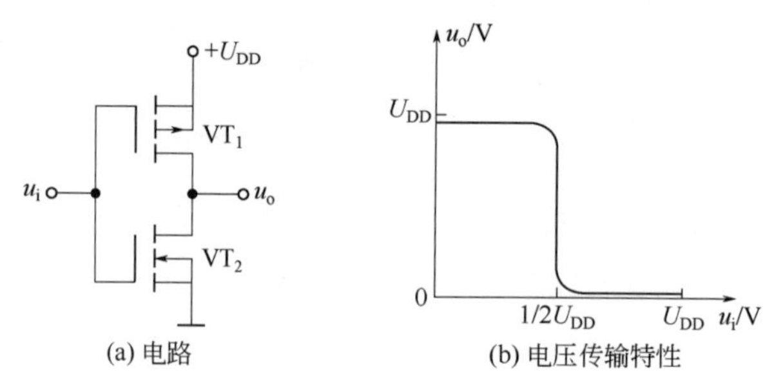

(a) 电路　　(b) 电压传输特性

图 4.12　CMOS 反相器电路和电压传输特性

当 u_i 为低电平时，VT_1 导通，VT_2 截止，输出 u_o 为高电平，即 $U_{oH}\approx +U_{DD}$。当 u_i 为高电平时，VT_1 截止，VT_2 导通，输出 u_o 为低电平，即 $U_{oL}\approx 0$。可见 u_o 与 u_i 为反相关系。由于静态时 VT_1 和 VT_2 总是一个导通另一个截止，即工作在互补状态，所以静态电流近似为零，静态功耗极小。所有 CMOS 电路都具有这一特点。

CMOS 反相器的电压传输特性如图 4.12（b）所示。由图可知：①CMOS 反相器无论输入高电平还是低电平，都有一个管子处于截止状态，因此静态电流极小（纳安级）；②CMOS 反相器电压传输特性曲线较接近理想开关，$u_i=\frac{1}{2}U_{DD}$ 处是管子导通与截止的转折点；③当输入 $U_{iH}=U_{DD}$、$U_{iL}=0$ 时，其噪声容限 $U_{NH}=U_{NL}\approx 0.3U_{DD}$，因此抗干扰能力很强；④CMOS 的输入电流 I_{iH}、I_{iL} 均小于 $1\,\mu A$，输出电流 I_{oH}、I_{oL} 均大于 $500\,\mu A$，因此扇出系数大。

将两个以上 P 沟道增强型 MOS 管源极和漏极分别并接，N 沟道增强型 MOS 管串接，就构成了 CMOS 与非门，如图 4.13 所示。当 A、B 中有低电平时，PMOS 管 VT_3、VT_4 中必有导通的，NMOS 管必有截止的，则输出为高电平；当 A、B 全为高电平时，VT_1、VT_2 都导通，VT_3、VT_4 都截止，则输出为低电平，因此这个电路为与非门，即 $Y=\overline{A\cdot B}$。

在 CMOS 门电路的系列产品中，除了反相器和与非门外，还有与门、或门、或非门、与或非门、异或门等，这里不再介绍。

如同 TTL 电路中的 OC 门那样，CMOS 门的输出电路结构也可做成漏极开路（OD）的形式。其使用方法与 TTL 的 OC 门类似。CMOS 传输门如图 4.14（a）所示。它由一个 PMOS 管和一个 NMOS 管并联而成。图 4.14（b）是它的符号。图中 C 和 $\overline{C}$ 是一对互补的控制信号，

笔记

VT_1和VT_2是结构对称的器件，VT_1的底衬接$+U_{DD}$，VT_2的底衬接地，它们的源极和漏极是可以互换的，输入、输出也可以互换，即是双向传输的。当C＝0时，VT_1、VT_2都截止，输入与输出之间呈高阻态（$R_{OFF}>10^9\Omega$），传输门截止。当C=1时，输入在0～U_{DD}之间时，VT_1、VT_2总有一个导通，输入与输出之间呈低阻态（$R_{ON}<1k\Omega$），传输门导通。

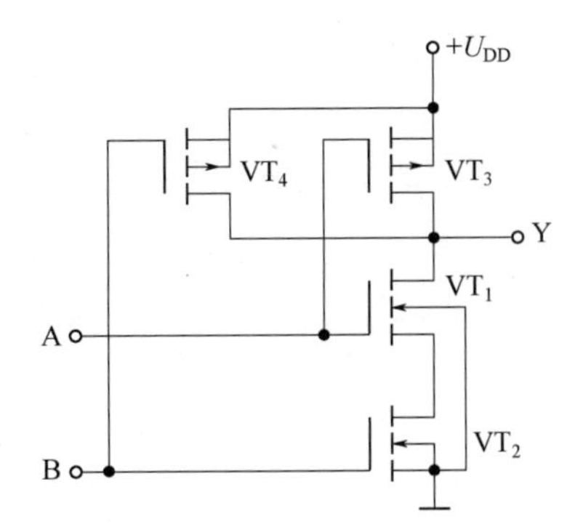

图4.13　CMOS与非门

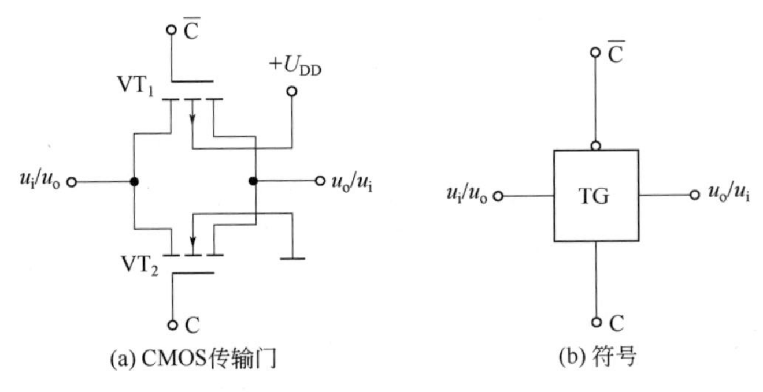

图4.14　CMOS传输门及符号

另外还有三态输出的CMOS门电路，从逻辑功能和应用的角度上讲，三态输出的CMOS门电路和TTL三态门电路没有什么区别，只是在电路结构上CMOS的三态输出门电路要简单得多。

CMOS电路使用时应注意：CMOS电路多余输入端不能悬空，对于或门、或非门，可将多余输入端直接接地；与门、与非门的多余输入端可直接接电源，切记不可悬空，否则将造成逻辑状态不定或栅极击穿；CMOS集成器件应在导电容器中储存和运输，可插在导电泡沫塑料上，但不可放在易产生静电的泡沫塑料、塑料袋或其他容器中；输入线较长或输入端有大电容时，在输入端应串接限流电阻；输出端容性负载不能大于500pF。其他注意事项同TTL电路。

任务实施

学生分组研讨图4.15所示函数A、B波形图，高低电平分别表示函数的1与0变量状态。画出A、B两个已知函数进行与非、或非运算的波形图，根据前面任务分析和知识储备，具体实施步骤如下。

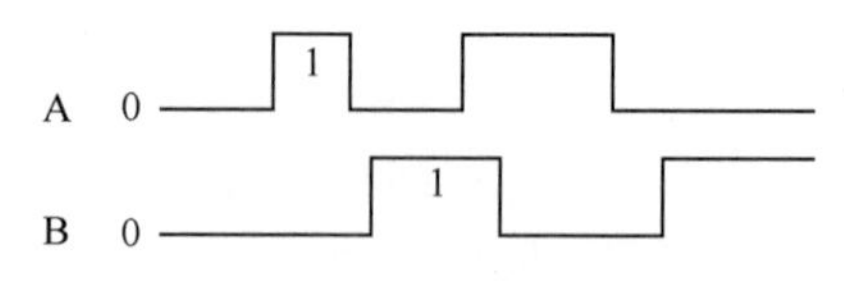

图 4.15 A、B 函数波形图

首先，认知用波形图表达函数的方式，即能反映输入变量随时间变化的图形就称为波形图。

第二步，根据 $Y=\overline{AB}$ 和 $Y=\overline{A+B}$ 的运算规则写出真值表，计算 Y 的值。如 A、B 均 0 时，$Y=\overline{AB}=1$。

第三步，按照运算规则规范画出表达 $Y=\overline{AB}$ 和 $Y=\overline{A+B}$ 的波形图，如图 4.16 和图 4.17 所示。

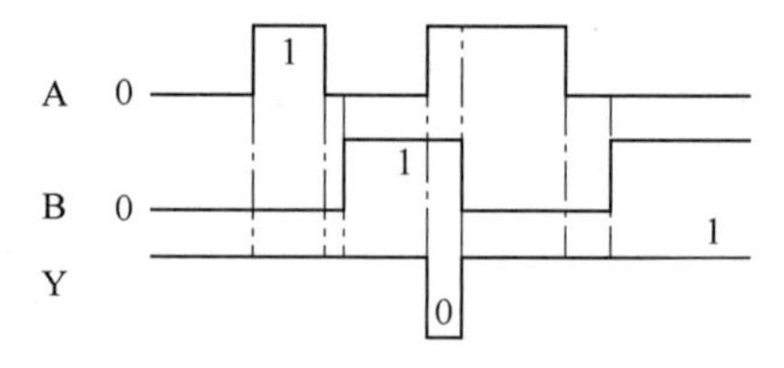

图 4.16 $Y=\overline{AB}$ 函数的波形图

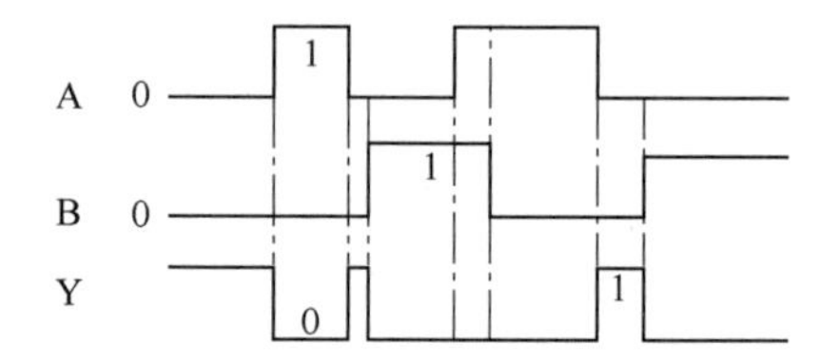

图 4.17 $Y=\overline{A+B}$ 函数的波形图

最后，小组成员根据真值表交叉对画出波形图，然后进行检查，并交流波形图法表示的特点，波形图呈现能使逻辑运算更直观。

 任务自测

任务自测 4.2

 微学习

微学习 4.2

任务三　逻辑代数运算

逻辑代数基本公式

任务描述

在学习逻辑代数运算基本规则基础上，能运用逻辑公式法、卡诺图法等对给定的逻辑代数进行运算化简，并能画出相应的实现运算的门电路。

任务分析

要完成上述任务，首先要掌握逻辑代数表示及基本公式、规则，理解卡诺图的意义及进行代数运算规则和基本步骤，才能完成逻辑代数化简，画出实现运算的门电路。

知识准备

一、逻辑代数的基本公式

根据逻辑代数中与、或、非三种基本运算规则可推导出逻辑代数的基本公式，如表 4.9 所示。

表 4.9　逻辑代数基本公式

基本公式名称	0、1律	$0+A=A$，$1+A=1$，$1\cdot A=A$，$0\cdot A=0$
	重叠律	$A+A=A$，$A\cdot A=A$
	互补律	$A+\bar{A}=1$，$A\cdot\bar{A}=0$
	交换律	$A+B=B+A$，$A\cdot B=B\cdot A$
	结合律	$(A+B)+C=A+(B+C)$，$(A\cdot B)\cdot C=A\cdot(B\cdot C)$
	分配律	$A\cdot(B+C)=A\cdot B+A\cdot C$，$A+B\cdot C=(A+B)(A+C)$
	反演律	$\overline{A\cdot B}=\bar{A}+\bar{B}$，$\overline{A+B}=\bar{A}\cdot\bar{B}$
	还原律	$\bar{\bar{A}}=A$
几个常用公式		① $A+AB=A$　② $A(A+B)=A$ ③ $A+\bar{A}B=A+B$　④ $AB+\bar{A}C+BC=AB+\bar{A}C$ ⑤ $AB+A\bar{B}=A$　⑥ $(A+B)(A+\bar{B})=A$ ⑦ $\overline{A\bar{B}+\bar{A}B}=\bar{A}\bar{B}+AB$　⑧ $\overline{AB+\bar{A}C}=A\bar{B}+\bar{A}\bar{C}$

表 4.10 所示为反演律（又称摩根定律）的真值表。

表 4.10　反演律的真值表

A　B	$\overline{A\cdot B}$	$\bar{A}+\bar{B}$	$\overline{A+B}$	$\bar{A}\cdot\bar{B}$
0　0	1	1	1	1
0　1	1	1	0	0
1　0	1	1	0	0
1　1	0	0	0	0

二、基本规则

1. 代入规则

将一个逻辑函数表达式代入到同一个等式两边同一个变量的位置，该等式仍然成立。例如有等式$\overline{A\cdot B}=\overline{A}+\overline{B}$，若用 BC 去取代变量 *B*，则等式左边$\overline{A\cdot B\cdot C}=\overline{A}+\overline{B}+\overline{C}$，等式右边$\overline{A}+\overline{B\cdot C}=\overline{A}+\overline{B}+\overline{C}$，显然等式仍然成立。

2. 反演规则

将一个逻辑函数 Y 中的“·”换成“+”，“+”换成“·”，原变量换成反变量，反变量换成原变量，所得到的逻辑函数式，就是逻辑函数 Y 的反函数。例如$Y=A\cdot\overline{B}+\overline{A}\cdot B$，则$\overline{Y}=(\overline{A}+B)(A+\overline{B})$。应用反演规则时应注意，不在一个变量上的非号应保持不变，例如$Y=D\cdot\overline{\overline{A+\overline{D}}+C}$，则$\overline{Y}=\overline{D}+\overline{\overline{\overline{A}D}\cdot\overline{C}}$。

3. 对偶规则

将一个等式两边的“·”换成“+”，“+”换成“·”，得到一个新的等式，这两个等式互为对偶式，这就是对偶定理。例如$Y=A\cdot(\overline{B}+C)$，则$Y'=A+\overline{B}C$。如果两个函数 Y 和 Z 相等，那么它们的对偶式也相等。

三、逻辑函数的化简

1. 逻辑函数及其表示方法

在逻辑电路中，如果输入变量 A、B、C、…的取值确定之后，输出变量 Y 的值也被唯一地确定了，那么，就称 Y 是 A、B、C、…的逻辑函数。在逻辑代数中，逻辑变量的取值只有 0、1 两种取值，所以输出函数的值也只能是 0 或 1，而不可能有其他取值。逻辑函数的表示方法通常有真值表、函数表达式、逻辑图和卡诺图四种。

图 4.18 所示是一个用单刀双掷开关来控制楼梯照明灯的电路，要求上楼时，先在楼下开灯，上楼后在楼上顺手把灯关掉；下楼时可在楼上开灯，在下楼后再把灯关掉。设开关 A、B 向上扳为 1，向下扳为 0；灯 Y 发光为 1，不发光为 0。

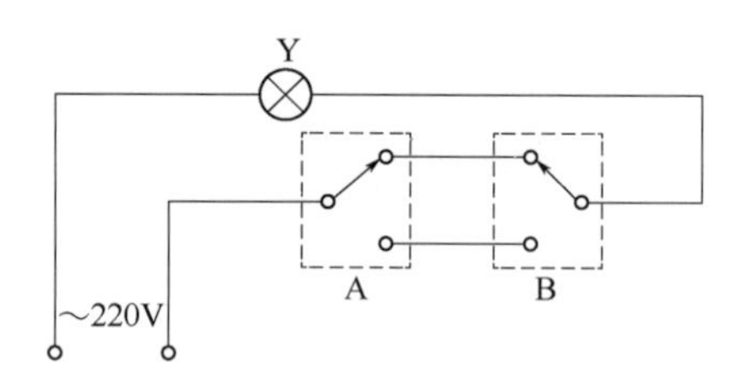

图 4.18　楼梯照明灯控制电路

（1）真值表表示法

将输入变量所有的取值和对应的函数值列成表格，如表 4.11 所示，这个表格就称为此逻辑问题的真值表。真值表中输入变量取值一般按二进制数的大小顺序排列，真值表中描述的是输入与输出变量之间的逻辑关系。特点是：直观、具有唯一性，但烦琐（尤其是输入变量较多时）。注意在填写真值表时应注意下面两点：①应表示出所有可能的不同输入组合，若输入变量为 *n* 个，则完整的真值表应有 2^n 种不同的输入组合；②根据逻辑问题给出的条件，相应地填入所有组合的逻辑结果。

表 4.11 真值表

A	B	Y
0	0	1
0	1	0
1	0	0
1	1	1

（2）逻辑表达式表示法

逻辑表达式是指将输入与输出之间的逻辑关系用逻辑运算符来描述。由表中可知，在输入变量 A、B 的四种不同的取值组合状态中，只有当 A=0 与 B=0（表示开关 A、B 均扳下），或者 A=1 与 B=1（开关 A、B 均扳上），Y 才等于 1（灯亮），其他两种情况灯均不亮。显然，对应灯亮的两种情况，每一组取值组合状态中，变量之间是与的关系，而这两组状态组合之间是或的关系，由此可写出真值表中 Y=1 的逻辑表达式为 $Y=AB+\overline{A}\overline{B}=A\odot B$。和真值表相比，这种表示法书写简洁、方便，且便于用逻辑代数中的公式、定理来运算、变换和化简，但没有唯一性。

（3）逻辑图表示法

逻辑图是指将输入与输出之间的逻辑关系用逻辑图形符号来描述。很显然，上述逻辑问题属于同或逻辑关系，因此可用图 4.19 来表示。这种表示方式比较接近工程实际，很容易根据逻辑图组成具体电路。

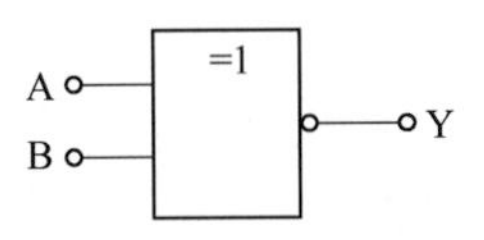

图 4.19 同或逻辑图

（4）卡诺图表示法

卡诺图实际上是真值表的图形化，因此也称真值图。卡诺图主要用来化简逻辑函数。它具有直观、明了、易于化简等优点。卡诺图表示法将在本节的后面进行介绍。

2. 逻辑函数的化简

逻辑函数化简，通常是指将逻辑函数式简化成最简与或表达式。与项最少，且每个与项中变量个数最少的与或表达式，称为最简与或表达式。用公式化简逻辑函数没有固定的步骤，比较灵活。化简方法如下。

逻辑函数的公式化简

① 并项法。利用公式 $AB+A\overline{B}=A$。如 $ABC+A\overline{B}C=AC(B+\overline{B})=AC$。

② 吸收法。利用公式 A+AB=A。如 $AB+ABC+AB\overline{D}=AB$。

③ 消去法。利用公式 $A+\overline{A}B=A+B$。如 $AB+\overline{AB}C=AB+C$。

④ 消项法。利用公式 $AB+\overline{A}C+BC=AB+\overline{A}C$。如 $AB+\overline{A}C+BCDE=AB+\overline{A}C$。

⑤ 配项法。利用公式 $A+\overline{A}=1$ 给某个与项配项，试探进一步化简逻辑函数。

例如，函数 $Y=\overline{A}\overline{B}+\overline{B}\overline{C}+BC+AB=\overline{A}\overline{B}(C+\overline{C})+\overline{B}\overline{C}+BC(A+\overline{A})+AB$

$$
\begin{aligned}
&= \bar{A}\bar{B}C + \bar{A}\bar{B}\bar{C} + \bar{B}\bar{C} + ABC + \bar{A}BC + AB \\
&= \bar{B}\bar{C} + AB + \bar{A}C(B + \bar{B}) \\
&= \bar{B}\bar{C} + AB + \bar{A}C
\end{aligned}
$$

$$
\begin{aligned}
Y &= \overline{\bar{A}BC + ABD + BE} + \overline{(DE + A\bar{D})\bar{B}} = \overline{B(\bar{A}C + AD + E)} + \overline{DE + A\bar{D}} + B \\
&= \bar{B} + \overline{\bar{A}C + A}\ \overline{D + E} + \overline{DE + A\bar{D}} + B \\
&= 1
\end{aligned}
$$

3. 逻辑函数的卡诺图化简

在逻辑函数中，如果一个乘积项包含了所有的变量，而且每个变量都是以原变量或反变量的形式作为一个因子出现一次，那么这样的乘积项就称为这些变量的一个最小项。例如在三变量的逻辑函数中有八个特殊与项：$\bar{A}\bar{B}\bar{C}$、$\bar{A}\bar{B}C$、$\bar{A}B\bar{C}$、$\bar{A}BC$、$A\bar{B}\bar{C}$、$A\bar{B}C$、$AB\bar{C}$、ABC，这八个与项都是最小项。若有 n 个变量，则有 2^n 个最小项。设原变量为 1，反变量为 0，每个最小项可按顺序组成一组二进制数，将它转换成对应的十进制数，即得最小项编号。例如，$\bar{A}BC$ 取值应为 011，对应十进制数是 3，则 $\bar{A}BC$ 编号为 3，记作 m_3，其余类推。表 4.12 列出了三变量的最小项编号。

逻辑函数的卡诺图表示

表 4.12　三变量最小项编号

A　B　C	最小项	符号	编号
0　0　0	$\bar{A}\bar{B}\bar{C}$	m_0	0
0　0　1	$\bar{A}\bar{B}C$	m_1	1
0　1　0	$\bar{A}B\bar{C}$	m_2	2
0　1　1	$\bar{A}BC$	m_3	3
1　0　0	$A\bar{B}\bar{C}$	m_4	4
1　0　1	$A\bar{B}C$	m_5	5
1　1　0	$AB\bar{C}$	m_6	6
1　1　1	ABC	m_7	7

卡诺图是以方块图的形式将逻辑上相邻的最小项排在位置相邻的方块中所构成的图形。所谓逻辑相邻，是指两个相同变量的最小项，只有一个因子互为反变量，其他因子都相同。

二变量卡诺图如图 4.20（a）所示，它有 $2^2=4$ 个最小项，因此有四个小方格。三变量卡诺图如图 4.20（b）所示，它有 $2^3=8$ 个最小项，因此有八个小方格。四变量卡诺图如图 4.20（c）所示。

用卡诺图表示逻辑函数，首先把逻辑函数转换成最小项之和的形式，然后在卡诺图上将这些最小项对应的位置上填 1，其余填 0（也可不填），就得到了表示这个逻辑函数的卡诺图。实际上就是将函数值填入相应的方块中。

卡诺图中相邻的方格中的两个最小项只有一个变量不同，因此可以利用 $AB + A\bar{B} = A$，将两项并为一项，并消去一个互非的变量。其方法可以归纳为：相邻的 2^n 个最小项可以合并成一项，并且能够消去 n 个变量，消去的是不同因子，保留的是相同因子。例如用卡诺图

笔记

化简逻辑函数 $Y(A,B,C,D)=\sum m(1,4,5,6,7,9,12,13,14,15)$，先根据所给函数画出四变量卡诺图，在对应小方格内填入1，其余小方格内填0，如图4.21所示，将函数值为1的方格按相邻2个、4个、8个包围在一起，这一过程称为画包围圈。画包围圈时应注意：包围圈应尽可能大，这样能更多地消去因子；包围圈数量应尽可能少，以减少与项个数；同一方格在需要时可以被多次圈过，因为A+A=A；每个包围圈要有新的成分，若一个包围圈中所有的方格都被别的包围圈圈过，则这个包围圈是多余的；先圈大，后圈小，单独方格单独圈，不要遗漏一个方格。按照上述方法，该逻辑函数可画的包围圈如图4.21所示。化简后的逻辑函数为 $Y(A,B,C,D)=\bar{C}D+B$。

A \ B	$\bar{B}$	B
$\bar{A}$	$\bar{A}\bar{B}$	$\bar{A}B$
A	$A\bar{B}$	AB

A \ B	0	1
0	m_0	m_1
1	m_2	m_3

(a) 二变量卡诺图

A \ BC	$\bar{B}\bar{C}$	$\bar{B}C$	BC	$B\bar{C}$
$\bar{A}$	$\bar{A}\bar{B}\bar{C}$	$\bar{A}\bar{B}C$	$\bar{A}BC$	$\bar{A}B\bar{C}$
A	$A\bar{B}\bar{C}$	$A\bar{B}C$	ABC	$AB\bar{C}$

A \ BC	00	01	11	10
0	m_0	m_1	m_3	m_2
1	m_4	m_5	m_7	m_6

(b) 三变量卡诺图

AB \ CD	$\bar{C}\bar{D}$	$\bar{C}D$	CD	$C\bar{D}$
$\bar{A}\bar{B}$	$\bar{A}\bar{B}\bar{C}\bar{D}$	$\bar{A}\bar{B}\bar{C}D$	$\bar{A}\bar{B}CD$	$\bar{A}\bar{B}C\bar{D}$
$\bar{A}B$	$\bar{A}B\bar{C}\bar{D}$	$\bar{A}B\bar{C}D$	$\bar{A}BCD$	$\bar{A}BC\bar{D}$
AB	$AB\bar{C}\bar{D}$	$AB\bar{C}D$	$ABCD$	$ABC\bar{D}$
$A\bar{B}$	$A\bar{B}\bar{C}\bar{D}$	$A\bar{B}\bar{C}D$	$A\bar{B}CD$	$A\bar{B}C\bar{D}$

AB \ CD	00	01	11	10
00	m_0	m_1	m_3	m_2
01	m_4	m_5	m_7	m_6
11	m_{12}	m_{13}	m_{15}	m_{14}
10	m_8	m_9	m_{11}	m_{10}

(c) 四变量卡诺图

图4.20　卡诺图

AB \ CD	00	01	11	10
00	0	1	0	0
01	1	1	1	1
11	1	1	1	1
10	0	1	0	0

图4.21　逻辑函数Y(A,B,C,D)卡诺图

一个函数的最简表达式可能不是唯一的，例如 $Y=A\bar{B}+B\bar{C}+\bar{B}C+\bar{A}B$，利用配项法先将其转换为最小项之和的形式，即 $Y=\bar{A}\bar{B}C+\bar{A}BC+\bar{A}B\bar{C}+A\bar{B}\bar{C}+A\bar{B}C+AB\bar{C}$，然后直接在卡诺图相应原位置填入1，其余位置填入0，如图4.22所示。由图4.22（a）得 $Y=A\bar{C}+\bar{B}C+\bar{A}B$；由图4.22（b）得 $Y=A\bar{B}+B\bar{C}+\bar{A}C$。

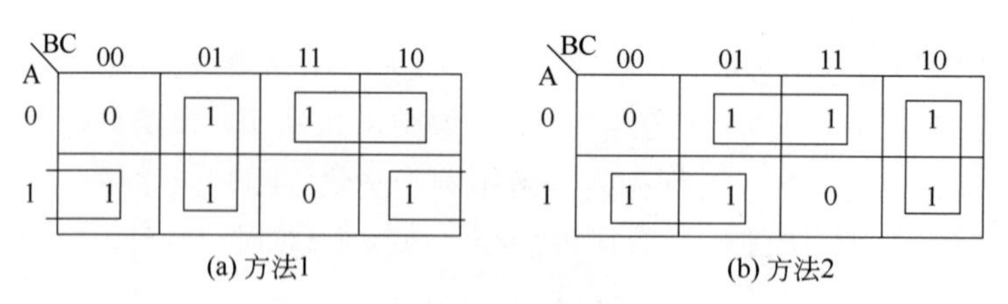

(a) 方法1　　(b) 方法2

图 4.22　卡诺图化简

逻辑函数中，主观上不允许出现或客观上不会出现的变量取值组合所对应的最小项，称为约束项。如 8421BCD 编码中，1010～1111 这六种代码是不允许出现的，就是约束项。在真值表、卡诺图中，约束项用“×”表示。假设设计一个逻辑函数，使得 8421BCD 编码的十进制数为奇数时，输出 Y=1。若不考虑约束项，则由图 4.23（a）卡诺图可得此逻辑函数的最简逻辑表达式为 $Y=\overline{A}D+\overline{B}\overline{C}D$，相应的逻辑图如图 4.23（b）所示；若考虑约束项，并利用约束项来简化逻辑函数，则根据图 4.24（a）可得 $Y=D$，相应的逻辑图如图 4.24（b）所示，是一根 Y 与 D 的直接连线。由分析可知，利用约束项进行化简可使逻辑电路更简单。

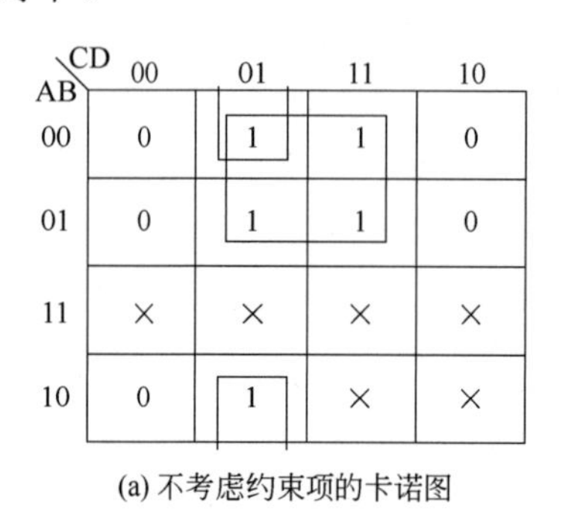

(a) 不考虑约束项的卡诺图　　(b) 不考虑约束项的逻辑图

$Y=\overline{A}D+\overline{B}\overline{C}D$

图 4.23　不考虑约束项

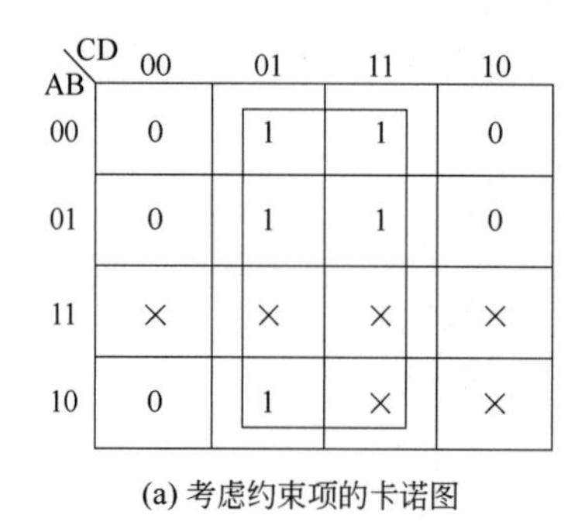

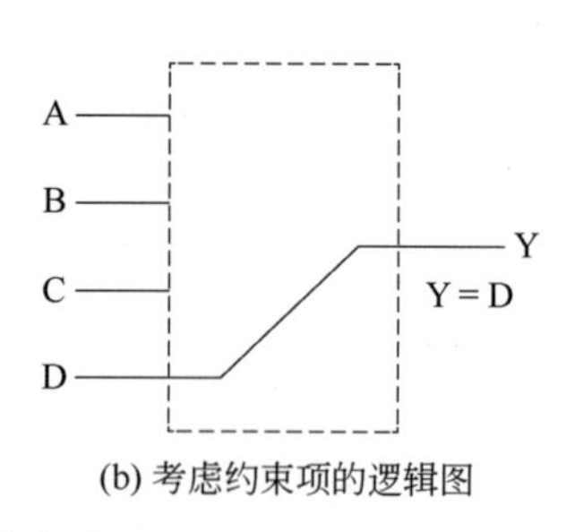

(a) 考虑约束项的卡诺图　　(b) 考虑约束项的逻辑图

图 4.24　考虑约束项

任务实施

（1）用卡诺图化简逻辑函数 Y(A,B,C,D)=∑m(0,2,4,5,6,7,9,15)

具体实现步骤如下：

① 根据所给函数，画出四变量卡诺图，在对应小方格内填入 1，其余小方格内填 0，

笔记

如图 4.25 所示。

② 将函数值为 1 的方格按相邻 2 个、4 个包围在一起，另外一个与其他的 1 不相邻的单独画包围圈。

AB＼CD	00	01	11	10
00	1	0	0	1
01	1	1	1	1
11	0	0	1	0
10	0	1	0	0

图 4.25　卡诺图 1

③ 按照上述方法，该逻辑函数可画的包围圈如图 4.25 所示。化简后的逻辑函数为 $Y(A,B,C,D)=\overline{A}\overline{D}+\overline{A}B+BCD+A\overline{B}\overline{C}D$ 。

（2）用卡诺图化简逻辑函数 $Y=\overline{A}\overline{B}\overline{C}+\overline{A}B\overline{C}+\overline{A}C$

此任务学生可分组讨论完成。具体实现步骤：

① 由所给函数可知 Y 是三变量的函数。利用配项法先将其转换为最小项之和的形式，即 $Y=\overline{A}\overline{B}C+\overline{A}BC+\overline{A}B\overline{C}+\overline{A}\overline{B}\overline{C}$ 。然后直接在卡诺图相应原位置填入 1，其余位置填入 0，如图 4.26 所示。

A＼BC	00	01	11	10
0	1	1	1	1
1	0	0	0	0

图 4.26　卡诺图 2

② 讨论化简出现的结果：$Y=\overline{A}$ 。

任务自测

任务自测 4.3

微学习

微学习 4.3

任务四　组合逻辑电路认知与应用

任务描述

对给定编码器、译码器、数据选择器与数据分配器、数值比较器等常用中规模组合逻辑电路进行设计与分析。

任务分析

完成此任务，首先要能认知常用中规模组合逻辑电路结构及功能特点，熟知其设计与分析的步骤，能完成简单逻辑电路的设计分析，然后才能完成所给定的任务。

知识准备

组合逻辑电路是数字电路中的重要组成部分。组合逻辑电路在任一时刻的输出状态只决定于该时刻各输入状态的组合，而与电路的原状态无关。

一、组合逻辑电路的分析与设计

组合逻辑电路的分析

若组合逻辑电路只有一个输出量，则称为单输出组合逻辑电路；若有一个以上的输出量，则称为多输出组合逻辑电路。组合逻辑电路的功能可以用表达式、真值表、卡诺图和波形图等方法来描述。

组合逻辑电路的分析，就是根据已知的组合逻辑电路，找出输出信号与输入信号间的关系，并确定其逻辑功能。分析的一般步骤为：

① 根据给定逻辑电路图，从输入到输出逐级写出输出逻辑函数式；

② 整理化简逻辑函数；

③ 列出逻辑函数的真值表；

④ 分析真值表，确定电路的逻辑功能。

下面以图 4.27 所示电路为例说明。

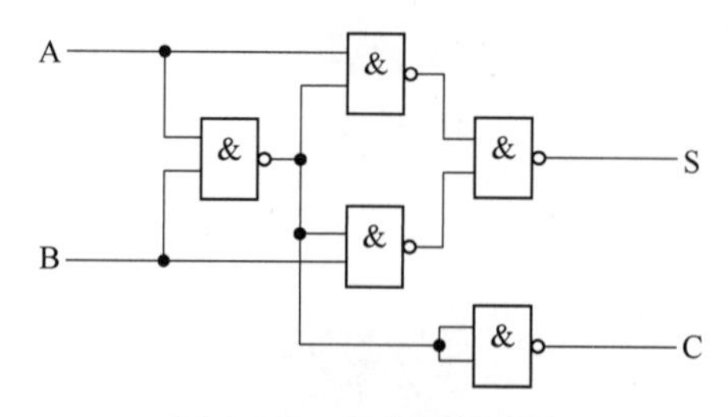

图 4.27　组合逻辑电路

由逻辑图逐级写出逻辑表达式：

笔记

$$S=\overline{\overline{A\cdot\overline{AB}}\cdot\overline{B\cdot\overline{AB}}}$$

$$C=\overline{\overline{AB}}=AB$$

化简与变换得：

$$S=A\cdot\overline{AB}+B\cdot\overline{AB}=A\ (\overline{A}+\overline{B})+B\ (\overline{A}+\overline{B})=\overline{A}B+A\overline{B}=A\oplus B$$

$$C=AB$$

由表达式列出真值表，如表 4.13 所示。

表 4.13　真值表 1

输入		输出	
A	B	S	C
0	0	0	0
0	1	1	0
1	0	1	0
1	1	0	1

由真值表可知，若把 A、B 看成是两个二进制数，则 S 是二者之和，C 是进位。该电路不考虑低位进位，因而称为半加器。若根据化简后的逻辑函数表达式可画出它的简单逻辑图，如图 4.28 所示。

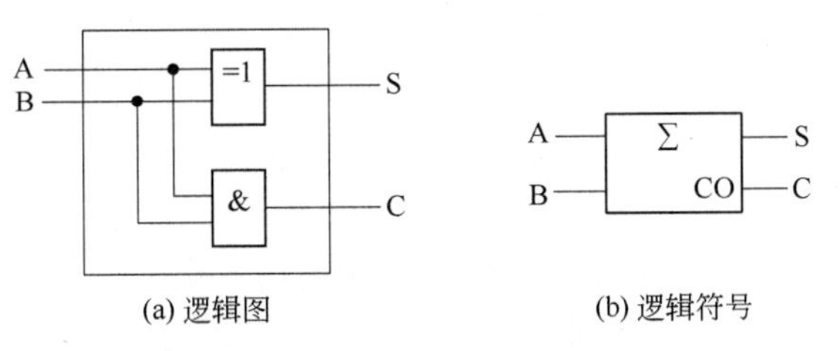

(a) 逻辑图　　(b) 逻辑符号

图 4.28　加法器逻辑图及逻辑符号

组合逻辑电路的设计，就是根据给定的实际问题，求出能实现这一逻辑要求的最简（或最合理）逻辑电路。设计的一般步骤采用“五步法”：

组合逻辑电路的设计

① 分析设计要求，找出变量及函数并进行逻辑赋值；

② 列出真值表；

③ 由真值表求出逻辑函数表达式；

④ 化简逻辑函数；

⑤ 根据最简（或最合理）表达式，画出相应的逻辑图。

现举例说明。设在举重比赛中有一名主裁判和两名副裁判，只有当两名以上裁判（必须包括主裁判在内）认为运动员上举杠铃合格并按动电钮，合格信号灯才亮。设主裁判为变量 A，副裁判分别为 B 和 C；按下电钮为 1，不按为 0；表示成功与否的灯为 Y，成功为 1，否则为 0。根据逻辑要求列出真值表，见表 4.14。

表 4.14　真值表 2

A　B　C	Y	A　B　C	Y
0　0　0	0	1　0　0	0
0　0　1	0	1　0　1	1
0　1　0	0	1　1　0	1
0　1　1	0	1　1　1	1

由真值表写出表达式：

$$Y = m_5 + m_6 + m_7 = A\overline{B}C + AB\overline{C} + ABC$$

画出卡诺图，见图 4.29，化简得：$Y = AB + AC = \overline{\overline{AB} \cdot \overline{AC}}$

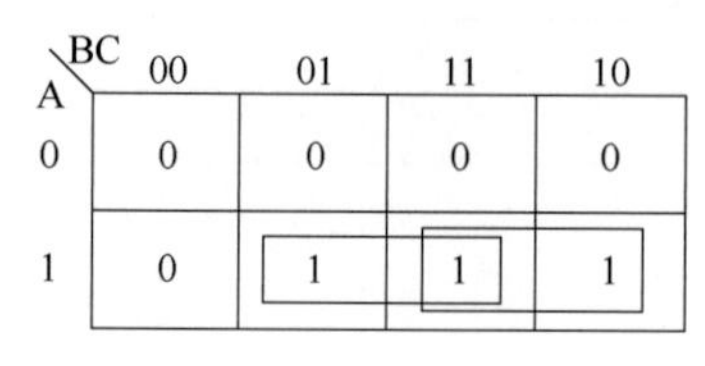

图 4.29　卡诺图

画出逻辑电路图，见图 4.30。

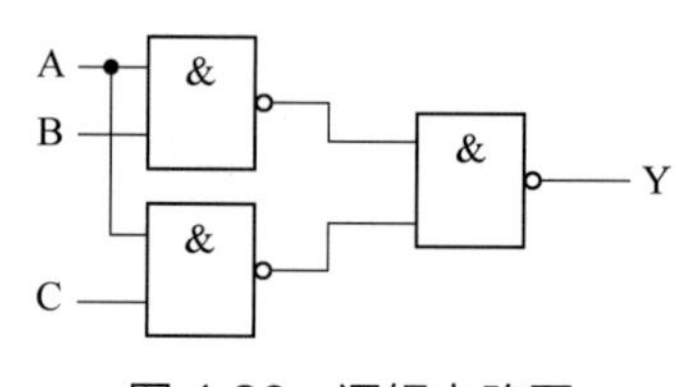

图 4.30　逻辑电路图

再如设计一个能比较两个一位数字大小的逻辑电路。设两个一位数 A、B，当 A＞B 时，Y_1=1，当 A=B 时，Y_2=1，当 A＜B 时，Y_3=1。先列出真值表，见表 4.15。

表 4.15　真值表 3

输入		输出		
A	B	Y_1	Y_2	Y_3
0	0	0	1	0
0	1	0	0	1
1	0	1	0	0
1	1	0	1	0

逻辑表达式为 $Y_1 = A\overline{B}$，$Y_2 = \overline{A}\overline{B} + AB$，$Y_3 = \overline{A}B$，由逻辑表达式画出逻辑图，见图 4.31 所示。

现设计一位全加器，能同时进行本位数和相邻低位的进位信号的加法运算。设 A_i 和 B_i 分别是被加数和加数，C_{i-1} 为相邻低位的进位，S_i 为本位的和，C_i 为本位的进位。全加器的真值表如表 4.16 所示。由真值表直接写出逻辑表达式，再经公式法化简和转换得：

笔记

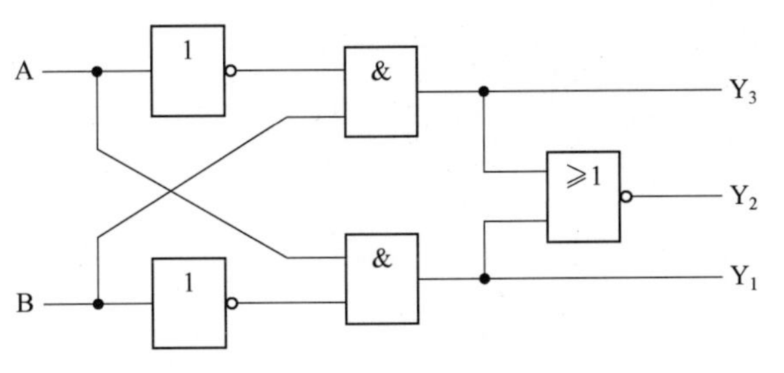

图 4.31　一位数值比较器逻辑图

$$C_i = \overline{A_i}B_iC_{i-1} + A_i\overline{B_i}C_{i-1} + A_iB_i\overline{C}_{i-1} + A_iB_iC_{i-1}$$

$$= A_iB_i + (A_i \oplus B_i)C_{i-1}$$

$$S_i = \overline{A}_i\overline{B}_iC_{i-1} + \overline{A}_iB_i\overline{C}_{i-1} + A_i\overline{B}_i\overline{C}_{i-1} + A_iB_iC_{i-1}$$

$$= \overline{(A_i \oplus B_i)}C_{i-1} + (A_i \oplus B_i)\overline{C_{i-1}} = A_i \oplus B_i \oplus C_{i-1}$$

表 4.16　全加器真值表

输入			输出	
A_i	B_i	C_{i-1}	S_i	C_i
0	0	0	0	0
0	0	1	1	0
0	1	0	1	0
0	1	1	0	1
1	0	0	1	0
1	0	1	0	1
1	1	0	0	1
1	1	1	1	1

根据逻辑表达式画出全加器的逻辑电路，如图 4.32 所示。

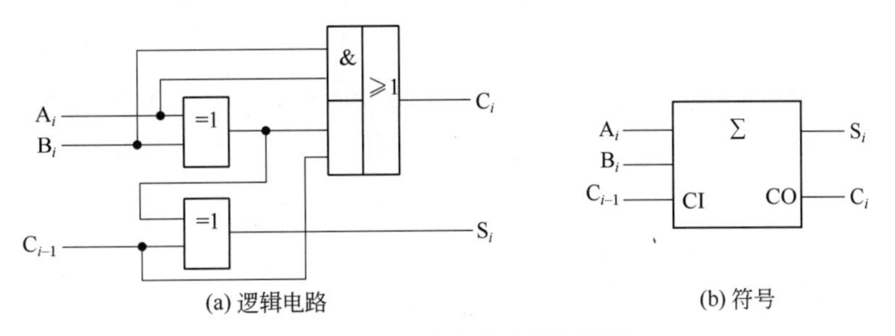

(a) 逻辑电路　　(b) 符号

图 4.32　全加器逻辑电路及符号

二、常用中规模组合逻辑电路

编码器

1. 编码器

用符号或数码表示特定对象的过程，称为编码。编码器能够实现编码功能。常见的编码器有 8 线—3 线（有 8 个信号输入端，3 个二进制码输出端）、16 线—4 线等。图 4.33 所示是一个三位二进制编码器，其真值表见表 4.17 所示。

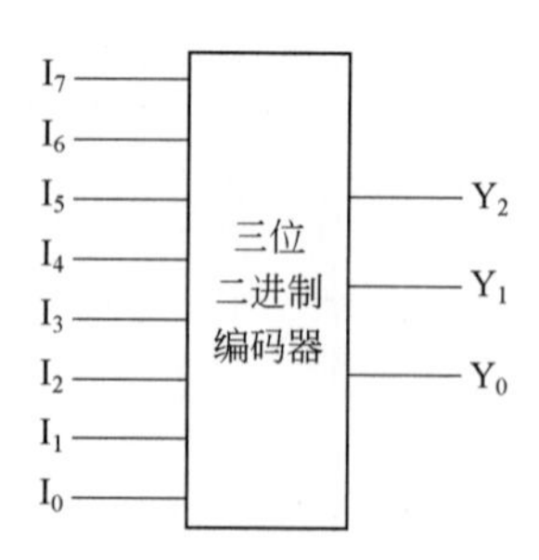

图 4.33 三位二进制编码器

表 4.17 三位二进制编码器真值表

输入								输出		
I_0	I_1	I_2	I_3	I_4	I_5	I_6	I_7	Y_2	Y_1	Y_0
1	0	0	0	0	0	0	0	0	0	0
0	1	0	0	0	0	0	0	0	0	1
0	0	1	0	0	0	0	0	0	1	0
0	0	0	1	0	0	0	0	0	1	1
0	0	0	0	1	0	0	0	1	0	0
0	0	0	0	0	1	0	0	1	0	1
0	0	0	0	0	0	1	0	1	1	0
0	0	0	0	0	0	0	1	1	1	1

从表 4.17 可以看出，在任意时刻只有一个输入端有效，即当一个输入信号为高电平（有效输入信号）时，其余输入信号均为低电平（无效输入信号），否则输出会发生混乱。这种编码器对输入要求太苛刻，在实际中很少使用。

目前广泛使用的是优先编码器，它允许若干输入信号同时有效，编码器只对其中优先级别最高的输入信号进行编码。常见的三位二进制优先编码器 74LS148 的符号图如图 4.34 所示。图中，$\bar{I}_0 \sim \bar{I}_7$ 为输入信号端，$\overline{Y}_0 \sim \overline{Y}_2$ 是三个输出端，$\overline{Y}_{EX}$ 和 $\overline{Y}_S$ 是用于扩展功能的输出端。74LS148 的功能如表 4.18 所示。$\bar{I}_0 \sim \bar{I}_7$ 低电平有效，$\bar{I}_7$ 为最高优先级，$\bar{I}_0$ 为最低优先级。$\overline{S}$ 为使能输入端，只有 $\overline{S}=0$ 时编码器工作，$\overline{S}=1$ 时编码器不工作。$\overline{Y}_s$ 为使能输出端。当 $\overline{S}=0$ 允许工作时，如果 $\bar{I}_0 \sim \bar{I}_7$ 端有信号输入，$\overline{Y}_s=1$；若 $\bar{I}_0 \sim \bar{I}_7$ 端无信号输入，$\overline{Y}_s=0$。$\overline{Y}_{EX}$ 为扩展输出端，当 $\overline{S}=0$ 时，只要有编码信号，$\overline{Y}_{EX}$ 就为低电平。

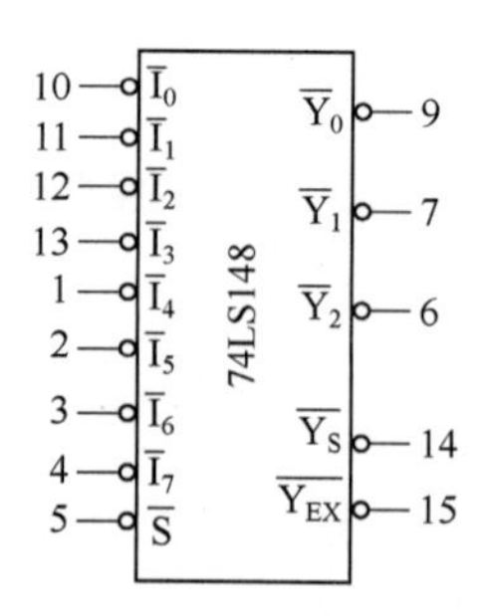

图 4.34 74LS148 的符号图

笔记

表 4.18　优先编码器 74LS148 的功能表

输入使能端	输入								输出			扩展	使能输出
$\overline{S}$	$\overline{I}_7$	$\overline{I}_6$	$\overline{I}_5$	$\overline{I}_4$	$\overline{I}_3$	$\overline{I}_2$	$\overline{I}_1$	$\overline{I}_0$	$\overline{Y}_2$	$\overline{Y}_1$	$\overline{Y}_0$	$\overline{Y}_{EX}$	$\overline{Y}_S$
1	×	×	×	×	×	×	×	×	1	1	1	1	1
0	1	1	1	1	1	1	1	1	1	1	1	1	0
0	0	×	×	×	×	×	×	×	0	0	0	0	1
0	1	0	×	×	×	×	×	×	0	0	1	0	1
0	1	1	0	×	×	×	×	×	0	1	0	0	1
0	1	1	1	0	×	×	×	×	0	1	1	0	1
0	1	1	1	1	0	×	×	×	1	0	0	0	1
0	1	1	1	1	1	0	×	×	1	0	1	0	1
0	1	1	1	1	1	1	0	×	1	1	0	0	1
0	1	1	1	1	1	1	1	0	1	1	1	0	1

2. 二-十进制编码器

二-十进制编码器是一种用四位二进制代码表示一位十进制数的编码电路。

74LS147 是一种二-十进制编码器，图 4.35 是它的符号图，其真值表如表 4.19 所示。由表可知，输入低电平有效，$\overline{I}_9$ 级别最高，$\overline{I}_1$ 级别最低，$\overline{I}_0$ 没有出现，当 $\overline{I}_9$ ～ $\overline{I}_1$ 均无效时输出为 1111，就是 $\overline{I}_0$ 编码。

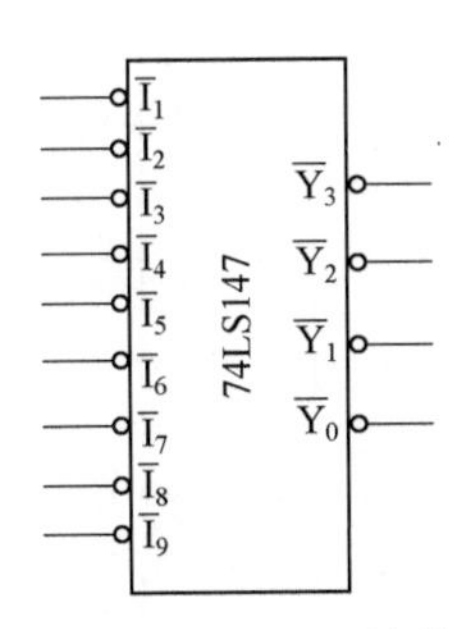

图 4.35　74LS147 的符号图

表 4.19　74LS147 真值表

输入									输出			
$\overline{I}_1$	$\overline{I}_2$	$\overline{I}_3$	$\overline{I}_4$	$\overline{I}_5$	$\overline{I}_6$	$\overline{I}_7$	$\overline{I}_8$	$\overline{I}_9$	$\overline{Y}_3$	$\overline{Y}_2$	$\overline{Y}_1$	$\overline{Y}_0$
1	1	1	1	1	1	1	1	1	1	1	1	1
×	×	×	×	×	×	×	×	0	0	1	1	0
×	×	×	×	×	×	×	0	1	0	1	1	1
×	×	×	×	×	×	0	1	1	1	0	0	0
×	×	×	×	×	0	1	1	1	1	0	0	1
×	×	×	×	0	1	1	1	1	1	0	1	0
×	×	×	0	1	1	1	1	1	1	0	1	1
×	×	0	1	1	1	1	1	1	1	1	0	0
×	0	1	1	1	1	1	1	1	1	1	0	1
0	1	1	1	1	1	1	1	1	1	1	1	0

3. 译码器

译码器

译码是编码的逆过程，即将每组二进制输入代码所表示的特定意义翻译出来。能实现译码功能的电路称为译码器。

（1）二进制译码器

将二进制输入代码译成相应输出信号的电路，称为二进制译码器。常见的二进制译码器有 2 线-4 线译码器、3 线-8 线译码器、4 线-16 线译码器。图 4.36 为集成 3 线-8 线译码器 74LS138 的符号图。A_2、A_1、A_0 为代码输入端，$\overline{Y}_7 \sim \overline{Y}_0$ 为输出端（低电平有效），S_1、$\overline{S}_2$、$\overline{S}_3$ 为使能输入端。当 $S_1 = 1$、$\overline{S}_2 = \overline{S}_3 = 0$ 时，译码器处于工作状态，否则译码器处于禁止状态。其真值表如表 4.20 所示。

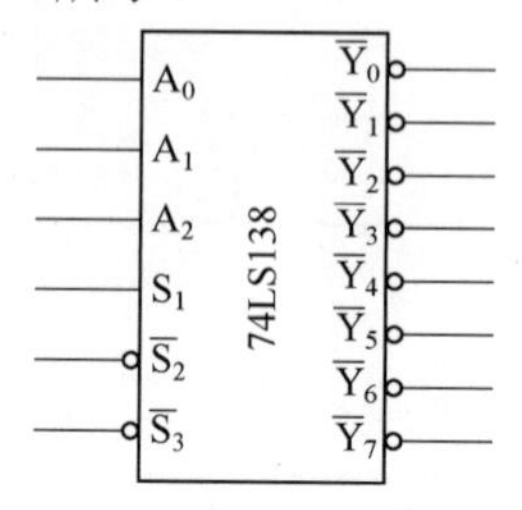

图 4.36　74LS138 的符号图

表 4.20　74LS138 真值表

输入					输出							
S_1	$\overline{S}_2+\overline{S}_3$	A_2	A_1	A_0	$\overline{Y}_0$	$\overline{Y}_1$	$\overline{Y}_2$	$\overline{Y}_3$	$\overline{Y}_4$	$\overline{Y}_5$	$\overline{Y}_6$	$\overline{Y}_7$
0	×	×	×	×	1	1	1	1	1	1	1	1
×	1	×	×	×	1	1	1	1	1	1	1	1
1	0	0	0	0	0	1	1	1	1	1	1	1
1	0	0	0	1	1	0	1	1	1	1	1	1
1	0	0	1	0	1	1	0	1	1	1	1	1
1	0	0	1	1	1	1	1	0	1	1	1	1
1	0	1	0	0	1	1	1	1	0	1	1	1
1	0	1	0	1	1	1	1	1	1	0	1	1
1	0	1	1	0	1	1	1	1	1	1	0	1
1	0	1	1	1	1	1	1	1	1	1	1	0

（2）二-十进制译码器

将四位二进制代码翻译成对应的一位十进制数字的电路，称为二-十进制译码器。图 4.37 为集成 8421 BCD 码译码器 74LS42 的符号图。它有 4 个输入端，输入为 8421 BCD 码，有 10 个输出端，所以又称为 4 线-10 线译码器。其真值表如表 4.21 所示。

表 4.21　74LS42 真值表

序号	输入				输出									
	A_3	A_2	A_1	A_0	$\overline{Y}_0$	$\overline{Y}_1$	$\overline{Y}_2$	$\overline{Y}_3$	$\overline{Y}_4$	$\overline{Y}_5$	$\overline{Y}_6$	$\overline{Y}_7$	$\overline{Y}_8$	$\overline{Y}_9$
0	0	0	0	0	0	1	1	1	1	1	1	1	1	1
1	0	0	0	1	1	0	1	1	1	1	1	1	1	1
2	0	0	1	0	1	1	0	1	1	1	1	1	1	1
3	0	0	1	1	1	1	1	0	1	1	1	1	1	1

续表

序号	输入				输出									
	A_3	A_2	A_1	A_0	$\overline{Y_0}$	$\overline{Y_1}$	$\overline{Y_2}$	$\overline{Y_3}$	$\overline{Y_4}$	$\overline{Y_5}$	$\overline{Y_6}$	$\overline{Y_7}$	$\overline{Y_8}$	$\overline{Y_9}$
4	0	1	0	0	1	1	1	1	0	1	1	1	1	1
5	0	1	0	1	1	1	1	1	1	0	1	1	1	1
6	0	1	1	0	1	1	1	1	1	1	0	1	1	1
7	0	1	1	1	1	1	1	1	1	1	1	0	1	1
8	1	0	0	0	1	1	1	1	1	1	1	1	0	1
9	1	0	0	1	1	1	1	1	1	1	1	1	1	0
伪码	1	0	1	0	1	1	1	1	1	1	1	1	1	1
	1	0	1	1	1	1	1	1	1	1	1	1	1	1
	1	1	0	0	1	1	1	1	1	1	1	1	1	1
	1	1	0	1	1	1	1	1	1	1	1	1	1	1
	1	1	1	0	1	1	1	1	1	1	1	1	1	1
	1	1	1	1	1	1	1	1	1	1	1	1	1	1

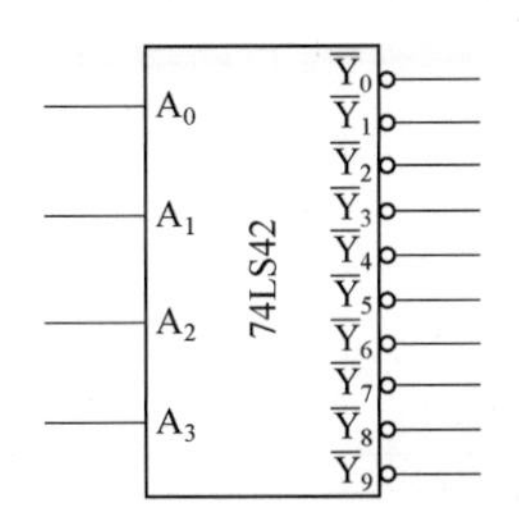

图 4.37　74LS42 的符号图

（3）显示译码器

专门用来驱动数码显示器件工作的译码器称为显示译码器。比较常见的数码显示器件是分段式七段数字显示器。七段数字显示器主要有半导体显示器（LED）、液晶显示器（LCD）等。半导体七段数字显示器如图 4.38（a）所示，它有 a、b、c、d、e、f、g 七个发光段（h 作小数点），根据需要让其中的某些段发光，即可显示数字 0～9。按内部连接方式不同，半导体七段数字显示器分为共阴极和共阳极两种，如图 4.38（b）、（c）所示。

显示译码器

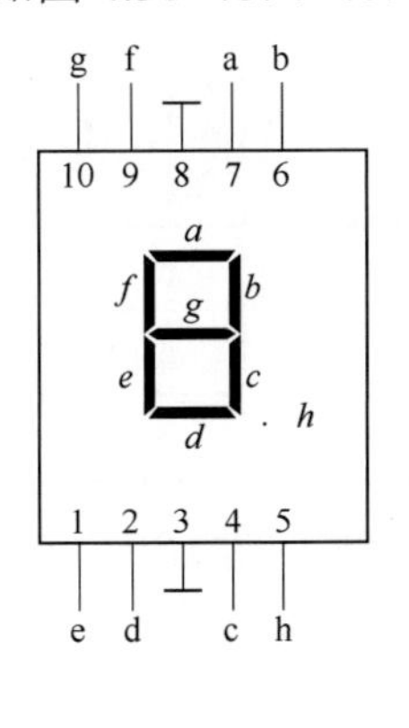

(a) 引脚排列图

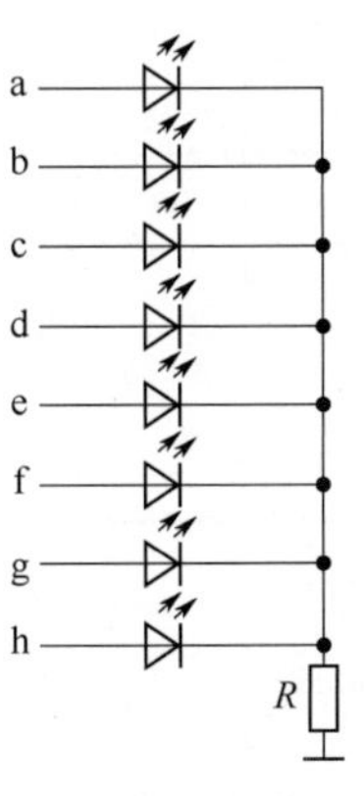

(b) 共阴极接法

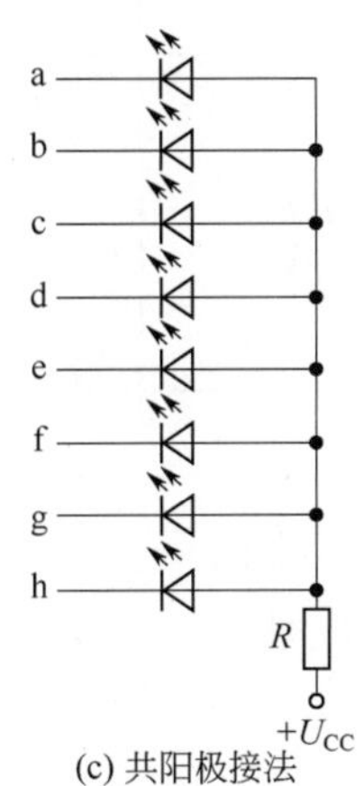

(c) 共阳极接法

图 4.38　半导体七段数字显示器

图 4.39 所示为 CC14547（CMOS 电路）译码器。A、B、C、D 为输入端，输入码为 8421BCD 码，$\overline{BI}$ 为消隐控制端，Y_a～Y_g 为输出端，高电平有效。其功能见表 4.22 所示。当 $\overline{BI}$=0 时，输出 Y_a～Y_g 都为低电平，显示器不显示；当 $\overline{BI}$=1 时，译码器工作。

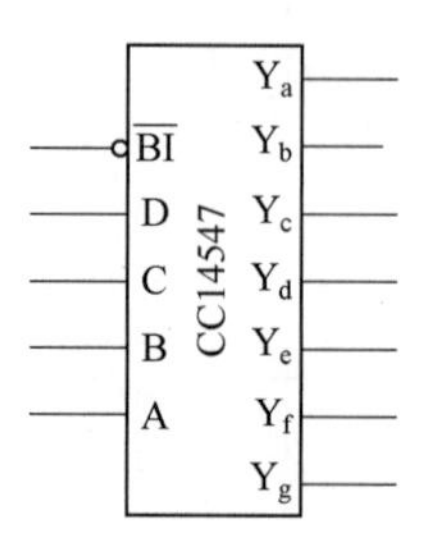

图 4.39　CC14547 译码器

表 4.22　CC14547 功能表

输入					输出							显示
$\overline{BI}$	D	C	B	A	Y_a	Y_b	Y_c	Y_d	Y_e	Y_f	Y_g	
0	×	×	×	×	0	0	0	0	0	0	0	消隐
1	0	0	0	0	1	1	1	1	1	1	0	0
1	0	0	0	1	0	1	1	0	0	0	0	1
1	0	0	1	0	1	1	0	1	1	0	1	2
1	0	0	1	1	1	1	1	1	0	0	1	3
1	0	1	0	0	0	1	1	0	0	1	1	4
1	0	1	0	1	1	0	1	1	0	1	1	5
1	0	1	1	0	0	0	1	1	1	1	1	6
1	0	1	1	1	1	1	1	0	0	0	0	7
1	1	0	0	0	1	1	1	1	1	1	1	8
1	1	0	0	1	1	1	1	0	0	1	1	9
1	1	0	1	0	0	0	0	0	0	0	0	消隐
1	1	0	1	1	0	0	0	0	0	0	0	消隐
1	1	1	0	0	0	0	0	0	0	0	0	消隐
1	1	1	0	1	0	0	0	0	0	0	0	消隐
1	1	1	1	0	0	0	0	0	0	0	0	消隐
1	1	1	1	1	0	0	0	0	0	0	0	消隐

由于译码器的每个输出端分别与一个最小项相对应，因此辅以适当的门电路，便可实现一定数目下的任意组合逻辑函数。例如用译码器和门电路实现逻辑函数：

$$Y = AB + BC + A\bar{B}C$$

先将逻辑函数转换成最小项表达式，再转换成与非形式：

$$Y = \overline{A}BC + A\overline{B}C + AB\overline{C} + ABC = \overline{\overline{Y_3} \cdot \overline{Y_5} \cdot \overline{Y_6} \cdot \overline{Y_7}}$$

该函数有三个变量，所以选用 3 线-8 线译码器 74LS138。用一片 74LS138 加一个与非门就可实现逻辑函数 Y，如图 4.40 所示。

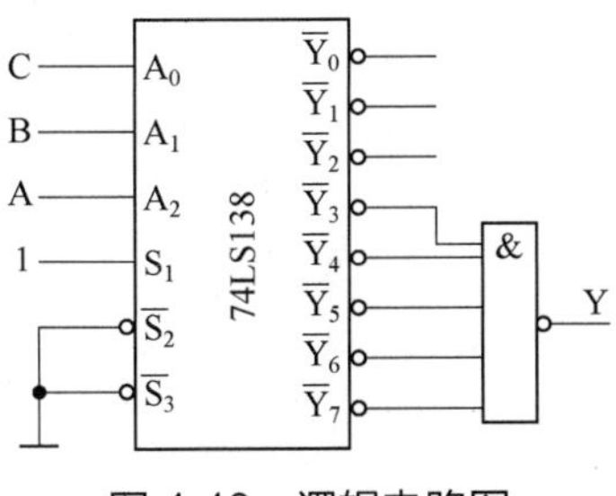

图 4.40　逻辑电路图

用两块 74LS138 可以扩展为 4 线-16 线译码器，电路如图 4.41 所示。当 A_3 =0 时，低位片 74LS138(1)工作，对输入 A_3、A_2、A_1、A_0 进行译码，还原出 $\overline{Y_0}$～$\overline{Y_7}$，高位片禁止工作；当 A_3=1 时，高位片 74LS138(2)工作，还原出 $\overline{Y_8}$～$\overline{Y_{15}}$，而低位片禁止工作。

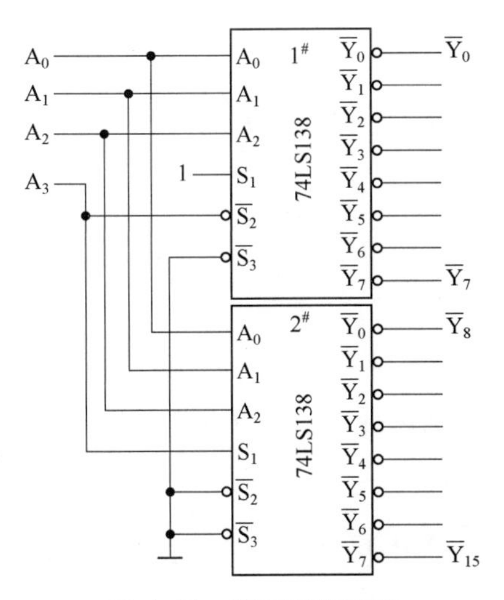

图 4.41　译码器的扩展

4. 数据选择器与数据分配器

数据选择器与数据分配器

数据选择器是一种多输入、单输出的组合逻辑电路，它能在选择控制信号作用下从多个输入数据中选择一个送至输出端，也称为多路选择器或多路开关。其工作原理可用一个单刀多掷开关来描述，如图 4.42 所示，其作用是将输入并行数据变为串行数据输出。目前中规模集成数据选择器种类繁多，按照数据输入端可分为四选一、八选一、十六选一等形式。图 4.43 为八选一数据选择器 74LS151 的符号图，表 4.23 为其功能表。其中 D_0～D_7 为数据输入端；A_0～A_2 是地址信号输入端；$\overline{ST}$ 为使能端，低电平有效；Y 和 $\overline{Y}$ 为互补数据输出端。根据 74LS151 功能表可得出其逻辑功能。

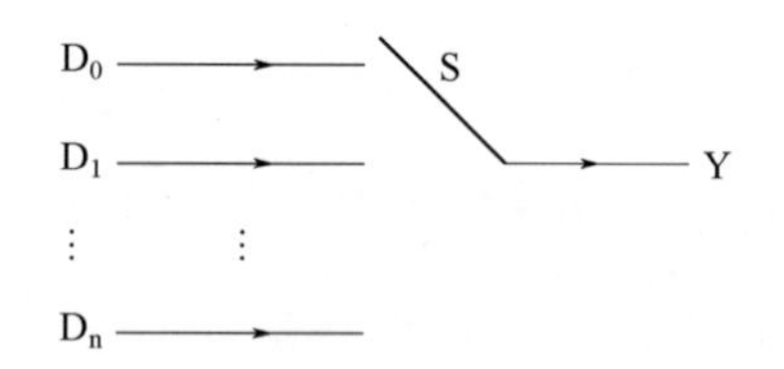

图 4.42　数据选择器原理描述

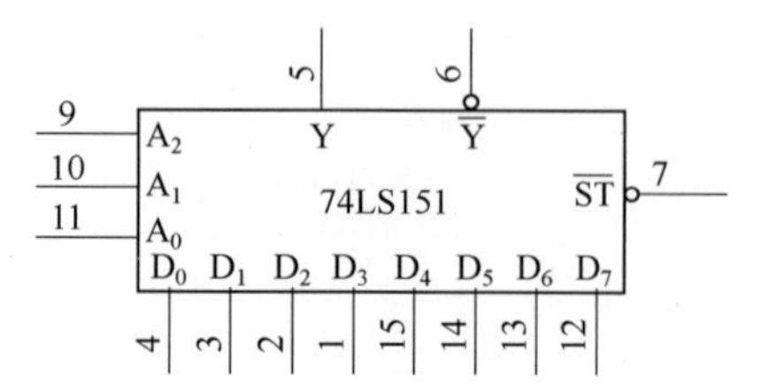

图 4.43　74LS151 的符号图

表 4.23　74LS151 功能表

输入					输出	
$\overline{ST}$	D	A_2	A_1	A_0	Y	$\overline{Y}$
1	×	×	×	×	0	1
0	D_0	0	0	0	D_0	$\overline{D}_0$
0	D_1	0	0	1	D_1	$\overline{D}_1$
0	D_2	0	1	0	D_2	$\overline{D}_2$
0	D_3	0	1	1	D_3	$\overline{D}_3$
0	D_4	1	0	0	D_4	$\overline{D}_4$
0	D_5	1	0	1	D_5	$\overline{D}_5$
0	D_6	1	1	0	D_6	$\overline{D}_6$
0	D_7	1	1	1	D_7	$\overline{D}_7$

当 $\overline{ST}=1$ 时，输出 Y=0，数据选择器不工作；

当 $\overline{ST}=0$ 时，数据选择器工作，此时有：

$$Y=\overline{A}_2\overline{A}_1\overline{A}_0D_0+\overline{A}_2\overline{A}_1A_0D_1+\overline{A}_2A_1\overline{A}_0D_2+\overline{A}_2A_1A_0D_3+A_2\overline{A}_1\overline{A}_0D_4+$$
$$A_2\overline{A}_1A_0D_5+A_2A_1\overline{A}_0D_6+A_2A_1A_0D_7$$

若令 $D_0=D_1=D_2=\cdots=D_7=1$，则上式变为：

$$Y=\overline{A}_2\overline{A}_1\overline{A}_0+\overline{A}_2\overline{A}_1A_0+\overline{A}_2A_1\overline{A}_0+\overline{A}_2A_1A_0+A_2\overline{A}_1\overline{A}_0+$$
$$A_2\overline{A}_1A_0+A_2A_1\overline{A}_0+A_2A_1A_0$$

即输出 Y 为地址输入变量全体最小项的和。由于任何一个逻辑函数都可写成最小项之和的形式，所以，用数据选择器可以很方便地实现逻辑函数。当 Y 不含相应的最小项时，相应的 $D_i=0$，当 Y 含相应的最小项时，相应的 $D_i=1$。

例如用 74LS151 实现逻辑函数 $Y=AB+AC$，令 $A=A_2$，$B=A_1$，$C=A_0$，先将 Y 写成最小项之和的形式：

笔记

$$Y = AB(C+\overline{C})+AC(B+\overline{B})$$
$$=ABC+AB\overline{C}+A\overline{B}C$$

然后与 74LS151 的输出表达式比较得：

$$D_5 = D_6 = D_7 = 1，D_0 = D_1 = D_2 = D_3 = D_4 = 0$$

即得到给定的逻辑函数，逻辑电路如图 4.44 所示。

数据分配是数据选择的逆过程。在选择控制信号作用下，将一路输入信息送至多个输出端中的指定输出通道上进行传输的电路，称为数据分配器。它是一种单输入、多输出的组合逻辑电路。其工作原理可用图 4.45 描述，作用是将串行数据输入变为并行数据输出。

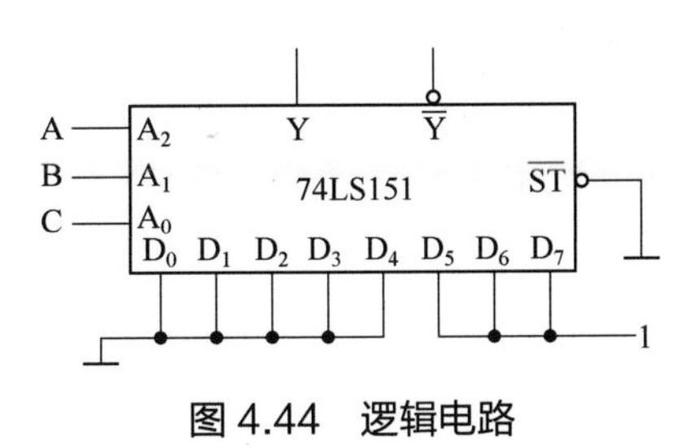

图 4.44　逻辑电路

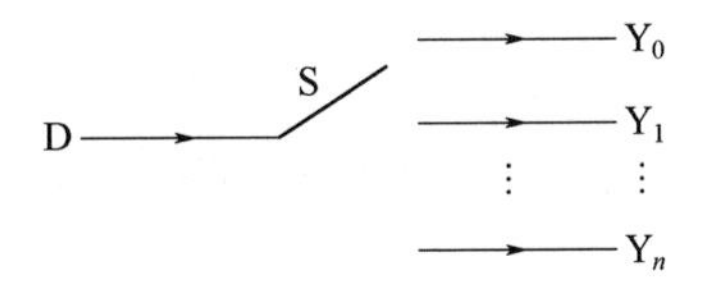

图 4.45　数据分配器原理

如将译码器的使能端作为数据输入端，二进制代码输入端作为地址信号输入端使用，则译码器便成为一个数据分配器。

5. 数值比较器

用于比较两个二进制数大小的电路，称为数值比较器。

数值比较器

一位数值比较器前面已经介绍过了，这里介绍四位数值比较器 CC14585，它的功能表如表 4.24 所示。

表 4.24　CC14585 功能表

比较输入				级联输入			输出		
A_3与B_3	A_2与B_2	A_1与B_1	A_0与B_0	$I_{(A>B)}$	$I_{(A<B)}$	$I_{(A=B)}$	A>B	A<B	A=B
$A_3>B_3$	×	×	×	×	×	×	1	0	0
$A_3<B_3$	×	×	×	×	×	×	0	1	0
$A_3=B_3$	$A_2>B_2$	×	×	×	×	×	1	0	0
$A_3=B_3$	$A_2<B_2$	×	×	×	×	×	0	1	0
$A_3=B_3$	$A_2=B_2$	$A_1>B_1$	×	×	×	×	1	0	0
$A_3=B_3$	$A_2=B_2$	$A_1<B_1$	×	×	×	×	0	1	0

续表

比较输入				级联输入			输出		
A_3与B_3	A_2与B_2	A_1与B_1	A_0与B_0	$I_{(A>B)}$	$I_{(A<B)}$	$I_{(A=B)}$	A>B	A<B	A=B
$A_3=B_3$	$A_2=B_2$	$A_1=B_1$	$A_0>B_0$	×	×	×	1	0	0
$A_3=B_3$	$A_2=B_2$	$A_1=B_1$	$A_0<B_0$	×	×	×	0	1	0
$A_3=B_3$	$A_2=B_2$	$A_1=B_1$	$A_0=B_0$	1	0	0	1	0	0
$A_3=B_3$	$A_2=B_2$	$A_1=B_1$	$A_0=B_0$	1	1	0	0	1	0
$A_3=B_3$	$A_2=B_2$	$A_1=B_1$	$A_0=B_0$	1	0	1	0	0	1

由表 4.24 可知：只比较两个四位二进制数时，将扩展端$I_{(A<B)}$接低电平，$I_{(A>B)}$和$I_{(A=B)}$接高电平；若比较两个四位以上八位以下的二进制数时，则按图 4.46 所示连接。

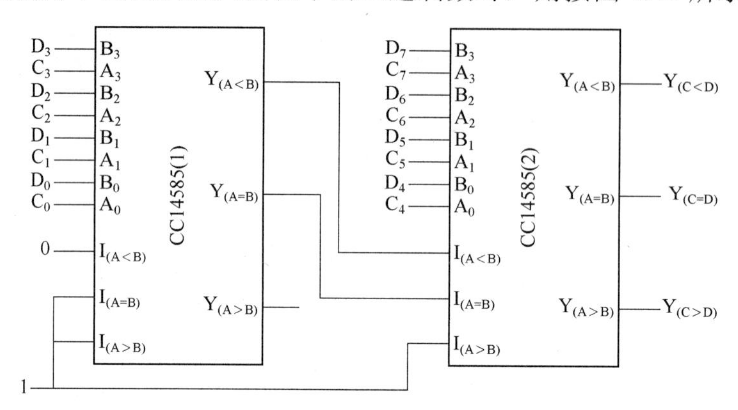

图 4.46　四位数值比较器的电路连接

任务实施

（1）设计四变量表决电路

用与非门设计一个四变量表决电路，当 A、B、C、D 有 3 个或 3 个以上为 1 时，输出为 Y=1，其他状态时 Y=0。

具体实施步骤如下：

第一步：根据任务要求列真值表，如表 4.25 所示。

表 4.25　真值表

输入				输出
A	B	C	D	Y
0	0	0	0	0
0	0	0	1	0
0	0	1	0	0
0	0	1	1	0
0	1	0	0	0
0	1	0	1	0

笔记

续表

输入				输出
A	B	C	D	Y
0	1	1	0	0
0	1	1	1	1
1	0	0	0	0
1	0	0	1	0
1	0	1	0	0
1	0	1	1	1
1	1	0	0	0
1	1	0	1	1
1	1	1	0	1
1	1	1	1	1

第二步：根据真值表写出逻辑表达式，并化简，转换得

$$
\begin{aligned}
Y &= \overline{A}BCD + A\overline{B}CD + AB\overline{C}D + ABC\overline{D} + ABCD \\
&= BCD + ACD + ABD + ABC \\
&= \overline{\overline{BCD} \cdot \overline{ACD} \cdot \overline{ABD} \cdot \overline{ABC}}
\end{aligned}
$$

第三步：根据转换后的逻辑表达式画出逻辑电路图，如图 4.47 所示。

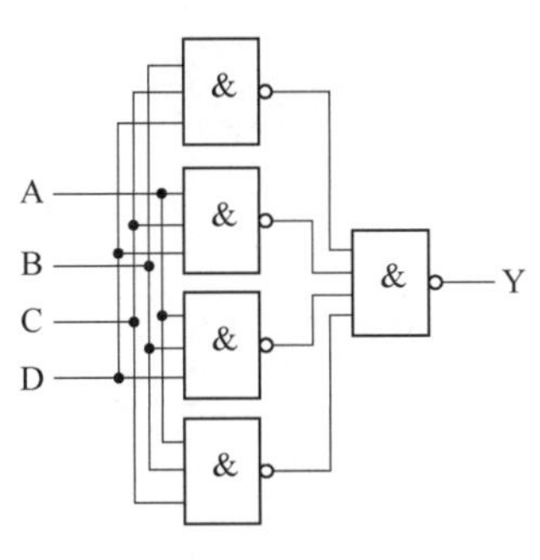

图 4.47　逻辑电路图

（2）用 74LS151 实现逻辑函数 $Y = \overline{A}C + B\overline{C}$

第一步：令 $A=A_2$，$B=A_1$，$C=A_0$，先将 Y 写成最小项之和的形式：

$$
\begin{aligned}
Y &= \overline{A}C\left(B + \overline{B}\right) + B\overline{C}\left(A + \overline{A}\right) \\
&= \overline{A}BC + \overline{A}\overline{B}C + AB\overline{C} + \overline{A}B\overline{C}
\end{aligned}
$$

第二步：然后与 74LS151 的输出表达式比较，得：

$$D_1=D_2=D_3=D_6=1$$

$$D_0 = D_4 = D_5 = D_7 = 0$$

即得给定的逻辑函数。图 4.48 为对应的接线图。

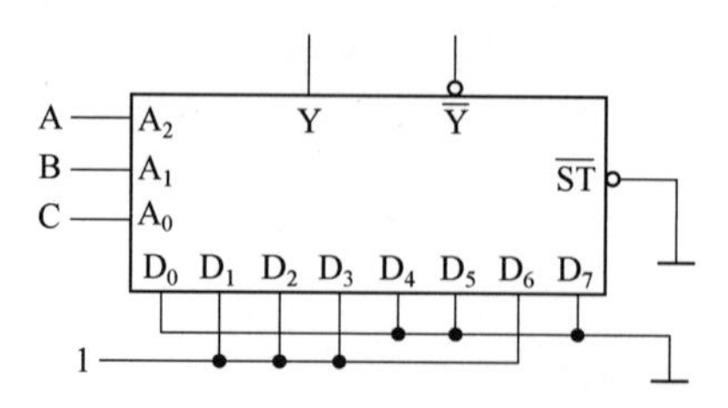

图 4.48　74LS151 实现逻辑函数接线图

任务自测

任务自测 4.4

微学习

微学习 4.4

任务五　组装、调试与故障排除

任务描述

逻辑测试笔组装调试

按图 4.49 所示原理图设计并组装一批逻辑测试笔，要求能实现高低电平及高电阻的测试功能。

任务分析

要完成此任务，首先要能分析逻辑测试笔的原理、参数、工艺要求等方面内容；然后可根据手头元器件情况，设计印制电路板，用红绿软线制作电源线（接 5V 电源），将电路组装好后再进行参数测试、调整以及故障排除。

笔记

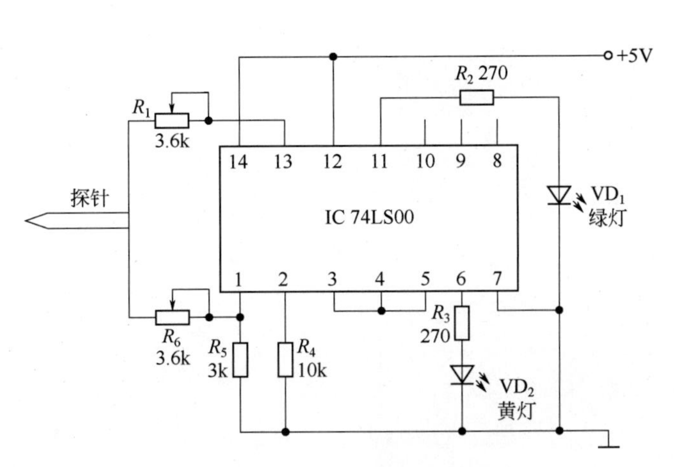

图 4.49　逻辑测试笔电路原理图

知识准备

图 4.49 中 IC(74LS00)为 4-2 输入与非门，一组与非门（11、12、13 脚）作低电平测量；两组与非门（①～⑥脚）作高电平测量。R_1 为低电平上限调节电阻，VD_1（绿灯）为低电平指示。R_6 为高电平下限调节电阻，VD_2（黄灯）为高电平指示。图 4.50 为 74LS00 芯片引脚图。

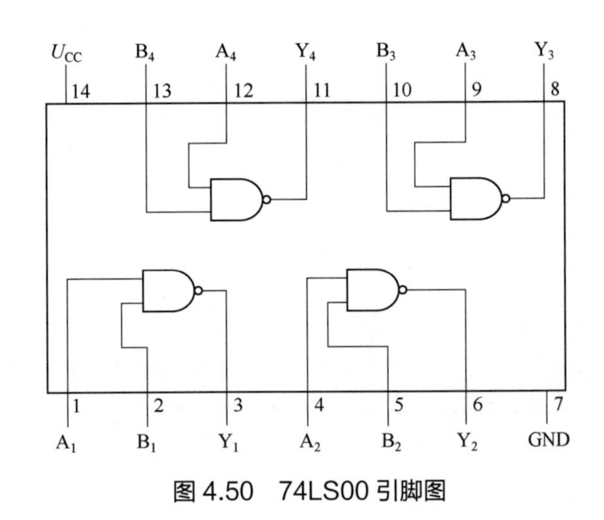

图 4.50　74LS00 引脚图

任务实施

一、工具和器件准备

主要包括：5V 电源，万用表，三脚电位器，4LS00 芯片，发光二极管，调节电阻，探针，面包板，导线，焊接工具，镊子，剪刀，螺钉旋具。

图 4.51 所示为三脚电位器，可使用万用表测试辨别其 1、2、3 引脚。图 4.52 所示为面包板，每一条金属片插入一个塑料槽，在同一个槽的插孔相通，不同槽的插孔不通。

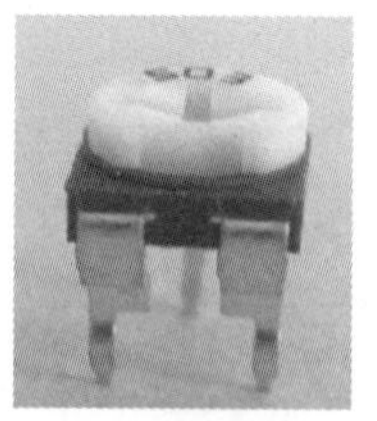

(a) 外形

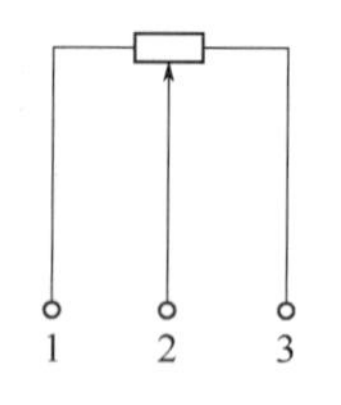

(b) 内部引脚结构

图 4.51　三脚电位器

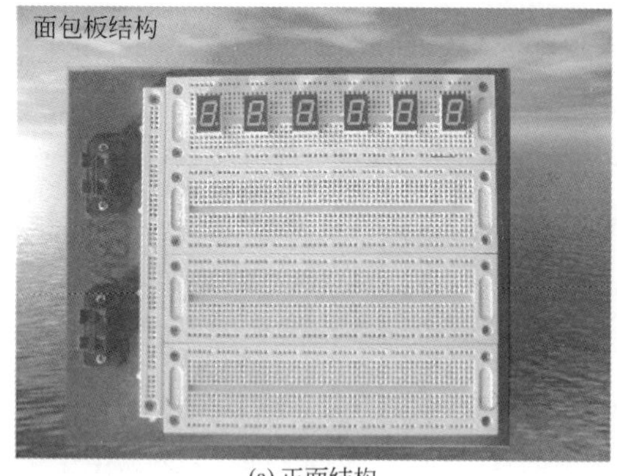

(a) 正面结构

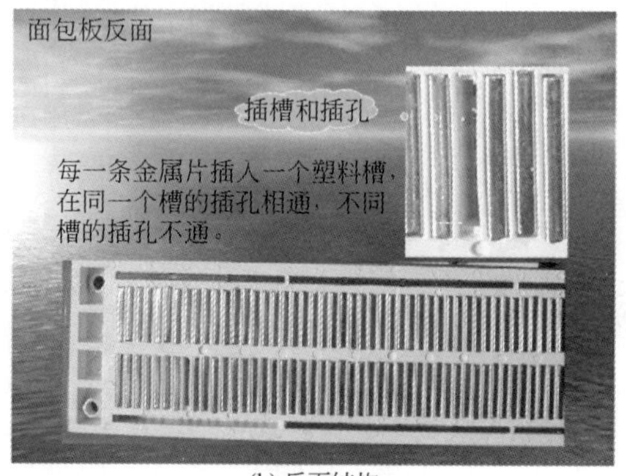

(b) 反面结构

图 4.52　面包板

二、组装与调试

对照原理图，将准备好的元器件插入面包板槽孔中，注意引脚先要根据槽孔间距调节位置，将集成块小心插入金属孔中，不然会引起接触不良，而且会使铜片偏移，如图 4.53（a）所示。

根据原理图，将需要连通的引脚进行连线，注意要横平竖直，连线长度要合适，先折线再插槽孔，如图 4.53（b）所示。

(a) 插装

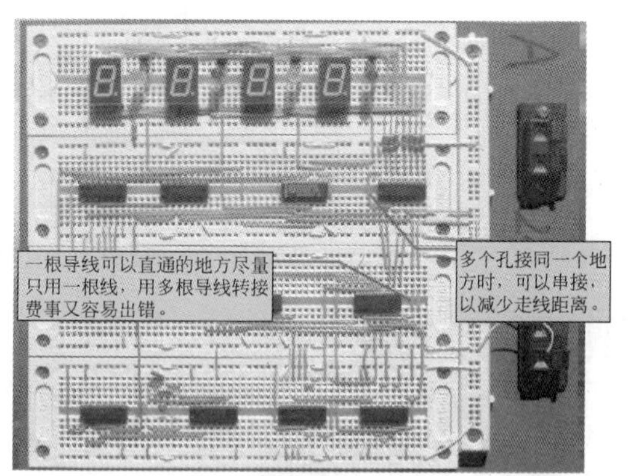

(b) 连线样板

图 4.53　元器件插装与连线

将电位器（1kΩ）和装好的逻辑笔并联在待测设备的 5V 电源上（通过逻辑笔和电位器的电流约 10mA，对设备没有影响），再将逻辑笔探针与电位器滑动臂连接。先将电位器动点旋到 0.6V 的地方，调 R_1 使 VD_1 刚好熄灭，再调电位器使动点电位升高，让 VD_1 熄灭而 VD_2 不

笔记

亮。继续升高动点电位，黄灯会在某一高电位处发亮，再将动点电位停留在 2.2V 处，调 R_6 使 VD_2 刚好发亮。到此逻辑笔已调好，可用来进行逻辑测试：绿灯（VD_1）亮为低电平（0.7V 以下）；黄灯（VD_2）亮为高电平（2.1V 以上）；两灯均不亮为高阻抗。

三、逻辑测试笔的故障排除

调试中常见的故障因素有以下几种：

① 实际制作的电路与原电路图不符；

② 元器件使用不当；

③ 元器件参数不匹配；

④ 误操作等。

故障的查找步骤如下：

① 先检查用于测量的仪器是否使用得当；

② 检查安装的电路是否与原电路一致；

③ 检查电源电压是否正常；

④ 检查电阻、发光二极管、探针等元器件是否正常。

以上方法对一般电子电路都适用。只有通过不断积累经验，才可以迅速、准确地找出故障。

四、成果展示与评估

作品制作、调试完成以后，每个小组派代表对本组制作的作品进行展示。展示过程为：先用 PPT 课件进行制作情况介绍，时间通常控制在 5～8min 之内，其他同学可进行补充介绍。然后用已制作好的逻辑测试笔测已知电平的电路，以检验其效果。接着小组之间进行质疑，并当场解答其他组学生的提问和疑问。最后，由指导教师进行点评、小结。

以小组为单位进行自我评价。每个组员必须陈述自己在任务完成过程中所做的贡献或起的作用、体会与收获，并递交不少于 500 字的书面报告。小组长根据组员自我评价及作品完成过程中实际工作情况给组员评分。评价内容及标准见表 4.26。

表 4.26　评价内容及标准

类别	评价内容	权重/%	得分
学习态度（30 分）	出满勤（缺勤扣 6 分/次，迟到、早退扣 3 分/次）	30	
	积极主动完成制作任务，态度好	30	
	提交 500 字的书面报告，报告语句通顺，描述正确	20	
	团队协作精神好	20	
电路安装与调试（60 分）	熟悉逻辑测试笔的工作原理	10	
	会判断元器件好坏	10	
	电路元器件安装正确、美观	30	
	会对电路进行调试	30	
	作品达到预期效果	20	
完成报告（10 分）	报告规范，内容正确，2000 字以上	50	
	字迹工整，图文并茂	50	
总分			

项目综合测试

项目综合测试 4

微学习

微学习 4.5

项目五 多路抢答器电路的组装、调试与故障排除

学习目标

① 素养目标：培养严谨细致的工作作风，培养实事求是、精益求精的科学精神；提高新技术、新标准、新工艺获取及应用能力；强化团队合作精神，提高人际沟通协调能力及创新能力。

② 知识目标：认知触发器、555定时器的电路组成与功能特点，了解触发器、定时器的工作原理；掌握时序逻辑电路分析步骤和多路抢答器的电路组成；熟知D/A和A/D转换作用。

③ 技能目标：会分析触发器和555定时器的基本电路，会识读一般的时序逻辑电路；能看懂多路抢答器的组成电路，并能说出其基本工作原理；会按电路图组装多路抢答器，并能进行检测和排除故障。

任务一 触发器的认知

任务描述

给定一个已知触发器电路，能识读并分析其功能特点及工作原理。

任务分析

要能分析触发器电路，首先需要认知触发器电路的基本结构及工作原理与特性，在此基础上才能完成上述任务。

知识准备

一、触发器的定义和分类

触发器是一基本的逻辑单元，它在某一时刻的输出状态（称为次态）不仅取决于输入信号，还与其原状态（称为现态）有关。它有两个稳定状态，即 0 态和 1 态，在一定的外界输入信号作用下，触发器从一个稳定状态转到另一个稳定状态，在输入信号消失后，能将新的电路状态保存下来。在数字电路中，触发器是构成计数器、寄存器和移位寄存器等电路的基本单元，也可作为控制逻辑电路使用。触发器的种类很多，从电路功能分，有 RS、JK、D、T、T′五种触发器；从触发器的输入端是否有时钟脉冲 CP，分为有时钟输入的时钟触发器和无时钟输入的基本触发器；从触发方式分，有电平触发器和边沿触发器，边沿触发器抗干扰能力强；从器件导电类型上分，有 TTL 触发器和 CMOS 触发器。

二、基本 RS 触发器

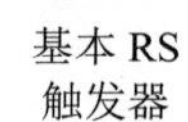
基本 RS 触发器

把两个或非门的输入输出端交叉连接，即可构成基本 RS 触发器，其电路结构及逻辑符号如图 5.1 所示。正常工作时两个输出端 Q 和 $\overline{Q}$ 应保持相反。功能表如表 5.1 所示。

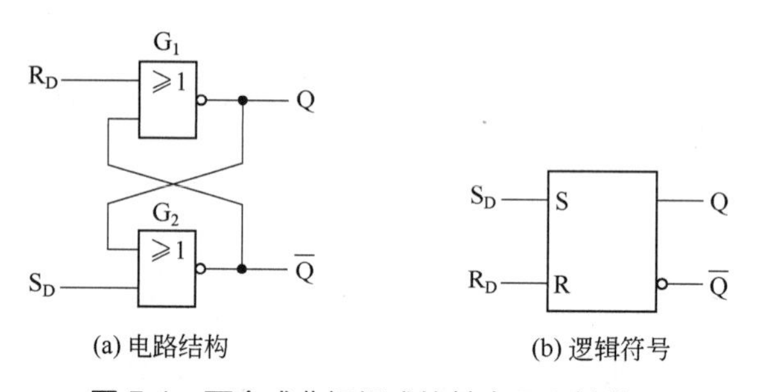

(a) 电路结构　　(b) 逻辑符号

图 5.1　两个或非门组成的基本 RS 触发器

表 5.1　两个或非门组成的基本 RS 触发器的功能表

R	S	Q
1	0	0
0	1	1
0	0	不变
1	1	不定

此外还可以用两个与非门的输入输出端交叉连接构成基本 RS 触发器，如图 5.2 所示。

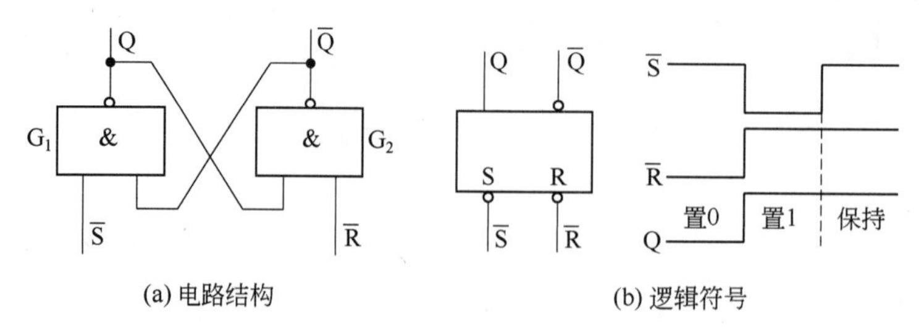

(a) 电路结构　　(b) 逻辑符号

图 5.2　两个与非门构成的基本 RS 触发器

根据逻辑表达式可得出触发器的功能表，如表 5.2 所示。

笔记

表 5.2　两个与非门组成的基本 RS 触发器的功能表

$\overline{R}$	$\overline{S}$	Q
0	1	0
1	0	1
1	1	不变
0	0	不定

可以看到这种触发器的触发信号是低电平有效，因此在逻辑符号的方框外侧的输入端处添加小圆圈作为标志。

上述所讲的基本 RS 触发器，没有时钟控制信号，因此输出状态没有一个统一的节拍控制。在实际应用中往往要求触发器按一定的节拍动作，因此在触发器的输入端加入一时钟脉冲信号（CP）引脚，构成同步 RS 触发器，其电路结构及逻辑符号如图 5.3 所示，输入 R、S 信号要经过门 G_3 和 G_4 传递，而这两个门同时受 CP 信号控制。当 CP 为 0 时，G_3 和 G_4 被封锁，R、S 不影响触发器的状态，当 CP 为 1 时，G_3 和 G_4 打开，将 R、S 端信号送到基本 RS 触发器的输入端，使触发器有所动作。同步触发器功能表如表 5.3 所示。

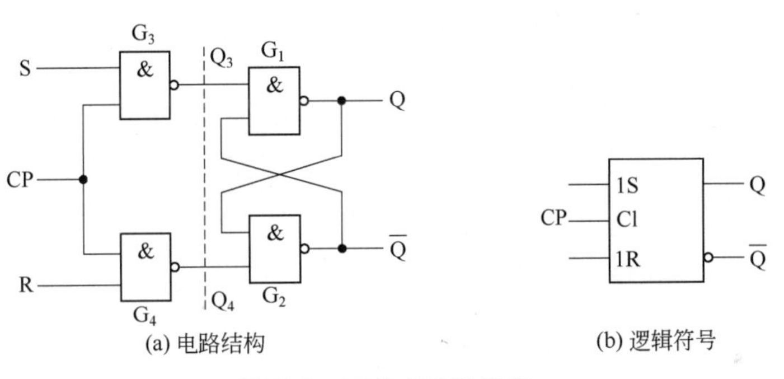

(a) 电路结构　　(b) 逻辑符号

图 5.3　同步 RS 触发器

表 5.3　同步 RS 触发器功能表

R	S	Q^n	Q^{n+1}
0	0	0	0
		1	1
0	1	0	1
		1	1
1	0	0	0
		1	0
1	1	0	不定
		1	不定

同步 RS 触发器特性方程：

$$\begin{cases} Q^{n+1} = S + \overline{R}Q^n \\ RS = 0 \quad (\text{约束方程}) \end{cases}$$

式中，约束方程是指 R、S 不能同时为 1，否则触发器处于不定状态，应当避免。

为了克服同步 RS 触发器在 $R = S = 1$ 时出现不定状态，可以将触发器输出端的状态反馈到输入端，构成同步 JK 触发器（见图 5.4），这样 G_3 和 G_4 的输出不会同时出现 0，从而避免了不定状态的出现。同步 JK 触发器的 J、K 端为信号输入端。当 CP=0 时，G_3、G_4 都输出 1，触发器保持原状态不变。

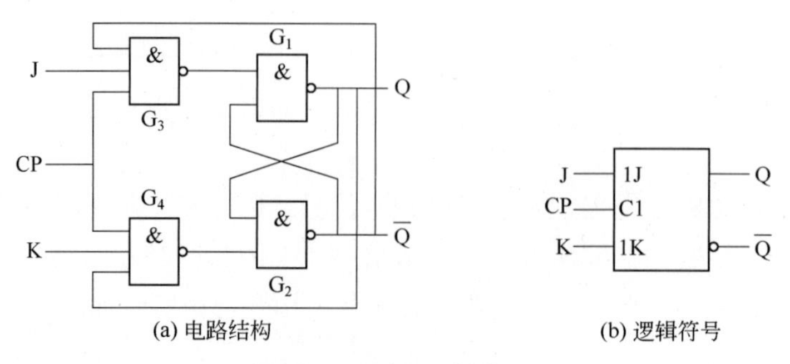

(a) 电路结构　　(b) 逻辑符号

图 5.4　同步 JK 触发器

当 CP=1 时，G_3、G_4 解除封锁，输入 J、K 端的信号可控制触发器的状态：当 J=K=0 时，G_3 和 G_4 都输出 1，触发器保持原状态不变，即 $Q^{n+1} = Q^n$；当 J=1、K=0 时，不论触发器原来处于什么状态，则在 CP 由 0 变为 1 后，触发器翻到和 J 相同的 1 状态；当 J=0、K=1 时，在 CP 由 0 变为 1 后，触发器翻到 0 状态，即翻到和 J 相同的 0 状态；当 J=K=1 时，每输入一个时钟脉冲 CP，触发器的状态变化一次，电路处于计数状态，这时 $Q^{n+1} = \overline{Q}^n$。同步 JK 触发器特性方程：

$$Q^{n+1} = J\overline{Q}^n + \overline{K}Q^n \text{（CP=1 期间有效）}$$

图 5.5 所示为由与非门构成的同步 RS 触发器的时钟信号和输入信号所对应的 Q 和 $\overline{Q}$ 端的波形，设触发器的初态为 Q=0。

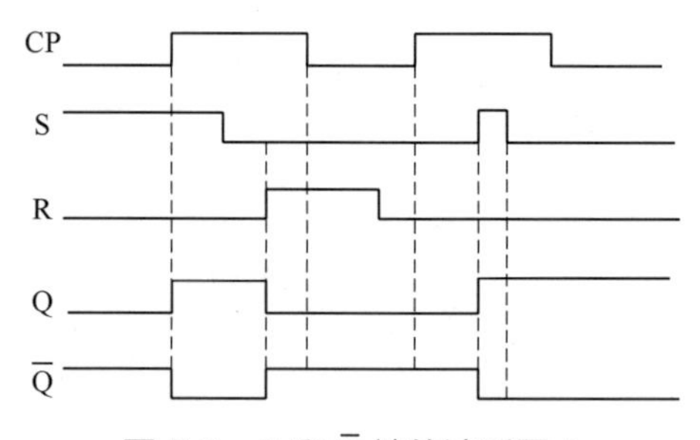

图 5.5　Q 和 $\overline{Q}$ 端的波形图 1

因为这种触发器的翻转是被控制在 CP 为高电平的时间间隔内，而不是在某一时刻，所以一个 CP 周期内，触发器可以发生多次翻转。这种在一个 CP 脉冲期间触发器的输出产生多次翻转或振荡的现象，称作空翻。空翻现象会影响触发器的正常工作，应当避免。

三、主从触发器

1. 主从 RS 触发器

主从 RS 触发器的电路由主触发器和从触发器两部分组成，主、从触发器均是同步 RS 触

笔记

发器，采用双拍工作方式。在 CP=1 时，第一级接收输入信号，称为主触发器，主触发器接收并锁存信息；第二级的输入与第一级的输出相连，称为从触发器。在 CP 下降沿时刻，从触发器按其功能真值表决定输出状态。图 5.6 是由两个同步 RS 触发器构成的主从 RS 触发器，它的主从两级都是同步 RS 触发器，由于非门的作用，两级的时钟脉冲刚好互补。

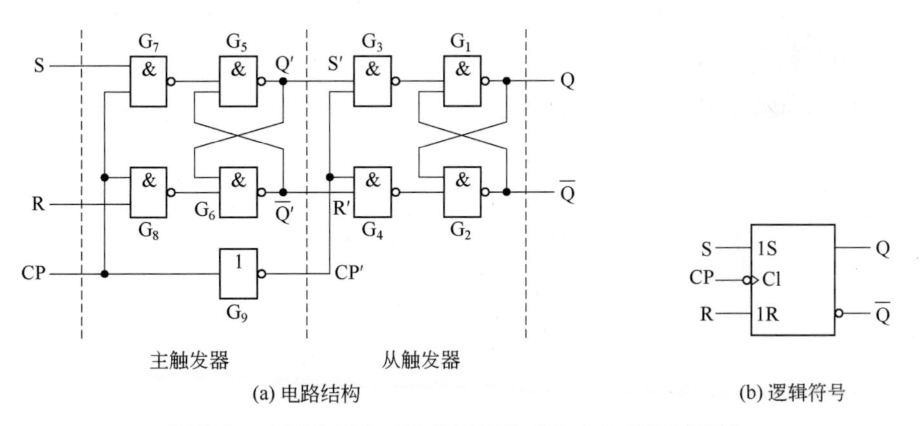

(a) 电路结构　　(b) 逻辑符号

图 5.6　由两个同步 RS 触发器构成的主从 RS 触发器

当 CP =1 时，主触发器的输入门 G_7 和 G_8 打开，主触发器根据 R、S 的状态触发翻转；由于 G_9 的作用，从触发器的时钟 $CP' = 0$，G_3 和 G_4 封锁，从触发器的状态不受主触发器影响，保持不变。

当 CP 由 1 变 0，即时钟脉冲的下降沿到来后，以上情况则发生相反变化，这时 G_7 和 G_8 被封锁，主触发器的状态不受输入信号 R、S 的影响，而 G_3 和 G_4 打开，从触发器可以依据主触发器的输出状态 Q′ 和 $\overline{Q'}$ 触发翻转。值得注意的是，主从 RS 触发器的翻转实际上是在 CP 下降沿的一瞬间完成的，CP 一旦达到 0 后，由于主触发器被封锁，触发器的状态也不可能再改变，其特性方程依然为：

$$\begin{cases} Q^{n+1} = S + \bar{R}Q^n \\ RS = 0 \end{cases}$$

因此，主从 RS 触发器的特点是：CP 高电平期间来自输入端 R、S 的信号引起主触发器翻转，但只有在 CP 下降沿到来瞬间，主触发器的状态才被送到触发器最终的输出端。图 5.7 所示为下降沿翻转的主从 RS 触发器的时钟信号和输入信号以及 Q 和 $\bar{Q}$ 端的波形，设触发器的初态为 Q=0。

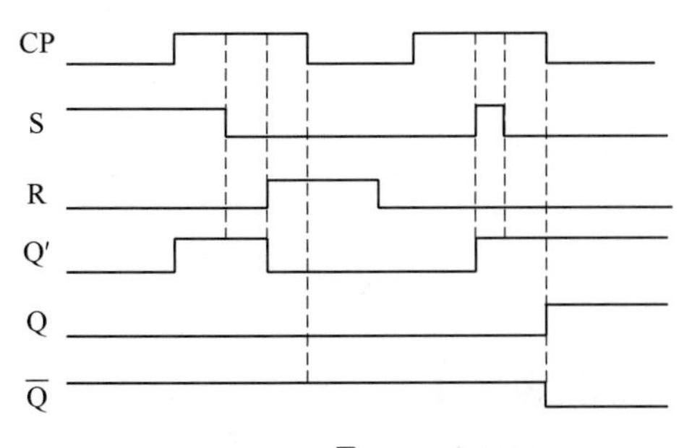

图 5.7　Q 和 $\bar{Q}$ 端的波形图 2

主从 RS 触发器正常工作时，应当在 CP 上升沿前接收输入信号，在 CP 下降沿触发翻转。第一个 CP 上升沿前 S=1，R=0，则第一个 CP 下降沿后，应有 Q=1，第二个 CP 上升沿前 S=0，R=0，则第二个 CP 下降沿后，Q 应保持不变。这说明题中触发器没有按照特性方程正确翻转。我们把这种非正确翻转的现象称为一次变化现象，它是由于在 CP 高电平期间，输入信号 R、S 发生了变化造成的。一次变化现象是主从触发器特有的现象。

2. 主从 JK 触发器

主从 JK 触发器是在 RS 触发器的基础上稍加改变而产生的，它的电路结构及逻辑符号如图 5.8 所示。

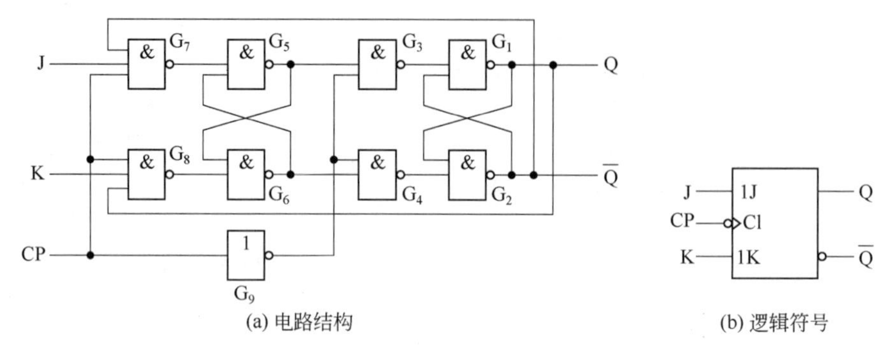

(a) 电路结构　　(b) 逻辑符号

图 5.8　主从 JK 触发器

由电路结构图可知，主从 RS 触发器的输出信号 $\overline{Q}$ 回送到输入端，与输入信号 J 一起送入 G_7，将 Q 也回送到输入端，与输入信号 K 一起送入 G_8，就构成了主从 JK 触发器。与主从 RS 触发器的电路结构图比较可知，$J\overline{Q}$ 相当于 RS 触发器的输入信号 S，KQ 相当于 RS 触发器的输入信号 R。主从 JK 触发器的特性方程：

$$Q^{n+1}=J\overline{Q}^n+\overline{K}Q^n$$

JK 触发器没有约束条件。由特性方程可以得到 JK 触发器的功能表，如表 5.4 所示。

表 5.4　JK 触发器的功能表

J	K	Q^n	Q^{n+1}	说明
0	0	0	0	输出状态不变
		1	1	
0	1	0	0	输出状态与 J 端相同
		1	0	
1	0	0	1	输出状态与 J 端相同
		1	1	
1	1	0	1	输出状态翻转（与原态相反）
		1	0	

四、边沿触发器

边沿 D 触发器

为了克服同步触发器的空翻现象以及主从触发器的一次翻转现象，提高触发器抗干扰能力和工作可靠性，我们使触发器只在时钟脉冲的上升沿或下降沿

笔记

才接收信号，并按输入信号翻转，而在其他时刻保持状态不变，这样的触发器称为边沿触发器。边沿触发器以其较强的抗干扰能力而被广泛使用。

1. 边沿D触发器

图5.9所示为维持-阻塞式边沿D触发器，它是在CP脉冲的上升沿触发的，有较强的抗干能力，其内部结构较复杂，工作原理略。

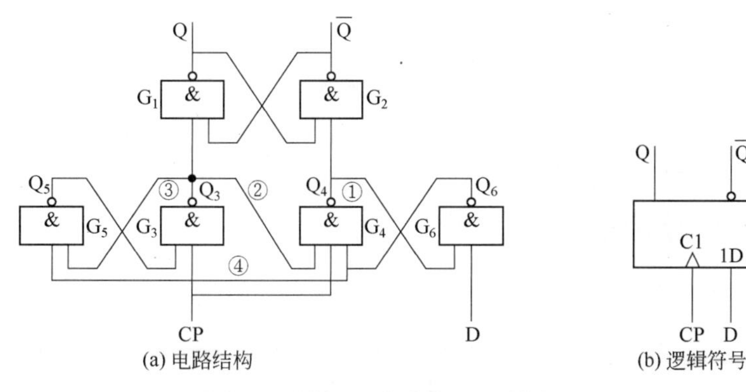

图5.9　维持-阻塞式边沿D触发器

由于这种触发器是在CP上升沿前接收信号，在上升沿触发翻转，在上升沿后输入即被封锁，所以称为边沿触发器；边沿触发器不存在空翻和一次变化现象。维持-阻塞式边沿D触发器的特性方程为$Q^{n+1}=D$。

图5.10所示为某维持-阻塞式D触发器的波形图，在CP的上升沿时刻接收信息并锁存于内部，所以D触发器的新状态仅取决于CP上升沿前瞬时的D信号，与D触发器的原状态Q^n无关。

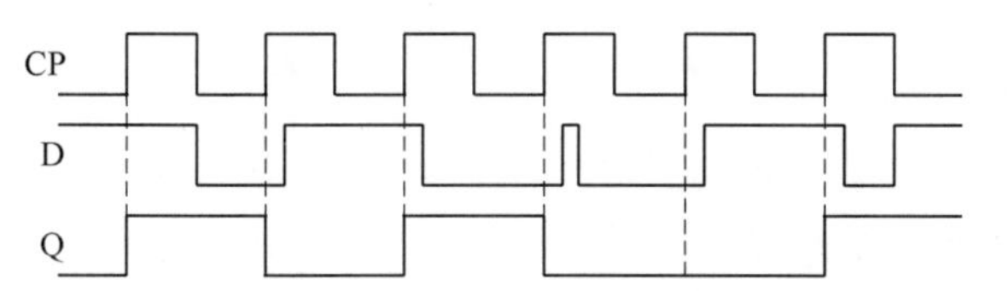

图5.10　某维持-阻塞式D触发器的波形图

74LS74、74LS174等均属于此类触发器。

2. 边沿JK触发器

图5.11为边沿JK触发器的逻辑符号，J、K为信号输入端，其中框内“>”左边加小圆圈“○”，表示CP的下降沿触发。边沿JK触发器的逻辑功能和同步JK触发器的功能相同，因此它们的功能表和特性方程也相同。但边沿JK触发器只有在CP下降沿到达时才有效。波形图如图5.12，Q的初始状态为1，特性方程：

边沿JK触发器

$$Q^{n+1}=J\overline{Q}^n+\overline{K}Q^n$$

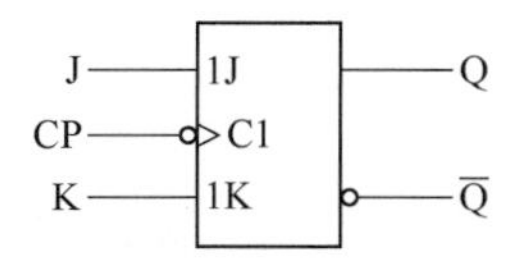

图5.11　边沿JK触发器的逻辑符号

74LS112 属于此类触发器。

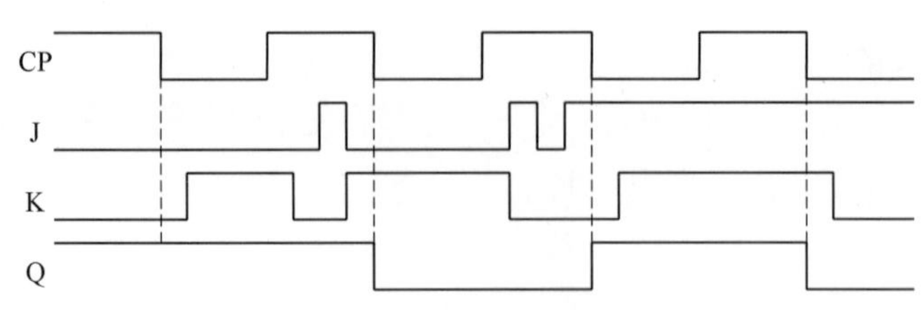

图 5.12　边沿 JK 触发器波形图

边沿 JK 触发器不会出现一次变化现象。

五、触发器的逻辑转换

触发器的逻辑转换

每一种触发器可以通过逻辑转换获得其他功能。例如在 JK 触发器的两个输入端之间加上一个反相器可构成 D 触发器，见图 5.13（a）；把 JK 触发器的两个输入端连在一起作为 T 输入端，即可构成 T 触发器，见图 5.13（b）。如果令 T 触发器的 T=1，则构成 T′ 触发器，如图 5.13（c）所示。

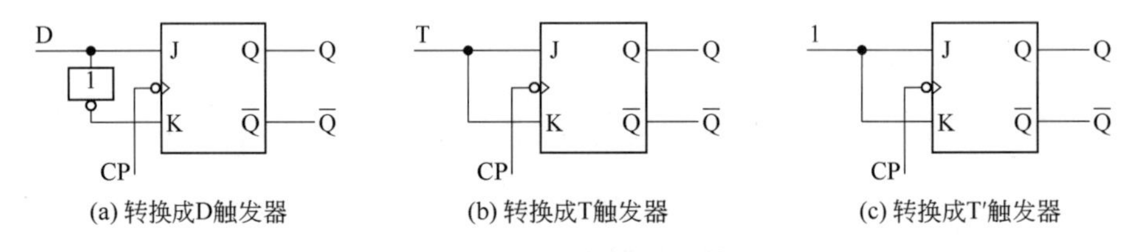

图 5.13　JK 触发器转换

触发器的功能转换可以用公式法，也可以用图解法。例如将主从 JK 触发器转换为主从 D 触发器，待求的 D 触发器特性方程为 $Q^{n+1}=D$，已有的 JK 触发器特性方程为 $Q^{n+1}=J\overline{Q}^n+\overline{K}Q^n$，将上述两式比较，并令两式相等：

$$D=J\overline{Q}^n+\overline{K}Q^n=D(Q^n+\overline{Q}^n)=D\overline{Q}^n+DQ^n$$

所以 J=D，$K=\overline{D}$。

任务实施

① 已知由与非门构成的同步 RS 触发器的时钟信号和输入信号（图 5.14），画出 Q 和 $\overline{Q}$ 端的波形。设触发器的初态为 Q=0。学生分组完成此任务。

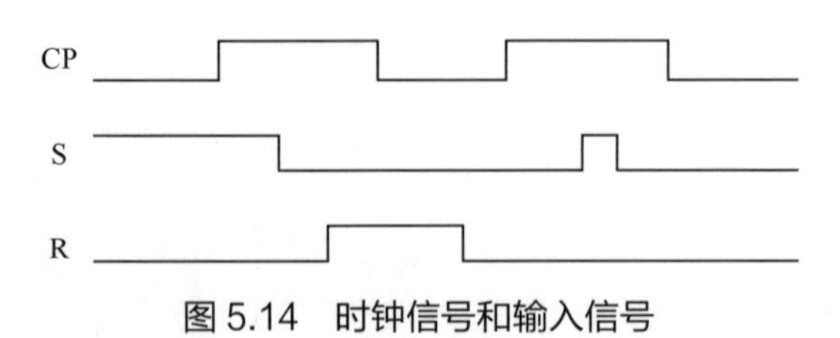

图 5.14　时钟信号和输入信号

在 CP 高电平时，触发器翻转，根据同步 RS 触发器的功能表即可画出 Q 和 $\overline{Q}$ 端的波形，如图 5.15 所示。

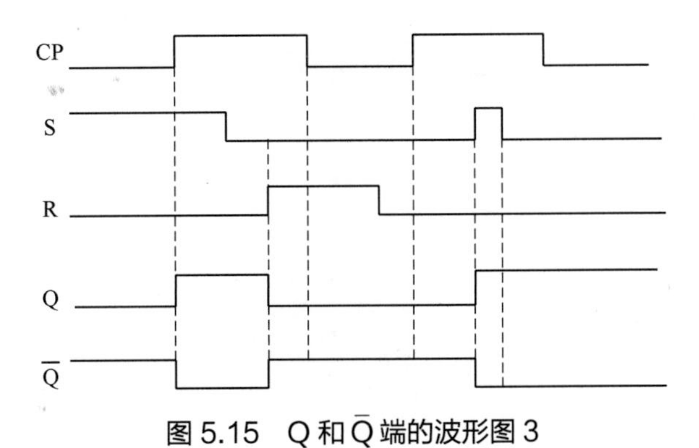

图 5.15　Q 和 $\overline{Q}$ 端的波形图 3

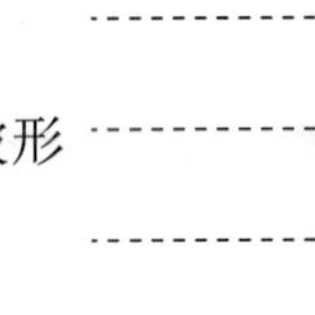

② 已知下降沿有效的 JK 触发器的 CP、J、K 端及异步置 1 端 $\overline{S}_d$、异步置 0 端 $\overline{R}_d$ 的波形（图 5.16），画出 Q 的波形（设 Q 的初态为 0）。学生分组完成。

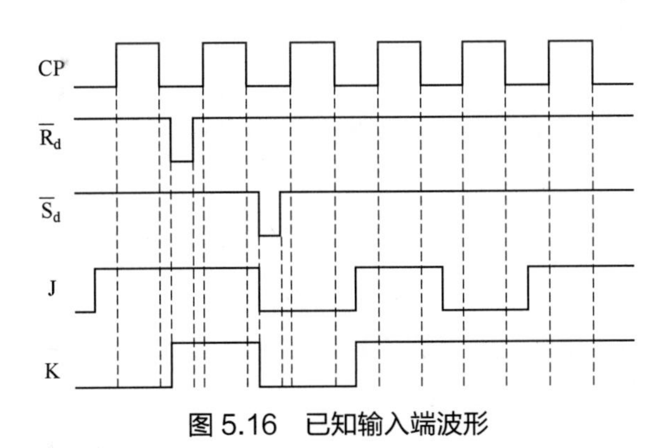

图 5.16　已知输入端波形

根据 JK 触发器的逻辑功能及下降沿动作特点，画出 Q 的波形，如图 5.17。

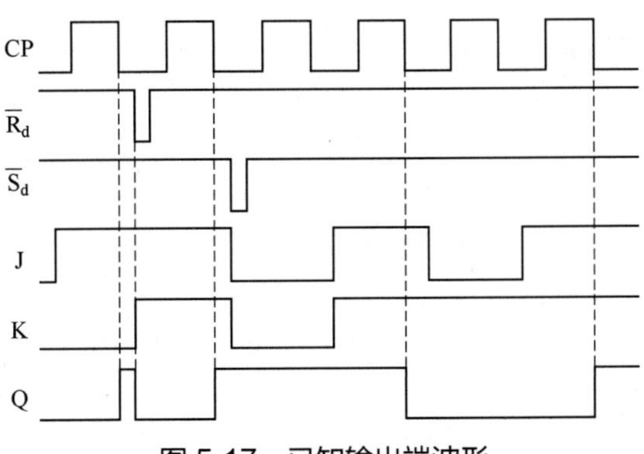

图 5.17　已知输出端波形

任务自测

任务自测 5.1

微学习

微学习 5.1

任务二　时序逻辑电路的认知与应用

任务描述

分析一个时序电路的逻辑功能，写出电路的驱动方程、状态方程和输出方程，画出电路的状态转换图，说明电路能否自启动。

任务分析

完成上述任务，必须先掌握时序逻辑电路的组成及设计、分析的步骤，了解寄存器、计数器、移位器等基本电路，才能根据时序逻辑电路要实现的功能进行分析。

时序逻辑电路概述

知识准备

一、时序逻辑电路概述

逻辑电路根据其工作原理可分为组合逻辑电路和时序逻辑电路两大类。时序逻辑电路在某一时刻的输出不仅与该时刻的输入有关，还与电路在该时刻的既有状态有关。按其触发方式，时序逻辑电路分为同步时序电路和异步时序电路两类。如果所有触发器的脉冲触发端都与同一个 CP 脉冲端相连，所有触发器在 CP 脉冲的作用下同时动作，这样的时序逻辑电路称为同步时序逻辑电路。如果电路中的触发器都有各自相应的触发脉冲，各触发器的状态变化不是同时完成，而是存在先后顺序，这一类的时序逻辑电路称为异步时序逻辑电路。

时序逻辑电路的结构模型如图 5.18 所示，它有两大特点：

笔记

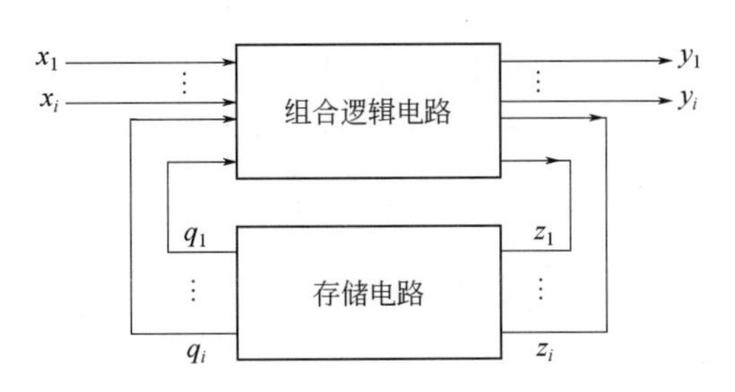

图 5.18　时序逻辑电路的结构模型

① 时序逻辑电路包含组合逻辑和存储电路两部分，存储电路具有记忆功能，它要记忆在某一时刻前输入端、输出端的状态；

② 组合逻辑电路的输出端至少要有一个输出反馈到存储电路的输入端，控制存储电路的状态转移；存储电路的输出信号至少要有一个送到组合逻辑电路的输入端，与其他外部输入信号一起共同决定组合逻辑电路的输出。

二、时序逻辑电路的分析方法

分析一个时序逻辑电路，要先得出逻辑电路的状态表和状态图，再对状态表和状态图进行分析，找出它的状态变化规律，最后用文字将它的功能描述出来。

1. 同步时序逻辑电路的一般分析方法

由于同步时序逻辑电路中所有的触发器都是同时动作，因此分析时不需考虑时钟信号的作用，各触发器的状态转换情况由各自的驱动方程决定。同步时序逻辑电路的分析过程一般按如下步骤进行：

同步时序逻辑电路

① 分析电路的组成与特点，确定触发器的类型、输入、输出信号等；

② 求出每个触发器的驱动方程（即触发器输入端的函数表达式），并依此得出各触发器的次态方程，再根据输出电路得出输出方程；

③ 列状态真值表，一般从初始态（即各触发器的输出设为 0）开始，列出所有输入状态组合及对应的输出状态和触发器的次态；

④ 依据状态真值表作出状态转移图，若能直接由真值表得出逻辑功能，则可省略这一步；

同步时序电路的一般分析方法

⑤ 为了更直观地了解电路的功能，有时还可依据真值表、状态转移图和触发器的触发特性画出波形图；

⑥ 通过分析确定电路的逻辑功能，完成功能描述。

结合图 5.19 所示时序逻辑电路来进行讲解。

图 5.19　时序逻辑电路图

图 5.19 所示电路由两个 JK 触发器和一个与门组成。驱动方程为：

$$FF_1: \ J_1 = K_1 = 1$$

$$FF_2: \ J_2 = K_2 = Q_1^n$$

将上述驱动方程代入触发器的特征方程中，得到它们的次态方程：

$$FF_1: \ Q_1^{n+1} = J_1\overline{Q}_1^n + \overline{K}_1 Q_1^n = \overline{Q}_1^n$$

$$FF_2: \ Q_2^{n+1} = J_2\overline{Q}_2^n + K_2 Q_2^n = Q_1^n\overline{Q}_2^n + \overline{Q}_1^n Q_2^n$$

输出方程为：

$$C = Q_1^n Q_2^n$$

然后列状态真值表，见表5.5。

表5.5 状态真值表1

序号	Q_2^n	Q_1^n	Q_2^{n+1}	Q_1^{n+1}	C
0	0	0	0	1	0
1	0	1	1	0	0
2	1	0	1	1	0
3	1	1	0	0	1
4	0	0	0	1	0

然后作出状态转移图，见图5.20。

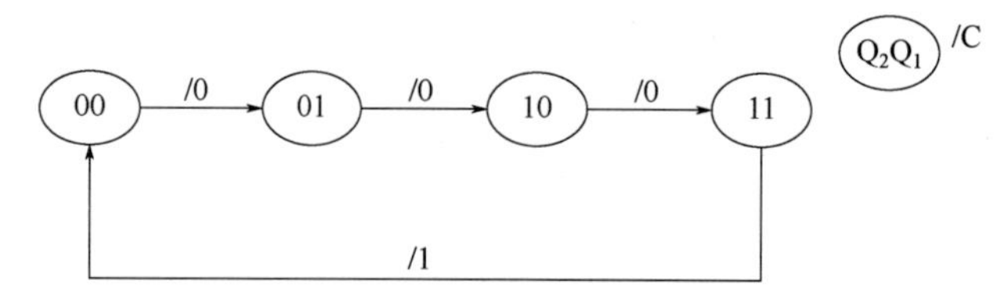

图5.20 状态转移图1

然后画波形图，见图5.21。

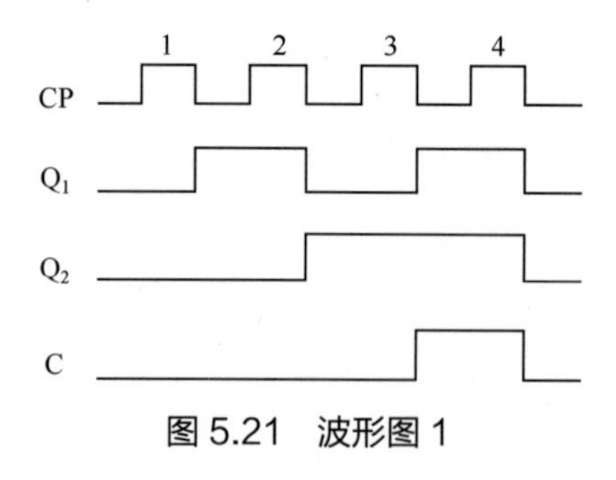

图5.21 波形图1

根据上述分析，此时序电路从00态开始按二进制递增规律变到11态，再恢复到00态，共四个状态，完成一个计数循环。从第3个CP消失开始，该电路送出一个进位脉冲信号，它随着第4个CP脉冲的消失而消失，实现“逢四进一”计数。

下面分析图5.22所示同步时序逻辑电路的功能。该电路由四个JK触发器和三个与门组

笔记

成，时钟脉冲直接接到每个触发器的时钟脉冲输入端，因此该电路为同步时序电路，且为下降沿触发。

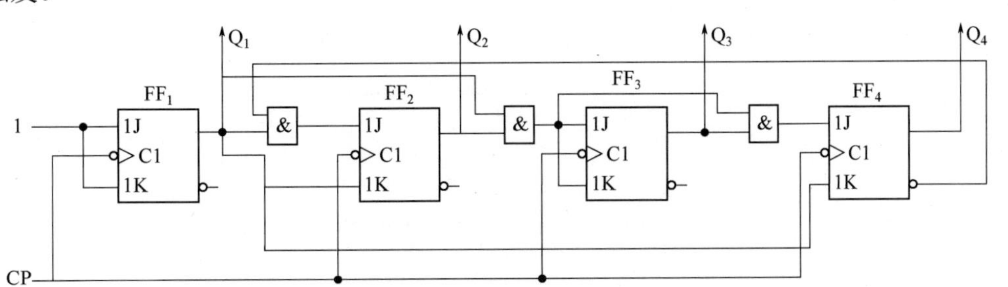

图 5.22　同步时序逻辑电路

① 驱动方程：FF1：$J_1=K_1=1$

FF2：$J_2=Q_1^n\overline{Q}_4^n$，$K_2=Q_1^n$

FF3：$J_3=K_3=Q_1^nQ_2^n$

FF4：$J_4=Q_1^nQ_2^nQ_3^n$，$K_4=Q_1^n$

② 次态方程：将上述方程代入相应触发器的特征方程，可得：

FF1：$Q_1^{n+1}=J_1\overline{Q}_1^n+\overline{K}_1Q_1^n=\overline{Q}_1^n$

FF2：$Q_2^{n+1}=J_2\overline{Q}_2^n+\overline{K}_2Q_2^n=Q_1^n\overline{Q}_4^n\overline{Q}_2^n+\overline{Q}_1^nQ_2^n$

FF3：$Q_3^{n+1}=J_3\overline{Q}_3^n+\overline{K}_3Q_3^n=Q_1^nQ_2^n\overline{Q}_3^n+\overline{Q}_1^n\overline{Q}_2^nQ_3^n$

FF4：$Q_4^{n+1}=J_4\overline{Q}_4^n+\overline{K}_4Q_4^n=Q_1^nQ_2^nQ_3^n\overline{Q}_4^n+\overline{Q}_1^nQ_4^n$

输出信号即为 Q_4、Q_3、Q_2、Q_1。

列出状态真值表，如表 5.6 所示。

表 5.6　状态真值表 2

序号	Q_4^n	Q_3^n	Q_2^n	Q_1^n	Q_4^{n+1}	Q_3^{n+1}	Q_2^{n+1}	Q_1^{n+1}
0	0	0	0	0	0	0	0	1
1	0	0	0	1	0	0	1	0
2	0	0	1	0	0	1	1	1
3	0	0	1	1	0	1	0	0
4	0	1	0	0	1	0	1
5	0	1	0	1	0	1	1	0
6	0	1	1	0	0	1	1	1
7	0	1	1	1	1	0	0	0
8	1	0	0	0	1	0	0	1
9	1	0	0	1	0	0	0	0
10	1	0	1	0	1	0	1	1

续表

序号	Q_4^n	Q_3^n	Q_2^n	Q_1^n	Q_4^{n+1}	Q_3^{n+1}	Q_2^{n+1}	Q_1^{n+1}
11	1	0	1	1	0	1	0	0
12	1	1	0	0	1	1	0	1
13	1	1	0	1	0	1	0	0
14	1	1	1	0	1	1	1	1
15	1	1	1	1	0	0	0	0

做状态转移图，见图 5.23。

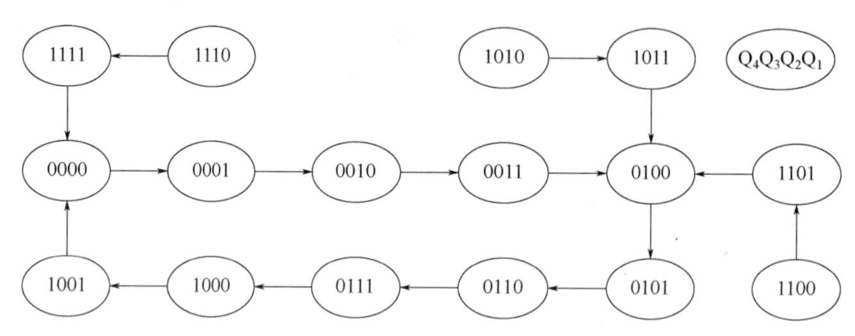

图 5.23 状态转移图 2

画出波形图，见图 5.24。

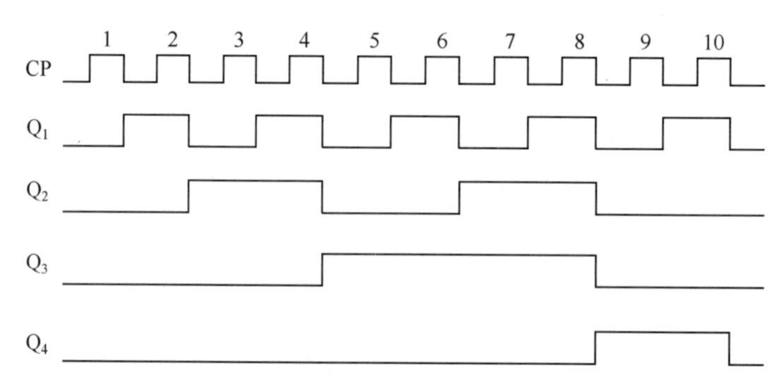

图 5.24 波形图 2

通过上述分析，我们可以看出它是一个同步十进制加法计数器。四个触发器共有十六种状态组合，0000→1001 这十个状态称为有效状态，1010→1111 这六个状态称为无效状态，并且这六个状态在 CP 脉冲的作用下都能自动进入有效状态，所以该电路为具有自启动能力的同步十进制加法计数器。

2. 异步时序逻辑电路的一般分析方法

异步时序逻辑电路的分析与同步时序逻辑电路的分析方法基本相同，但异步时序逻辑电路各触发器的时钟脉冲不是来源于同一个时钟脉冲，因此，在分析时特别要考虑触发器按状态方程变化时其 CP 脉冲是否满足触发条件，在分析时应写出时钟方程。下面以图 5.25 所示异步时序逻辑电路为例进行分析讲解。

异步时序电路的一般分析方法

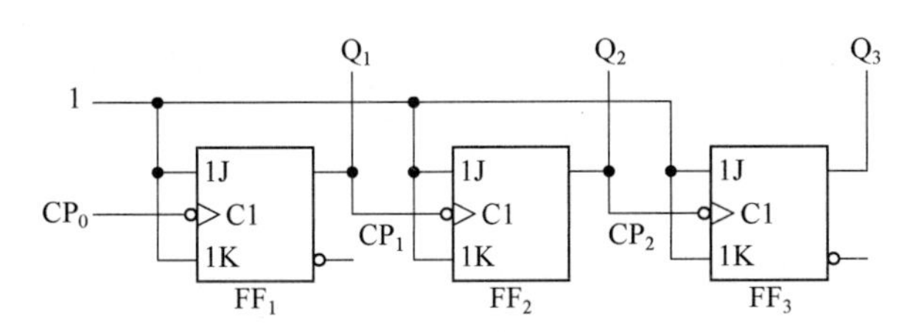

图 5.25　异步时序逻辑电路

图 5.25 所示电路由三级 JK 触发器构成，第一级触发器的时钟脉冲输入端直接连 CP，后二级触发器的时钟脉冲来自前一级的输出。因此，电路为异步时序逻辑电路，且为下降沿触发。

① 驱动方程：FF_1：$J_1=K_1=1$

FF_2：$J_2=K_2=1$

FF_3：$J_3=K_3=1$

② 状态转换方程：

$$FF_1:\ Q_1^{n+1}=J_1\overline{Q}_1^n+\overline{K}_1Q_1^n=\overline{Q}_1^n$$

$$FF_2:\ Q_2^{n+1}=J_2\overline{Q}_2^n+\overline{K}_2Q_2^n=\overline{Q}_2^n$$

$$FF_3:\ Q_3^{n+1}=J_3\overline{Q}_3^n+\overline{K}_3Q_3^n=\overline{Q}_3^n$$

③ 时钟方程：

$$CP_1=CP$$

$$CP_2=Q_1^n$$

$$CP_3=Q_2^n$$

列成状态转换表，见表 5.7。

作出状态转移图，见图 5.26。

画出波形图，见图 5.27。

表 5.7　状态转换表

Q_3^n	Q_2^n	Q_1^n	Q_3^{n+1}	Q_2^{n+1}	Q_1^{n+1}	CP_3	CP_2	CP_1
0	0	0	0	0	1			↓
0	0	1	0	1	0		↓	↓
0	1	0	0	1	1			↓
0	1	1	1	0	0	↓	↓	↓
1	0	0	1	0	1			↓
1	0	1	1	1	0		↓	↓
1	1	0	1	1	1			↓
1	1	1	0	0	0	↓	↓	↓

由表 5.7 第一行可以看到，当第 1 个 CP 脉冲的下降沿到来后，它将使触发器 FF_1 按方程转换，即 Q_1 由 0 变为 1，并使得 FF_2 的脉冲输入端置 1，这对 FF_2 而言是上升变化，因此，FF_2 仍将维持原态，并使得 FF_3 也维持原态不变。当第 2 个 CP 脉冲的下降沿到来后，它将使

触发器 FF_1 再次转移，即 Q_1 由 1 变为 0，这使得 FF_2 的脉冲输入端置 0，此时 FF_2 的脉冲输入端是下降变化，从而使得 FF_2 按方程转换，即 Q_2 由 0 变为 1，并使得 FF_3 的脉冲输入端置 1。同理可推出其余各行状态，如图 5.26 所示。

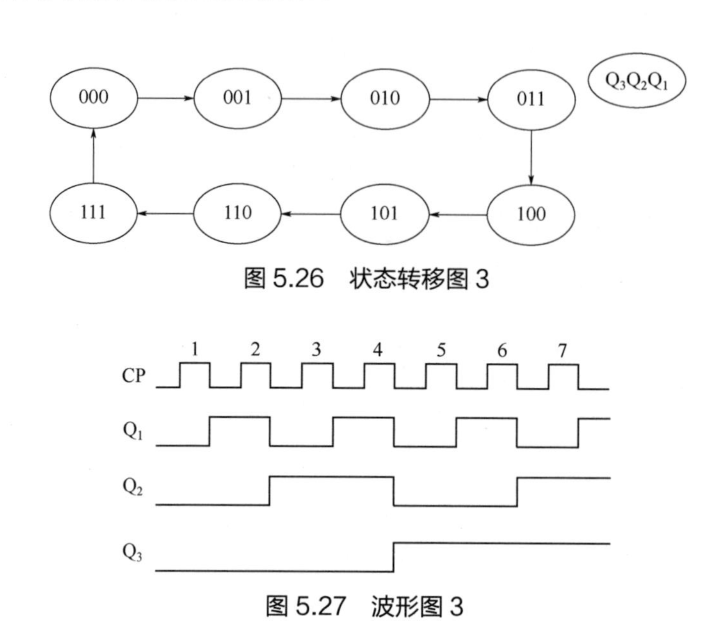

图 5.26　状态转移图 3

图 5.27　波形图 3

从电路的状态图可以得出，该电路是一个三位二进制的加 1 计数器。

三、寄存器

寄存器是一类用于存放二进制数码的逻辑部件，在时钟脉冲的作用下，它们能完成有效数据的清除、接收、保存和输出（或移位）功能，它被广泛应用于各类数字系统中。具有记忆功能的触发器是构成寄存器的基本单元部件。由于一个触发器同时具有置 1 和置 0 功能，因而它可以存储一位二进制代码，要存储 N 位二进制代码，则需有 N 个触发器。寄存器可分为数码寄存器和移位寄存器两大类。

1. 数码寄存器

数码寄存器

① 双拍接收式寄存器。图 5.28 是一个由 RS 触发器和门电路组成的四位寄存器，由于它接收数据的过程是分两步进行的，所以称为双拍接收式寄存器。如要将四位数码 $D_3D_2D_1D_0$=1010 寄存，则首先应将寄存器清零，将清零信号（负脉冲）送入到各触发器的复位端 R，使得各寄存器处于 0 态；然后送入一个接收脉冲，即 CP 为 1，使各触发器处于接收数据状态；再将要寄存的数据 1010 送到各输入端。由 RS 触发器的触发特性分析可知，这一数据将被保存数据存储器中，即 $Q_3Q_2Q_1Q_0$=1010，从而完成接收寄存工作。同时，从输出端可以获得被寄存的数据。

② 单拍接收式寄存器。图 5.29 是一个由 D 触发器构成的四位数码寄存器，它接收数据时是一步完成的，所以称为单拍数码寄存器。当 CP 为 0 时，由 D 触发器的逻辑功能可知，电路将维持原状态不变。如要将四位数码 $D_3D_2D_1D_0$=1101 寄存，当它加入到输入端后，此时，若再送一个接收信号，即 CP 为 1，由 D 触发器的触发特性分析可得，数据将

会保存在寄存器中，即 $Q_3Q_2Q_1Q_0$=1101，实现了数据寄存。同样，从输出端也可以获得被保存的数据。

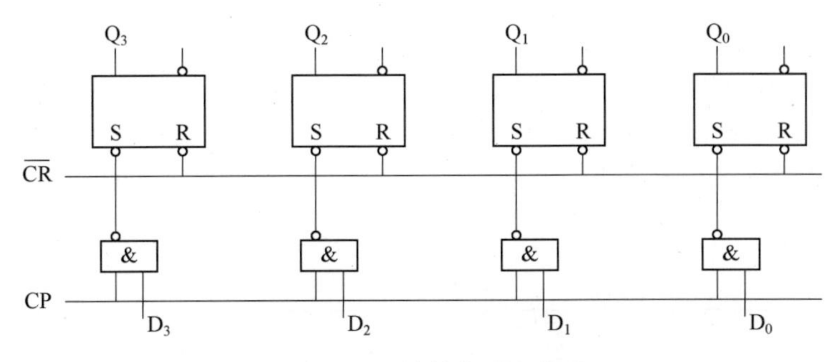

图 5.28　双拍接收式寄存器

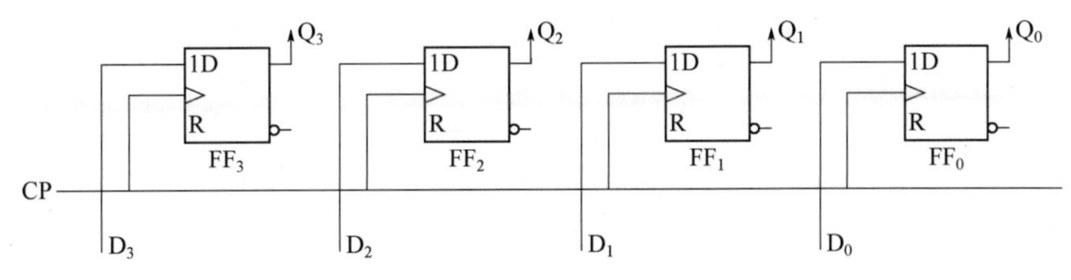

图 5.29　单拍接收式寄存器

2. 移位寄存器

前面分析的数据寄存器都是并行数据寄存器，它接收的数据为并行数据。在数字系统中，往往需要接收串行数据，有时也需将数据串行输出，这就需要运用移位寄存器，它在移位脉冲的作用下，使存储在其内的数据或代码单向或双向移位，同时可根据需要实现数据串入、数据并入、数据串出、数据并出等功能。

① 单向移位寄存器。图 5.30 是一个由 D 触发器组成的四位单向右移位寄存器。D_i 为串行数据的输入端，CP 为时钟脉冲（或称移位脉冲输入端），高电平有效；$\overline{CR}$ 为清零信号，它可使各寄存器清 0；D_o 为串行数据输出端；Q_3～Q_0 为并行数据输出端。

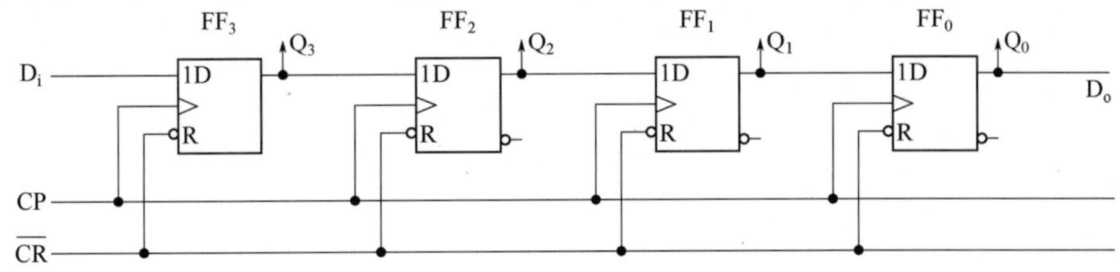

图 5.30　四位单向右移位寄存器

如果要传送数据 D_i=1101，在传送前应先确定各触发器所代表的高位、低位关系，依此确定数据输入的顺序。在图 5.30 所示电路中，数据的输入顺序为 1、0、1、1。根据 D 触发器的逻辑功能，从表 5.8 中可以看出，在经过 4 个时钟脉冲之后，数据 1101 被寄存在 FF_3～FF_0 四个触发器上，此时可从 Q_3～Q_0 上并行读出数据。再经过 4 个时钟脉冲，可从 D_o 端得到串行输出的数据，同时，所有寄存器处于 0 态。移位寄存器的移位波形图见图 5.31。

表 5.8　移位寄存器数码移动状况表

CP	D_i	Q_3	Q_2	Q_1	Q_0	D_o
0	1	0	0	0	0	0
1	0	1	0	0	0	0
2	1	0	1	0	0	0
3	1	1	0	1	0	0
4	0	1	1	0	1	1
5	0	0	1	1	0	0
6	0	0	0	1	1	1
7	0	0	0	0	1	1
8	0	0	0	0	0	0

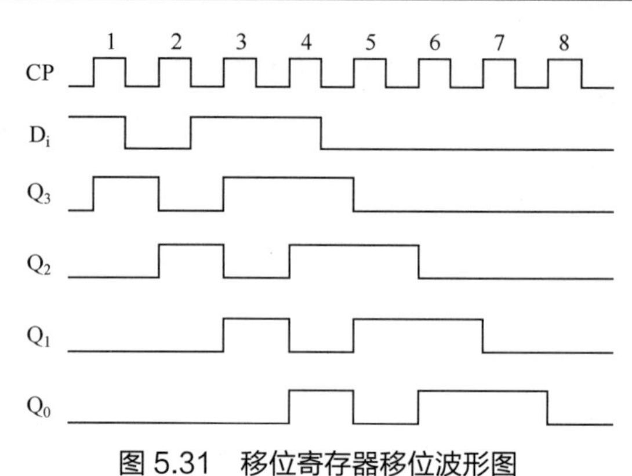

图 5.31　移位寄存器移位波形图

② 双向移位寄存器。双向移位寄存器是既能实现左移，又能实现右移的移位寄存器，图 5.32 是一个由 D 触发器构成的双向移位寄存器。D_{SR} 为右移串行数据输入端，D_{SL} 为左移串行数据输入端，K 为工作方式控制端，Q_R 为右移串行数据输出端，Q_L 为左移串行数据输出端，Q_3～Q_0 为并行数据输出端。

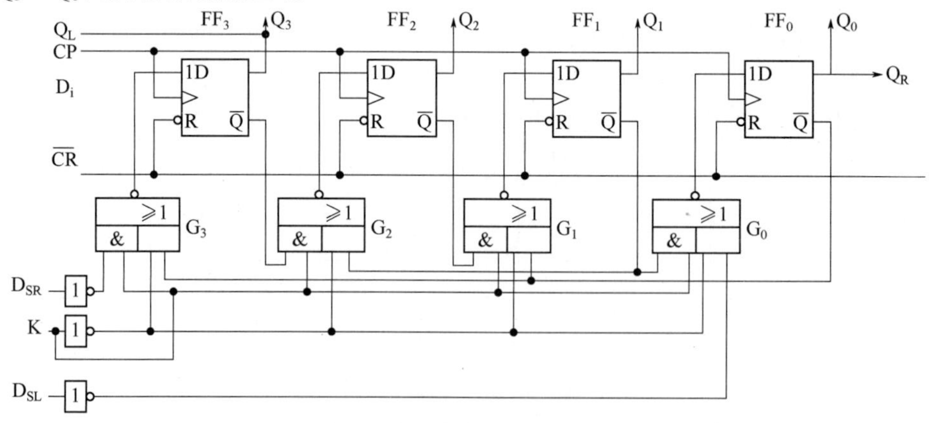

图 5.32　双向移位寄存器

当 K 为 1 时，左移数据无法加入，电路可看成一个右移寄存器。当 K 为 0 时，电路可看成一个左移寄存器。

③ 典型集成移位寄存器。图 5.33 所示为 74LS194 引脚排列图，图中 S_0、S_1 是工作方式选择控制端，S_L、S_R 分别为右移位数据输入端和左移位数据输入端。D_0～D_3 为并行输入端，

笔记

Q_0～Q_3 为并行输出端，其功能见表 5.9。

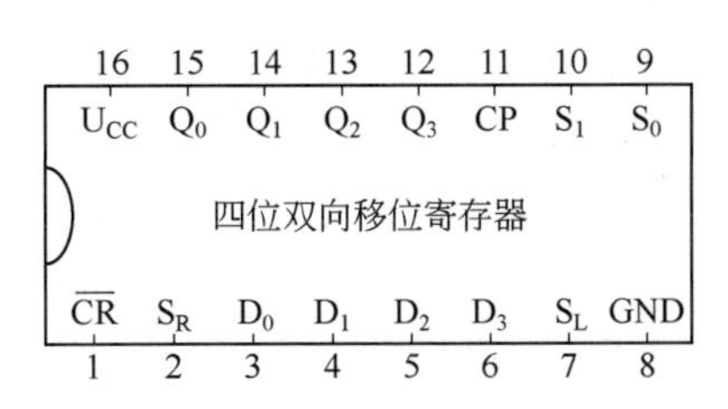

图 5.33　74LS194 的引脚排列图

表 5.9　74LS194 功能表

功能	输入										输出			
	$\overline{CR}$	S_0	S_1	CP	S_L	S_R	D_0	D_1	D_2	D_3	Q_0^n	Q_1^n	Q_2^n	Q_3^n
清除	0	×	×	×	×	×	×	×	×	×	0	0	0	0
保持	1	×	×	0	×	×	×	×	×	×	保持			
送数	1	1	1	↑	×	×	d_0	d_2	d_3	d_4	d_0	d_2	d_3	d_4
右移	1	0	1	↑	×	1	×	×	×	×	1	Q_0^n	Q_1^n	Q_2^n
	1	0	1	↑	×	0	×	×	×	×	0	Q_0^n	Q_1^n	Q_2^n
左移	1	1	0	↑	1	×	×	×	×	×	Q_1^n	Q_2^n	Q_3^n	1
	1	1	0	↑	0	×	×	×	×	×	Q_1^n	Q_2^n	Q_3^n	0
保持	1	0	0	×	×	×	×	×	×	×	保持			

图 5.34 所示为将两片 74LS194 扩展为八位寄存器的电路图。两片 74LS194 共用时钟脉冲、清零脉冲；将低位片的 Q_3 与高位片的 S_R 端相连，实现 Q_3 向 Q_4 位的片间右移位；将高位片的 Q_0 与低位片的 S_L 端相连，实现 Q_4 向 Q_3 位的片间左移位。

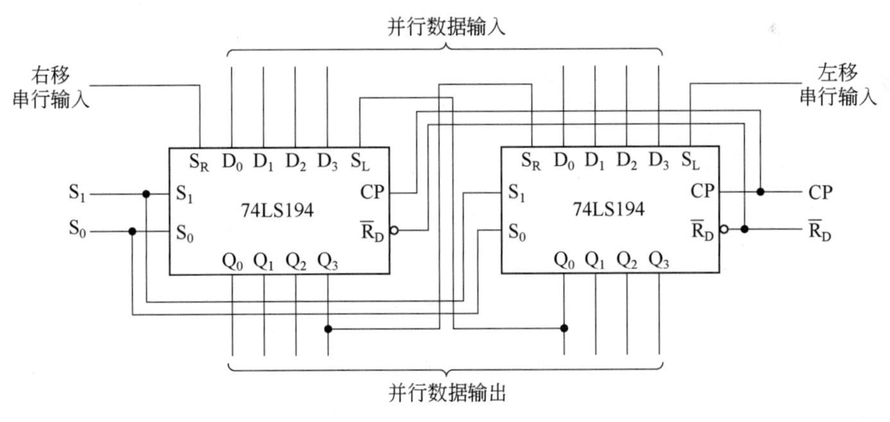

图 5.34　将两片 74LS194 扩展为八位寄存器

四、计数器

计数器是能累计时钟脉冲个数的时序逻辑部件，应用广泛，可实现计数、脉冲分频、定时及程序控制；计数器的状态图有一个闭合环，它循环一次所需的时钟脉冲个数称为计数器的“模”。计数器按 CP 脉冲输入方式可分为同步计数器和异步计数器两大类；按计数的增减趋势可分为加法计数器、减法计数器和可逆计数器三大类；按数制可分为二进制计数器和非二进制计数器。

1. 二进制计数器

计数器的分析方法与前面介绍的时序逻辑电路分析方法相同，在此仅对各类计数器进行简略分析。

（1）二进制异步计数器

① 二进制异步加计数器。图 5.35 是一个由 D 触发器构成的三位二进制异步加计数器。每个触发器的 1D 端都与 $\overline{Q}$ 连接。由 D 触发器的逻辑功能可以知道，各触发器均处在随时翻转的状态；同时，各低位触发器的 $\overline{Q}$ 端与相邻高位触发器的时钟脉冲输入端相连，电路是异步触发。因此，当每个时钟脉冲的上升沿到时，FF_0 就要翻转一次；同理，当 $\overline{Q}_0$ 由 0 变 1 时，FF_1 就翻转一次；当 $\overline{Q}_1$ 由 0 变 1 时，FF_2 就翻转一次。分析其工作过程，不难得到其状态图和时序图，如图 5.36 和图 5.37 所示。

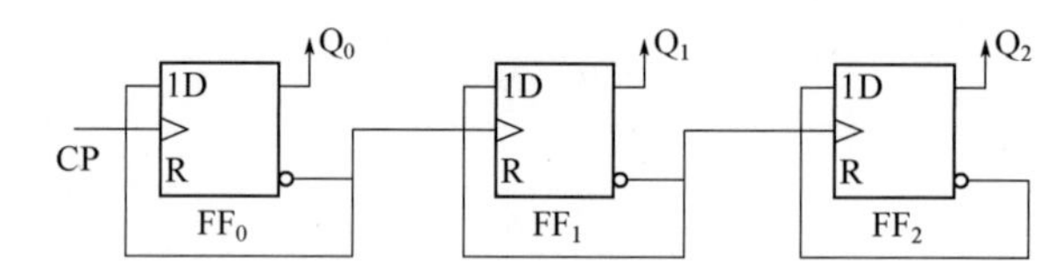

图 5.35　由 D 触发器构成的三位二进制异步加计数器

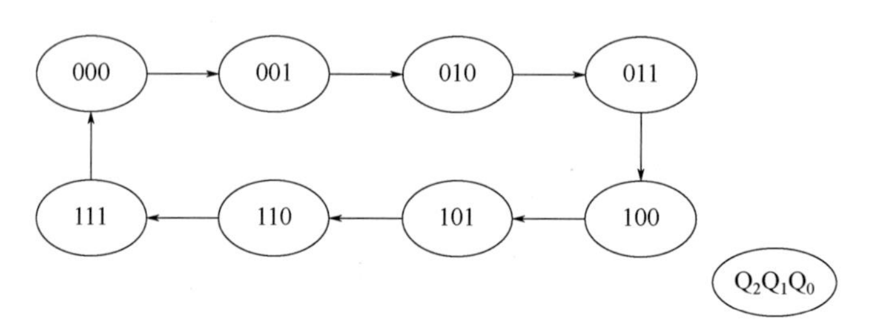

图 5.36　电路的状态图 1

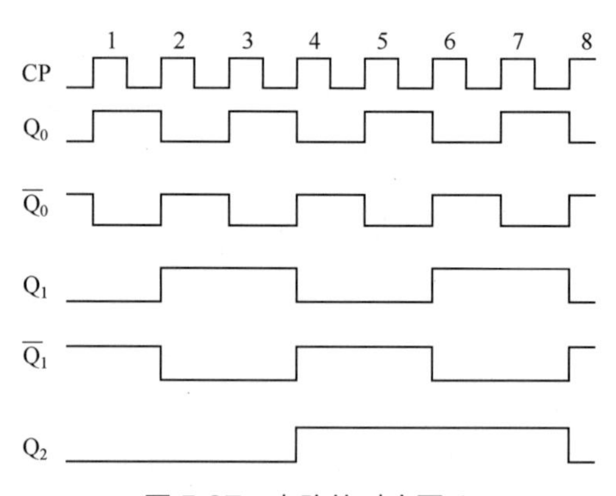

图 5.37　电路的时序图 1

由状态图可以看出，从初态 000 开始，每输入一个计数脉冲，计数器状态按二进制递增，输入第 8 个计数脉冲后，又回到 000 状态，因此我们称它为模 8 计数器。

从时序图可以看出，Q_0、Q_1、Q_2 的周期分别是计数脉冲周期的 2 倍、4 倍、8 倍，频率则分别是计数脉冲频率的 1/2、1/4、1/8，即计数器可起到对脉冲二分频、四分频、八分频的作用，所以计数器也可以作分频器。

② 二进制异步减计数器。图 5.38 为一个由 3 个下降沿触发的 JK 触发器构成的三位二进制异步减计数器，它将低位触发器的 $\overline{Q}$ 端与相邻高位触发器的时钟脉冲输入端相连，触发器 FF_0 仍然在每个时钟脉冲的下降沿翻转一次，而 FF_1 在 $\overline{Q}_0$ 的下降沿即 Q_0 的上升沿翻转，FF_2 在 Q_1 的上升沿翻转，所以从 000 的初始状态开始，第一个时钟脉冲到来后，FF_0 从 0 翻转到 1，FF_1 翻转到 1，FF_2 也翻转到 1，即电路从 000 态变成 111 态，完成了一次借位过程。同理，依次可推出其余各状态变换情况，如图 5.39 所示。该计数器为模 8 计数器，而且具有分频功能。

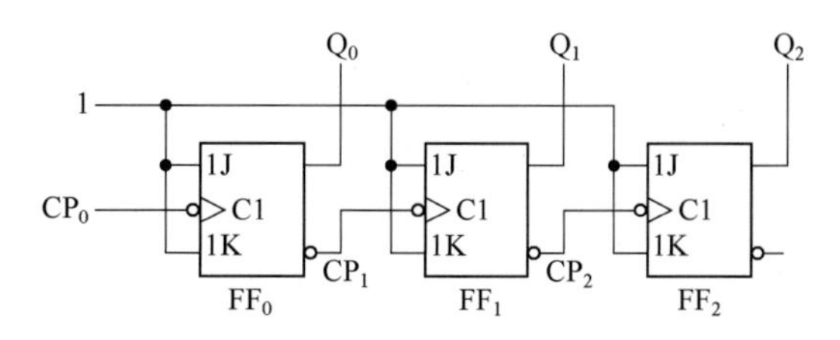

图 5.38　由 JK 触发器构成的三位二进制异步减计数器

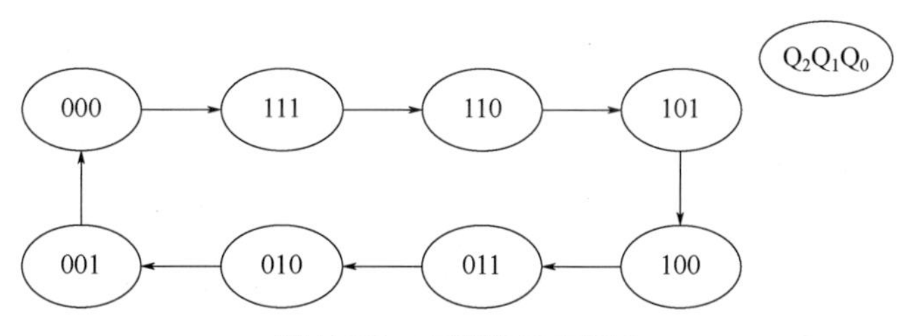

图 5.39　电路的状态图 2

（2）二进制同步计数器

以上介绍的异步二进制计数器中各触发器是逐个翻转的，因此工作速度较低。为了提高计数速度，可采用同步计数器，图 5.40 是用由 JK 触发器组成的四位二进制同步计数器。

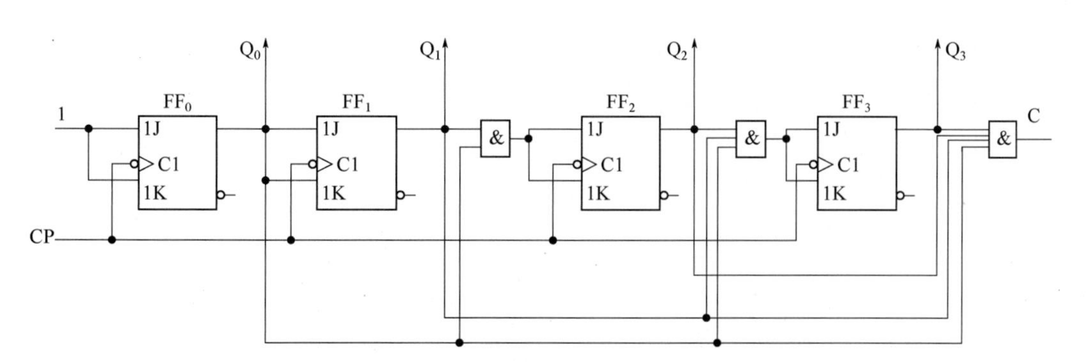

图 5.40　由 JK 触发器组成的四位二进制同步计数器

由图可见，各触发器的时钟脉冲输入端接同一计数脉冲 CP，各触发器的 J、K 端连接在一起，组成 T 触发器的形式，驱动方程分别为：

$J_0 = K_0 = 1$ 或 $T_0 = 1$；

$J_1 = K_1 = Q_0^n$ 或 $T_1 = Q_0^n$；

$J_2 = K_2 = Q_0^n Q_1^n$ 或 $T_2 = Q_0^n Q_1^n$；

$J_3 = K_3 = Q_0^n Q_1^n Q_2^n$ 或 $T_3 = Q_0^n Q_1^n Q_2^n$。

利用前面的分析方法，我们可以得出该电路的状态图，如图 5.41 所示。由状态图可知这是一个模 16 计数器。此外，该电路还有一个进位输出端 C，当 $Q_0Q_1Q_2Q_3 = 1111$时，计数器计数到最大值，这时 C=1，输出一个有效进位信号。

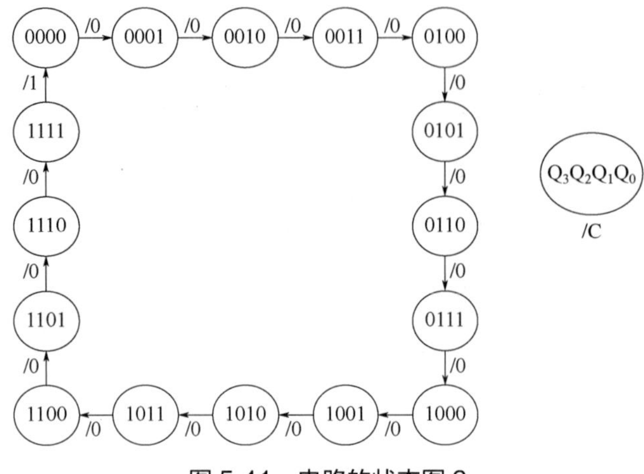

图 5.41　电路的状态图 3

图 5.42 是该电路的时序图，由图可以看出 Q_0、Q_1、Q_2、Q_3 端输出脉冲的频率分别为 CP 脉冲的 1/2、1/4、1/8，1/16，因此，也可用作分频器。

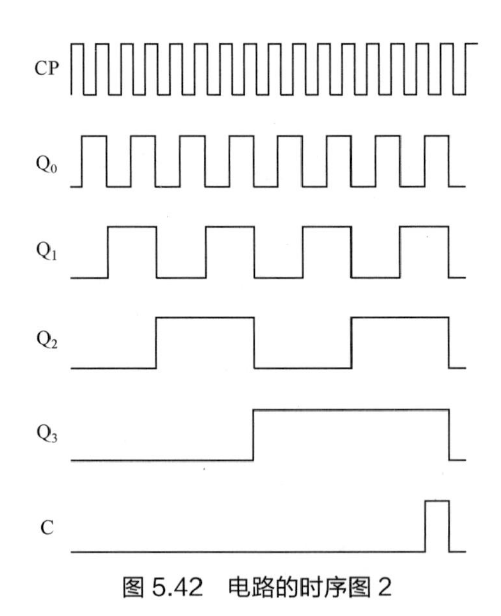

图 5.42　电路的时序图 2

图 5.40 电路因为采用了时钟脉冲同步输入方式，触发器是同时翻转的，没有各级延迟时间的积累，所以计数速度要高于异步计数器。但同步计数器需增加一些输入控制门，因此电路要比异步计数器复杂，而且这些控制门也将带来一些传输时间的延迟。

笔记

2. 十进制计数器

十进制计数器最常用的是按 8421BCD 码进行计算，因此也称为二-十进制计数器。

十进制计数器的模 M=10，由公式 $2^{n-1}<M\leqslant 2^n$，不难算出，构成这种计数器需要 4 个触发器，而 4 个触发器共有 16 个独立状态，所以需要利用反馈电路舍去其中 6 个状态，使 4 个触发器的输出状态在 0000～1001 范围之内。

图 5.43 为一个十进制异步加法计数器电路，其驱动方程、次态方程和时钟方程如表 5.10 所示。

表 5.10　驱动方程、次态方程和时钟方程

驱动方程	次态方程	时钟方程
$J_0=1$，$K_0=1$	$Q_0^{n+1}=\overline{Q}_0^n$	$CP_0=CP$
$J_1=\overline{Q}_3^n$，$K_1=1$	$Q_1^{n+1}=\overline{Q}_3^n\overline{Q}_1^n$	$CP_1=Q_0$
$J_2=1$，$K_2=1$	$Q_2^{n+1}=\overline{Q}_2^n$	$CP_2=Q_1$
$J_3=\overline{Q}_1^nQ_2^n$，$K_3=1$	$Q_3^{n+1}=Q_1^nQ_2^n\overline{Q}_3^n$	$CP_3=Q_0$

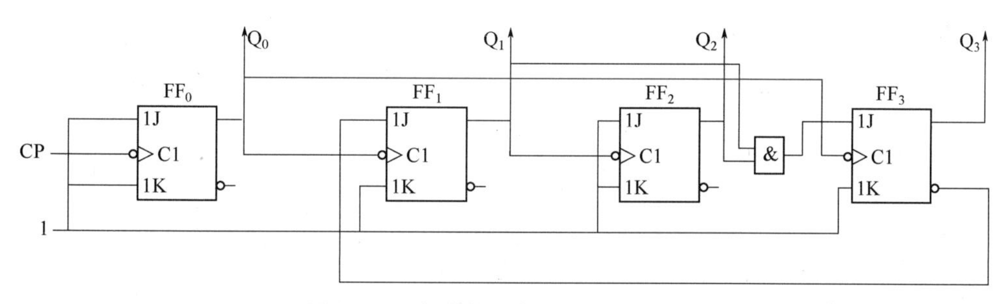

图 5.43　十进制异步加法计数器电路

依据上述方程，可得出电路的状态真值表，如表 5.11。

表 5.11　十进制异步加法计数器状态真值表

CP	Q_3^n	Q_2^n	Q_1^n	Q_0^n	Q_3^{n+1}	Q_2^{n+1}	Q_1^{n+1}	Q_0^{n+1}
1	0	0	0	0	0	0	0	1
2	0	0	0	1	0	0	1	0
3	0	0	1	0	0	0	1	1
4	0	0	1	1	0	1	0	0
5	0	1	0	0	0	1	0	1
6	0	1	0	1	0	1	1	0
7	0	1	1	0	0	1	1	1
8	0	1	1	1	1	0	0	0
9	1	0	0	0	1	0	0	1
10	1	0	0	1	0	0	0	0

其时序图见图 5.44。

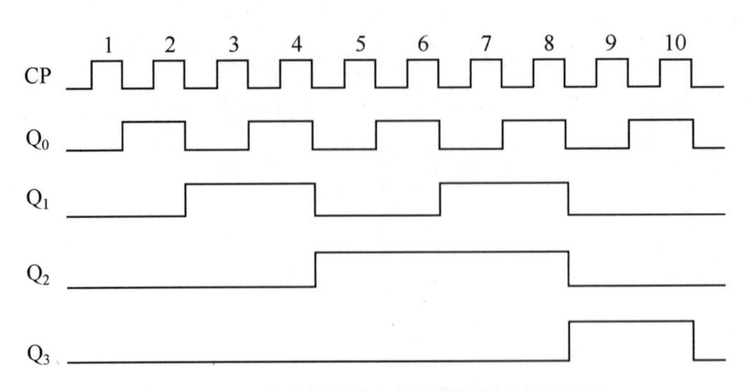

图 5.44　十进制异步加法计数器时序图

它的全状态转换图如图 5.45 所示。显然，该电路具有多余状态，而且该电路具有自启动特性。

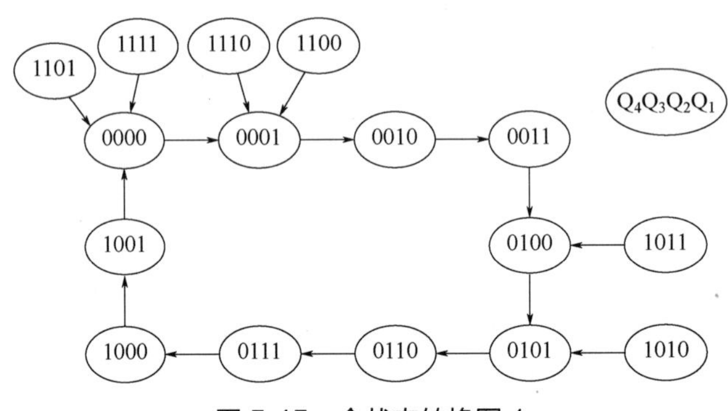

图 5.45　全状态转换图 1

3. 常用集成计数器

常用集成计数器功能分析

目前由 TTL 和 CMOS 电路构成的中规模计数器品种很多，应用广泛，这些计数器功能比较完善，可以进行功能扩展，通用性强。下面介绍几种具有代表性的集成计数器。

图 5.46 是四位二进制同步加法计数器 74LS161 的引脚排列图。其功能表见表 5.12，$\overline{RD}$ 为清零（低电平有效）端，CP 为触发脉冲输入（上升沿触发）端，D_0～D_3 为并行数据输入端，EP 为控制端（计数允许控制），GND 为参考电位端，$\overline{LD}$ 为置数功能端（低电平有效），ET 为控制端（进位允许控制），Q_0～Q_3 为数据输出端，RCO 为进位输出端，U_{CC} 为电源输入端。

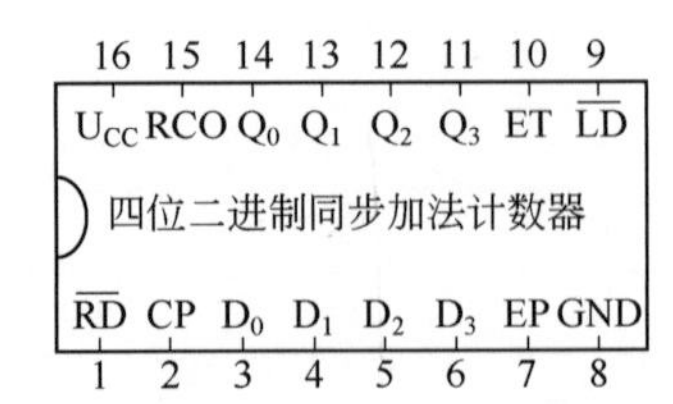

图 5.46　74LS161 引脚排列图

表 5.12　74LS161 功能表

输入									输出				
$\overline{RD}$	$\overline{LD}$	EP	ET	CP	D_0	D_1	D_2	D_3	Q_0	Q_1	Q_2	Q_3	RCO
0	×	×	×	×	×	×	×	×	0	0	0	0	0
1	0	×	0	↑	d_0	d_1	d_2	d_3	d_0	d_1	d_2	d_3	0
1	0	×	1	↑	d_0	d_1	d_2	d_3	d_0	d_1	d_2	d_3	×
1	1	1	1	↑	×	×	×	×	计　数				×
1	1	0	×	×	×	×	×	×	保　持				
1	1	×	0	×	×	×	×	×	保　持				0

表 5.12 中，“×”表示任意，“↑”表示上升沿触发，“1”表示高电平，“0”表示低电平。74LS161 具有以下功能：

① 异步清零：当 $\overline{RD}$=0 时，所有输出端口全部置 0，且与 CP 无关。

② 同步置数：当 $\overline{RD}$=1，$\overline{LD}$=0 时，在脉冲上升沿作用下，将 D_0～D_3 数据装入计数器，使 $Q_3Q_2Q_1Q_0=d_3d_2d_1d_0$。

③ 保持：当 $\overline{RD}=\overline{LD}$=1，且 EP・ET=0 时，计数器保持原状态不变。

④ 计数：当 $\overline{RD}=\overline{LD}$=1，且 EP・ET=1 时，计数器进行四位二进制加法运算，当计数达到 1111 时，进位端 RCO=1，送出进位信号。

以 74LS190 为例，图 5.47 是十进制同步可逆计数器 74LS190 的引脚排列图，其中 $\overline{CT}$ 为计数允许端，$D/\overline{U}$ 为加/减法计数转换控制端，$\overline{LD}$ 为置数功能端，$\overline{RCO}$ 为进位/借位端，CO/BO 为最大值/最小值脉冲输出端。其功能表见表 5.13。

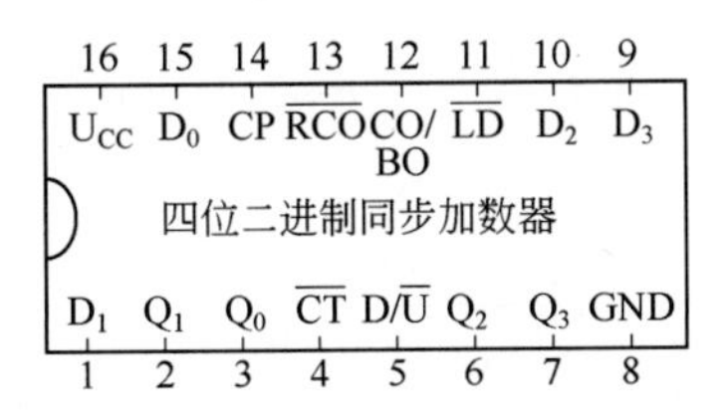

图 5.47　74LS190 引脚排列图

表 5.13　74LS190 功能表

输入								输出			
$\overline{LD}$	$\overline{CT}$	$D/\overline{U}$	CP	D_0	D_1	D_2	D_3	Q_0	Q_1	Q_2	Q_3
0	×	×	×	d_0	d_1	d_2	d_3	d_0	d_1	d_2	d_3
1	0	0	↑	×	×	×	×	加法			
1	0	1	↑	×	×	×	×	减法			
1	1	×	×	×	×	×	×	保持			

74LS190 具有以下功能：

① 异步置数：当 $\overline{LD}$=0 时，将输入端数据装入计数器，使 $Q_3Q_2Q_1Q_0=d_3d_2d_1d_0$。

② 加法计数：当 $\overline{CT}$=0，且 $D/\overline{U}$=0、$\overline{LD}$=1 时，计数器在 CP 脉冲上升沿作用下对脉冲进行十进制加法计数，当计数到 9 时，CO/BO 端送出一个最大值正脉冲，$\overline{RCO}$ 端送出一个进位负脉冲。

③ 减法计数：当$\overline{CT}$=0，且$D/\overline{U}$=1，$\overline{LD}$=1时，计数器在CP脉冲上升沿作用下对脉冲进行十进制减法计数。当计数至0时，CO/BO端送出一个最小值正脉冲，$\overline{RCO}$端送出一个借位负脉冲。

④ 保持：当$\overline{LD}=\overline{CT}$=1时，计数器保持原状态不变。

常用的十进制计数器还有二-五-十进制异步计数器，如74LS290，其引脚排列见图5.48。

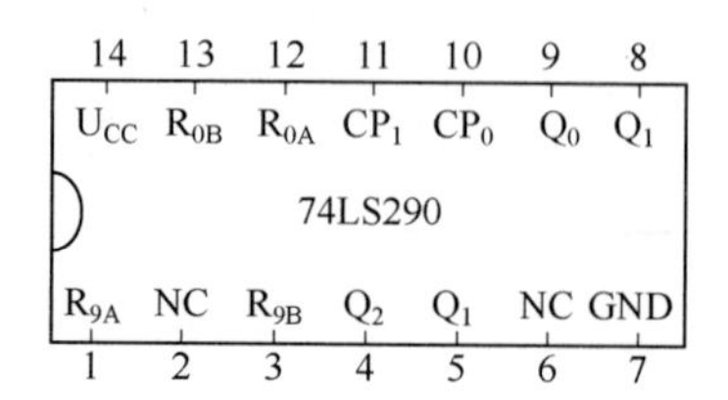

图5.48 74LS290引脚排列图

R_{0A}、R_{0B}为置0端，R_{9A}、R_{9B}为置9端，NC为空脚，CP_0、CP_1为脉冲输入端。其功能见表5.14。

① 异步置0：当$R_{0A}=R_{0B}=1$，且$R_{9A}\cdot R_{9B}=0$时，$Q_3Q_2Q_1Q_0=0000$，由于置0与时钟无关，故称为异步置0。

② 异步置9：当$R_{0A}\cdot R_{0B}=0$，且$R_{9A}=R_{9B}=1$时，其输出为1001，实现置9功能。

③ 计数：当$R_{0A}=R_{0B}=R_{9A}=R_{9B}=0$时，若CP从$CP_0$输入，为二进制计数；若CP从$CP_1$输入，则为五进制计数；若CP从$CP_0$输入，且$Q_0$连$CP_1$，则构成8421BCD码十进制计数；若CP从$CP_1$输入，且$Q_3$连$CP_0$，则构成5421BCD码十进制计数。

表5.14 74LS290功能表

输入						输出				功能
R_{0A}	R_{0B}	R_{9A}	R_{9B}	CP_0	CP_1	Q_3	Q_2	Q_1	Q_0	
1	1	0	×	×	×	0	0	0	0	异步置0
1	1	×	0	×	×	0	0	0	0	
0	×	1	1	×	×	1	0	0	1	异步置9
×	0	1	1	×	×	1	0	0	1	
0	0	0	0	CP	0	二进制计数				
0	0	0	0	0	CP	五进制计数				
0	0	0	0	CP	Q_0	8421BCD码十进制计数				
0	0	0	0	Q_3	CP	5421BCD码十进制计数				

4. 集成计数器的应用

（1）组成N进制计数器

集成计数器的应用

N进制计数器可用时钟触发器与门电路组合而成，也可由集成计数器构成，在此主要介绍如何用集成计数器构成N进制计数器。

用现有的M进制的集成计数器去构成N进制的计数器，且$M>N$时，必须使电路跳越$(M-N)$个状态，常用反馈清零和反馈置位的方法来实现。有些集成计数器采用的是同步置零，即当$\overline{CR}$=0时，要等到下一个计数脉冲到来后才改变状态，因此，对

笔记

这一类计数器设置反馈清零的输出码应是 $N-1$。对于异步置零的计数器来说，用于反馈的输出状态只维持极短的时间，它一出现，就立即反馈到置数控制端，则此状态不能计算在计数器的循环状态个数内，可认为不出现，但此状态又必不可少，因此，用异步置零的计数器构成的 N 进制计数器的反馈清零输出码应为 N。例如要用异步置零计数器构成一个五进制计数器，则它的反馈清零输出代码为0101。

用74LS290构成的七进制计数器如图5.49所示。其 CP_1 与 Q_0 相连，$R_{9A}=R_{9B}=0$，由于需跳过三个无效状态0111～1001，则当计数到0110时，其下一状态为0111；74LS290为异步置0计数器，因此，输出码为 $Q_3\ Q_2\ Q_1=111$，将此信号反馈到 R_{0A}、R_{0B}，使其置0，所以，七进制状态为0000～0110。

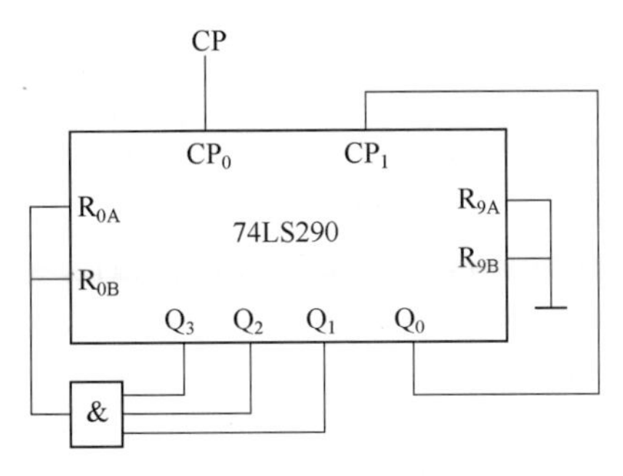

图5.49 七进制计数器

反馈置位法多用于具有预置位功能的集成计数器，在计数过程中可以根据输出的任何一个状态得到一个置位控制信号，再将它反馈到置位控制端，在下一个CP脉冲到来后，把预置位输入端的状态送到输出端。预置位控制信号消失后，计数器就从被置入的状态开始重新计数，跳越无效状态。

采用反馈置位法，用74LS161构成七进制计数器，电路如图5.50所示。

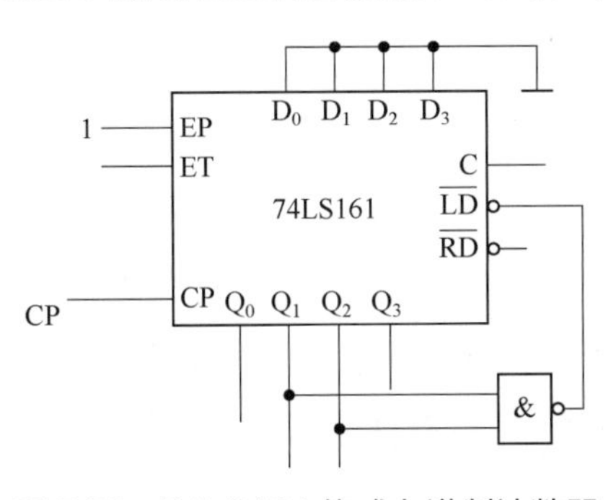

图5.50 74LS161构成七进制计数器

由于74LS161是二进制计数器，它具有同步置位功能，因此其七进制的置位控制输出码应为0110。由于 $\overline{LD}$ 是低电平有效，所以要采用与非门输出控制信号，同时将 D_3～D_0 预置为0，从而实现七进制计数功能。

如图5.51所示，利用两片74LS290组成 $N=75$ 进制的计数器。将两片74LS290的 Q_0 都接在 CP_1 端，并使 $R_{9A}=R_{9B}=0$，构成BCD码十进制计数器，由个位的 Q_3 的下降沿作为十位的计数脉冲（即当个位的计数由1001转为0000时，向十位的 CP_0 送出一个负脉冲）。74LS290是异步置位，其反馈输出代码设为01110101，即当十位的 Q_2、Q_1、Q_0 及个位的 Q_2、Q_0 同时为 1 时产生清零信号，同时送给个位和十位的置 0 控制端，使个位、十位同时置 0。

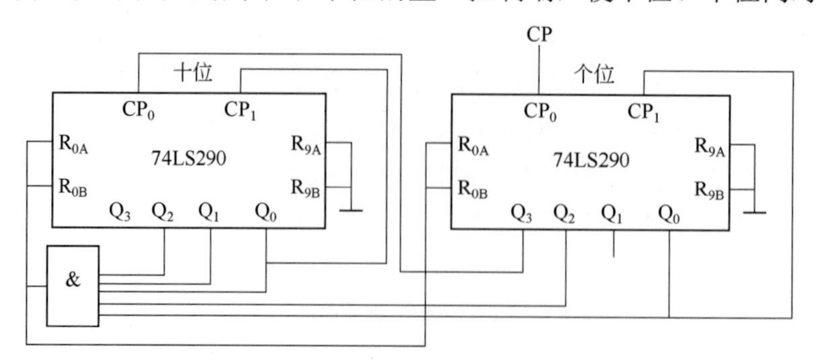

图 5.51　由两片 74LS290 组成的计数器

（2）组成分频器

在实际应用中，我们常需对一个高频数字信号进行分频。N 进制计数器的进位输出端输出的进位脉冲频率是输入脉冲频率的 $1/N$，因此可利用 N 进制计数器组成 N 分频器。

设一石英晶体振荡器，输出的脉冲信号频率为 65536Hz，利用 74LS161 对它进行分频，可得到频率为 1Hz 的脉冲信号。因为 $65536=2^{16}$，因此，经过 16 次二分频就可以获得频率为 1Hz 的信号脉冲。一片 74LS161 为四位二进制计数器，所以将四片 74LS161 进行级联，从最高位集成块的 Q_3 端输出即可，其电路见图 5.52。

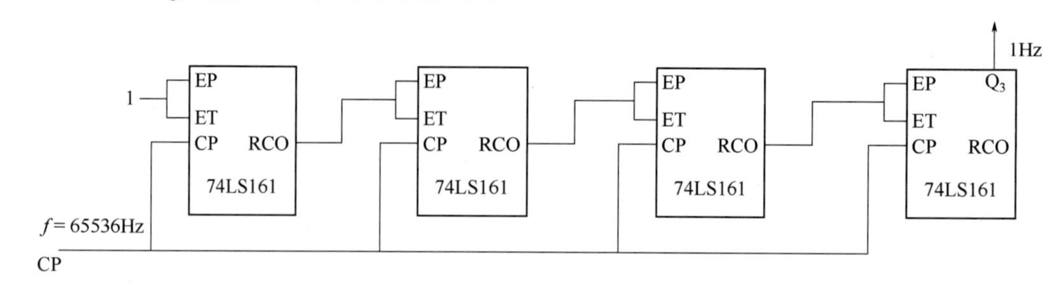

图 5.52　分频器电路图

任务实施

分析图 5.53 所示时序电路的逻辑功能，写出电路的驱动方程、次态方程，画出电路的状态转换图，说明电路动能，并确定能否自启动。

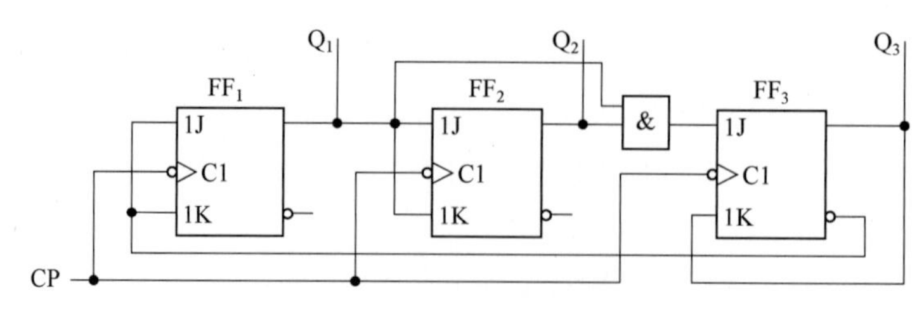

图 5.53　时序逻辑电路图

此任务学生可分组完成。由逻辑电路可以得到其驱动方程、次态方程和时钟方程如下。

笔记

驱动方程：

$$J_1 = K_1 = \overline{Q}_3^n$$
$$J_2 = K_2 = Q_1^n$$
$$J_3 = Q_1^n Q_2^n, K_3 = Q_3^n$$

次态方程：

$$Q_1^{n+1} = \overline{Q}_3^n \overline{Q}_1^n + Q_3^n Q_1^n = Q_3^n \odot Q_1^n$$
$$Q_2^{n+1} = Q_1^n \overline{Q}_2^n + \overline{Q}_1^n Q_2^n = Q_1^n \oplus Q_2^n$$
$$Q_3^{n+1} = Q_1^n Q_2^n \overline{Q}_3^n$$

依据上述方程，可得出电路的状态真值表，如表 5.15。时序图如图 5.54 所示。

表 5.15　状态真值表

CP	Q_3^n	Q_2^n	Q_1^n	Q_3^{n+1}	Q_2^{n+1}	Q_1^{n+1}
1	0	0	0	0	0	1
2	0	0	1	0	1	0
3	0	1	0	0	1	1
4	0	1	1	1	0	0
5	1	0	0	0	1	0

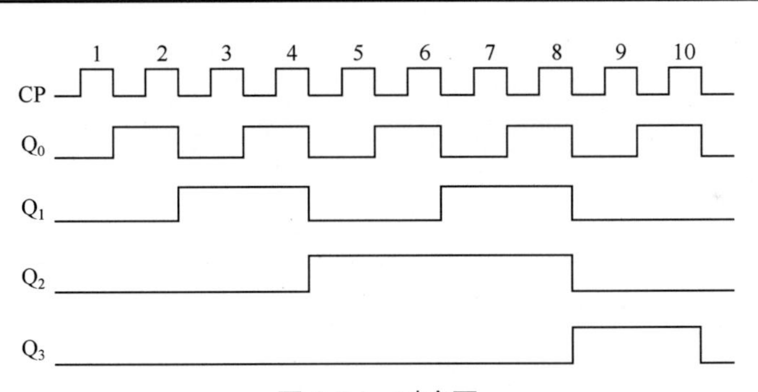

图 5.54　时序图

通过上述分析，可以看出这是一个同步五进制加法计数器。

它的全状态转换图如图 5.55 所示，显然该电路具有多余状态，不难看出，该电路具有自启动特性。

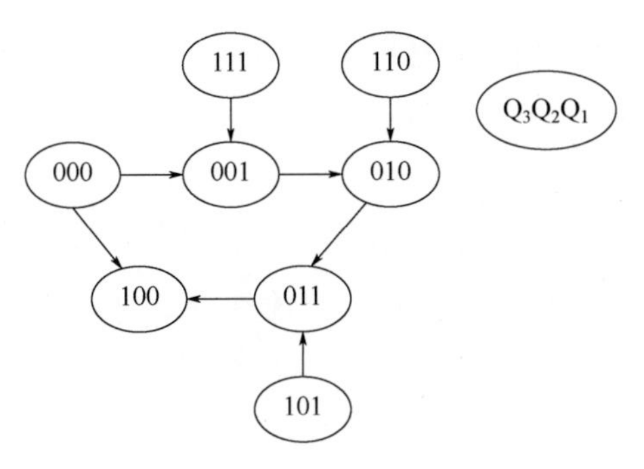

图 5.55　全状态转换图 2

任务自测

任务自测 5.2

微学习

微学习 5.2

任务三　555 集成定时器应用

任务描述

分析用 555 集成定时器组成的过压监视电路监视电压值以及报警的原理，计算 LED 的闪烁周期。

任务分析

完成上述任务，必须明白 555 定时器的电路的组成与特点，会分析其工作原理，了解定时器电路的工作过程与应用领域。

知识准备

一、555 集成定时器原理

555 集成定时器

555 定时器是一种模拟-数字混合式中规模集成电路，用途十分广泛。用它可以构成多谐振荡器、单稳触发器和施密特触发器等脉冲电路，在工业自动控制、定时、延时、报警、仿声、电子乐器等方面有着广泛的应用。

555 定时器有双极型和 CMOS 型两种。双极型定时器电源电压在 5～16V 之间，最大负载电流可达 200mA，输出电流大，驱动负载能力强，典型产品有 NE555、5G1555 等。CMOS 型定时器电源电压在 3～18V 之间，最大负载电流在 4mA 以下，输出电流较小，功耗低，典型产品有 CC7555、CC7556 等。下面以 CMOS 产品 CC7555 为例进行介绍。CC7555 逻辑图和引脚排列图如图 5.56 所示。

CC7555 定时器有 8 个引脚：1 脚接地；2 脚为低触发端 $\overline{TR}$；3 脚为输出端 OUT；4

脚为复位端 $\overline{R}$；5 脚为控制端 CO；6 脚为高触发端 TH；7 脚为放电端 D；8 脚为电源电压 U_{DD} 端。

3 个 5kΩ电阻组成分压器，为两个电压比较器提供基准电平。当 5 脚悬空时，电压比较器 A 的基准电平为 $\frac{2}{3}U_{DD}$，比较器 B 的基准电平为 $\frac{1}{3}U_{DD}$。改变 5 脚的电压可改变比较器 A、B 的基准电平。A、B 是两个结构完全相同的高精度电压比较器。A 的输入端为引脚 6，B 的输入端为引脚 2，A、B 的输出直接控制基本 RS 触发器的动作。放电管 VT 是 N 沟道增强型的 MOS 管，其控制端为“0”电平时截止，为“1”电平时导通。

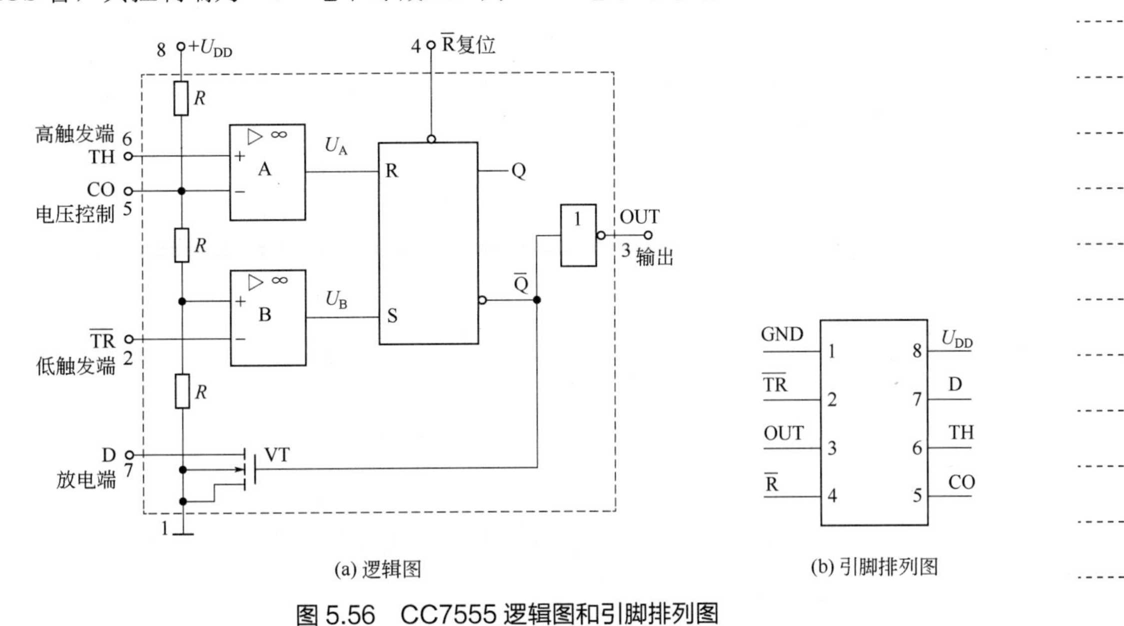

(a) 逻辑图　　(b) 引脚排列图

图 5.56　CC7555 逻辑图和引脚排列图

当 $\overline{R}$ =0 时，输出 OUT=0，放电管导通，其他输入端不起作用。当 TH 端电压＞$\frac{2}{3}U_{DD}$，$\overline{TR}$ 端电压＞$\frac{1}{3}U_{DD}$ 时，R=1，S=0，RS 触发器被置“0”，输出低电平，放电管 VT 导通，D 端对地短路。当 TH 端电压下降到＜$\frac{2}{3}U_{DD}$ 时，只要 $\overline{TR}$ 端电压＞$\frac{1}{3}U_{DD}$，触发器状态不变，输出仍然为低电平。如果 $\overline{TR}$ 引入负脉冲，则触发器翻转，输出为高电平，放电管 VT 截止。CC7555 定时器功能表如表 5.16 所示。

表 5.16　CC7555 定时器功能表

高触发端 TH 状态	低触发端 $\overline{TR}$ 状态	复位端 $\overline{R}$ 状态	输出端 OUT 状态	放电管 VT 状态
×	×	0	0	导通
$>\frac{2}{3}U_{DD}$	$>\frac{1}{3}U_{DD}$	1	0	导通
$<\frac{2}{3}U_{DD}$	$>\frac{1}{3}U_{DD}$	1	保持	保持
×	$<\frac{1}{3}U_{DD}$	1	1	截止

二、555 集成定时器应用

施密特触发器

1. 施密特触发器

施密特触发器可对脉冲波形进行整形、变换，可对脉冲幅度进行鉴别。由 555 定时器构成的施密特触发器如图 5.57 所示。它将 555 的高触发端 TH 和低触发端 $\overline{TR}$ 连接在一起作为输入端，5 端经 0.01 μF 的电容接地。

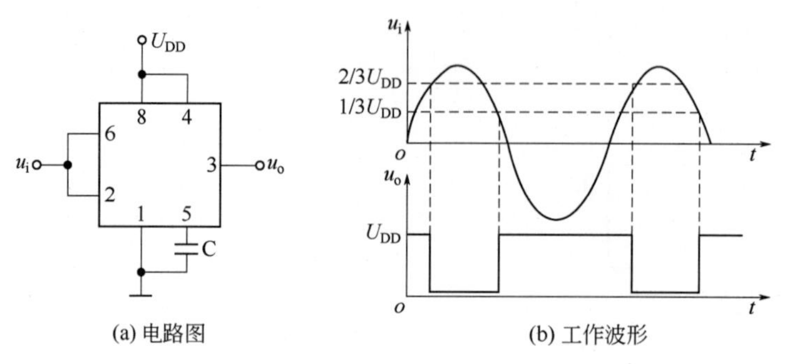

图 5.57　555 定时器构成的施密特触发器

若 $u_i>\frac{2}{3}U_{DD}$，即 $u_2=u_6=u_i>\frac{2}{3}U_{DD}$，输出 u_o 为低电平。若 $u_i<\frac{1}{3}U_{DD}$，$u_2=u_6=u_i<\frac{1}{3}U_{DD}$，则输出 u_o 为高电平。

在 u_i 上升过程中，输出高电平翻转为输出低电平的上限触发电平 $U_{T+}=\frac{2}{3}U_{DD}$；在 u_i 下降过程中，输出低电平翻转为输出高电平的下限触发电平 $U_{T-}=\frac{1}{3}U_{DD}$。两者之差称为回差电压。

回差电压越大，电路的抗干扰能力就越强，但过大会使触发器灵敏度降低。在实际应用中，可根据实际需要改变定时器 5 端的外加控制电压，即可改变回差电压的大小。图 5.58 为施密特触发器的回差特性。

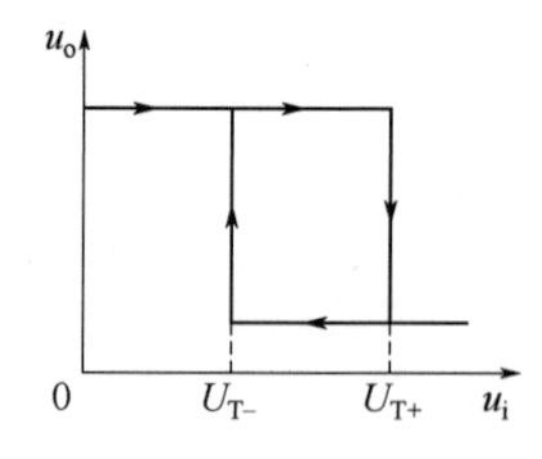

图 5.58　施密特触发器的回差特性

施密特触发器可以将变化缓慢的非矩形波变换为矩形波，如图 5.59 所示。

将一个不规则的或者在信号传送过程中受到干扰而变坏的波形经过施密特电路整形，可以得到良好的波形，如图 5.60 所示。

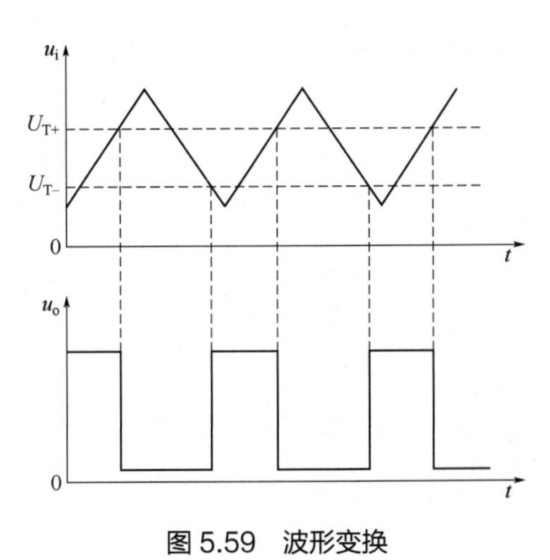

图 5.59　波形变换

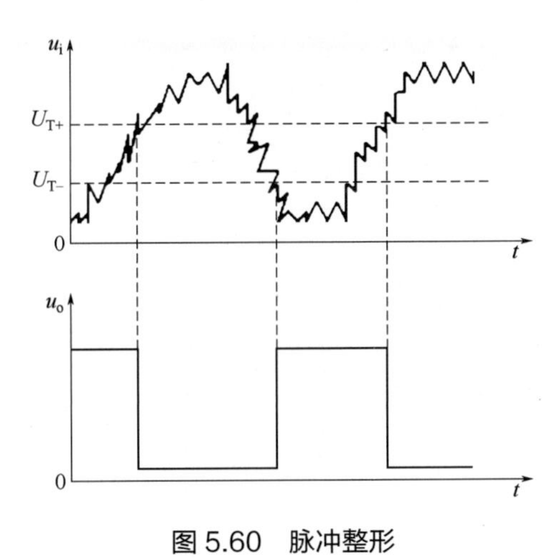

图 5.60　脉冲整形

2. 多谐振荡器

多谐振荡器是一种不需外加触发信号便能自动地周期性翻转，从而产生连续矩形波的电路。由 555 定时器构成的多谐振荡器如图 5.61 所示。

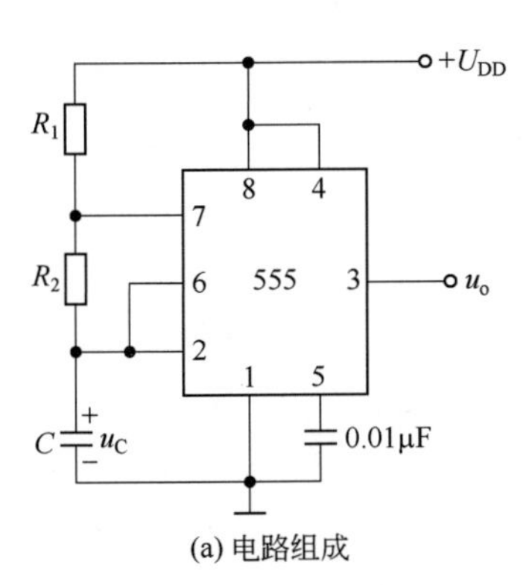

(a) 电路组成

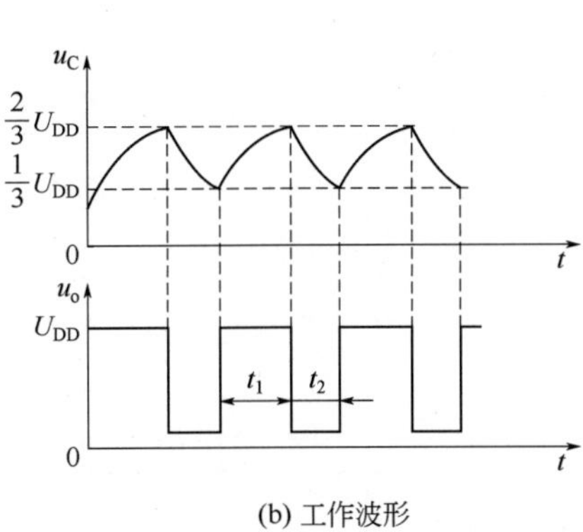

(b) 工作波形

图 5.61　555 定时器构成的多谐振荡器

设接通电源时，$u_C=0$，故 $u_6=u_2<\frac{1}{3}U_{DD}$，$u_o$ 为高电平。放电管 VT 截止，电容 C 被充电，充电回路：$U_{DD}\rightarrow R_1\rightarrow R_2\rightarrow C\rightarrow$ 地，电路处于第一暂稳态。随着 C 的充电，电容 C 两端电压 u_C 逐渐升高，当 $u_C>\frac{2}{3}U_{DD}$，$u_6=u_2>\frac{2}{3}U_{DD}$，$u_o$ 为低电平，放电管 VT 由截止转为导通，C 放电，放电回路：$C\rightarrow R_2\rightarrow$ VT$\rightarrow$ 地，电路处于第二暂稳态。C 放电至 $u_C<\frac{1}{3}U_{DD}$ 后，电路又翻转到第一稳态，电容 C 放电结束，C 再次被充电，电路重复上述过程。

由理论分析得知 $t_1=0.7(R_1+R_2)C$，$t_2=0.7R_2C$，定义 $D=\frac{t_1}{t_1+t_2}$ 为脉冲波形的占空比，用百分数来表示。改变 R_1 或 R_2，就可以改变输出波形的占空比。

用多谐振荡器可以组成液位控制器，电路如图 5.62 所示。图中 C_1 两端接导线，将探测电极浸入要控制的液体中。平时液位正常，电极之间导通，C_1 被短路而不能充电，C_1 两端没有电压，555 多谐振荡器停振，扬声器不发声。当液位下降到探测电极以下时，探测电极之间开路，C_1 被充电，多谐振荡器工作，扬声器便发出报警声。

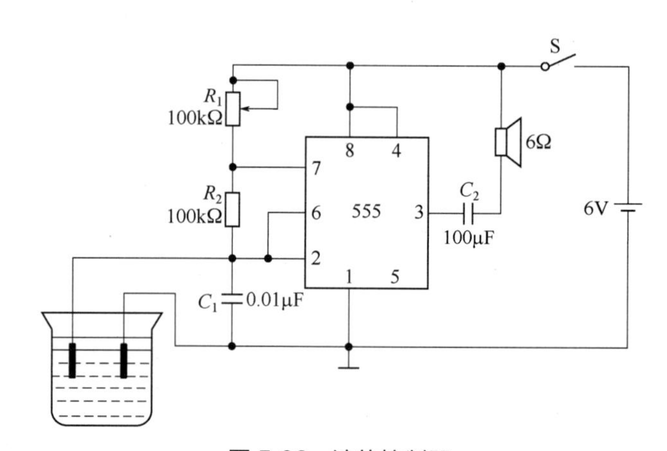

图 5.62　液位控制器

用多谐振荡器可以组成照明灯自动控制电路，见图 5.63，图中 R 是光敏电阻。

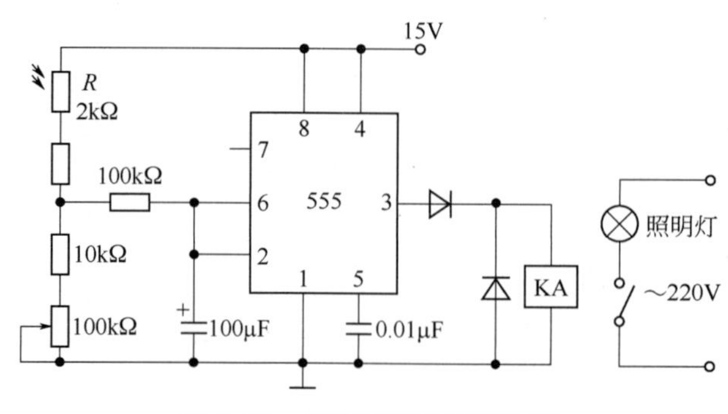

图 5.63　照明灯自动控制电路

白天受到光照，光敏电阻阻值变小，555 定时器输出为低电平，不足以使继电器 KA 动作，照明灯熄灭。夜间无光照或光照减弱，*R* 光敏电阻增大，555 定时器输出高电平，使继电器 KA 动作，照明灯接通。100kΩ电位器用于调节灵敏度，阻值增加易于熄灯，阻值减小易于开灯。设置二极管是为防止继电器感应电动势损坏 555 定时器，起续流保护作用。

图 5.64 所示是防盗报警电路，用 555 定时器构成多谐振荡器，a、b 两端被一细铜丝接通，此细铜丝置于盗窃者必经之处。接通开关时，由于 a、b 间的细铜丝接在复位端 4 与“地”之间，555 定时器被强制复位，输出为低电平，扬声器中无电流，不发声。一旦盗窃者闯入室内碰断细铜丝，4 端获高电平，555 定时器构成的多谐振荡器开始工作，由 3 端输出一定频率的矩形波，经隔直电容后供给扬声器，扬声器发出警报声。

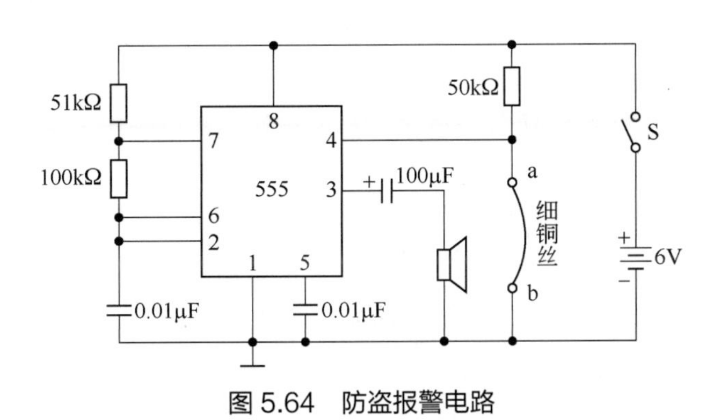

图 5.64 防盗报警电路

3. 单稳态触发器

由 555 定时器可构成单稳态触发器，如图 5.65 所示。

单稳态触发器

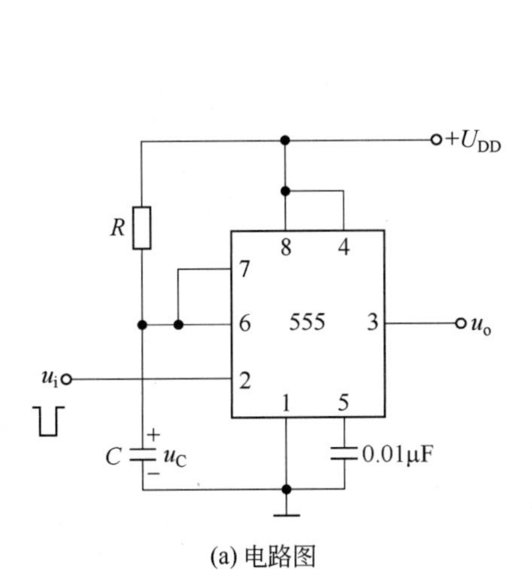

(a) 电路图

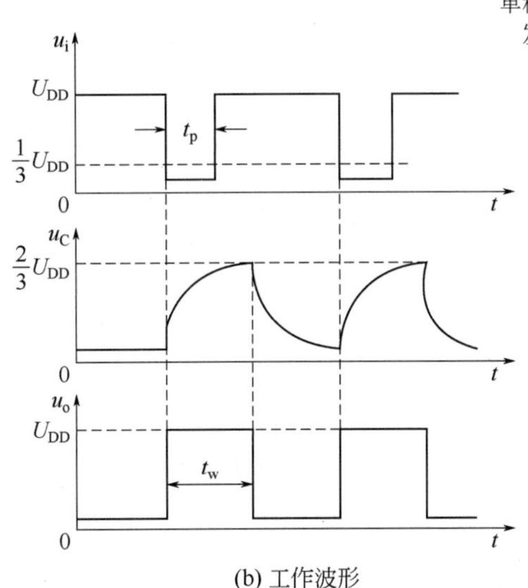

(b) 工作波形

图 5.65 单稳态触发器

输入触发信号(低电平有效)尚未加入时，u_i为高电平，$u_2=u_i>\frac{1}{3}U_{DD}$，而$u_6$的大小由$u_C$来决定，若$u_C$=0V(未充电)，则$u_6=u_C<\frac{2}{3}U_{DD}$，则电路处于保持状态。若$u_C\neq$0V，设$u_C>\frac{2}{3}U_{DD}$，则电路输出$u_o$为低电平，放电管VT处于导通状态，故$u_C>\frac{2}{3}U_{DD}$，不能维持而降至0V，电路也处于保持状态，电路输出u_o仍然为低电平。因此该状态只要输入触发信号未加入，输出为0的状态可一直保持，故称为稳定状态。当输入触发脉冲(窄脉冲)加入后，$u_2=u_i<\frac{1}{3}U_{DD}$，此时$u_6=u_C=0V<\frac{1}{3}U_{DD}$，输出$u_o$为高电平，VT截止，$C$充电，充电回路：$U_{DD}\to R\to C\to$地，充电时间常数为$\tau=RC$。电路进入暂稳态。当$u_C$上升至$>\frac{2}{3}U_{DD}$时，即$u_6=u_C>\frac{2}{3}U_{DD}$，此时$u_i$已回到高电平，故$u_2=u_i>\frac{1}{3}U_{DD}$，则输出$u_o$回到低电平，暂稳态结束，放电管VT导通，C经VT放电，由于放电回路等效电阻很小，放电极快。电路经短暂的恢复过程后，自动返回至稳态。

输出脉冲宽度t_w计算公式为$t_w=1.1RC$。由此可见，单稳态触发器的输出脉冲宽度（即暂稳态时间）与电源电压大小和输入脉冲宽度无关，仅由电路自身RC参数决定。

单稳态触发器是常见的脉冲基本单元电路之一，广泛用于脉冲的定时和延时。由于单稳态触发器能产生一定宽度的矩形输出脉冲，因此可利用这个矩形脉冲去控制某电路，这就是脉冲的定时控制。图5.66所示定时电路是利用输出宽度为t_w的矩形脉冲作为与门输入信号之一，只有在t_w时间内，与门才打开，信号A才能通过与门。

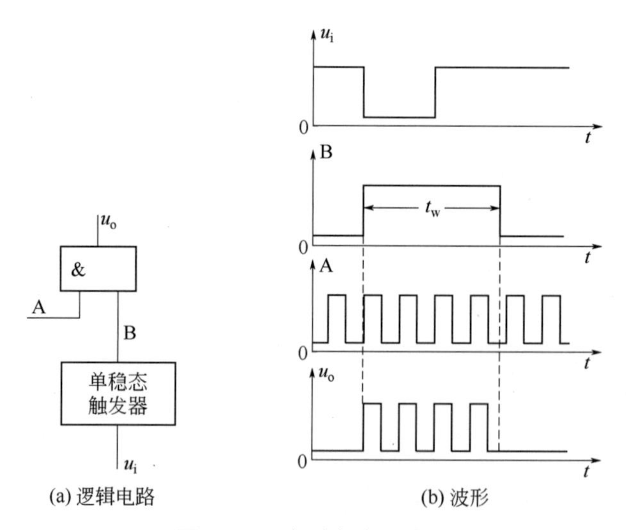

图5.66 定时电路及波形

图5.67所示延时电路中，用单稳态电路的输出u_o作为其他电路的触发信号。u_o的下降沿比输入触发信号u_i的下降沿延迟了t_w，利用u_o下降沿触发其他电路（例如JK触发器），比用

笔记

u_i 下降沿触发时延迟了 t_W 时间，这就是单稳态电路的延时作用。

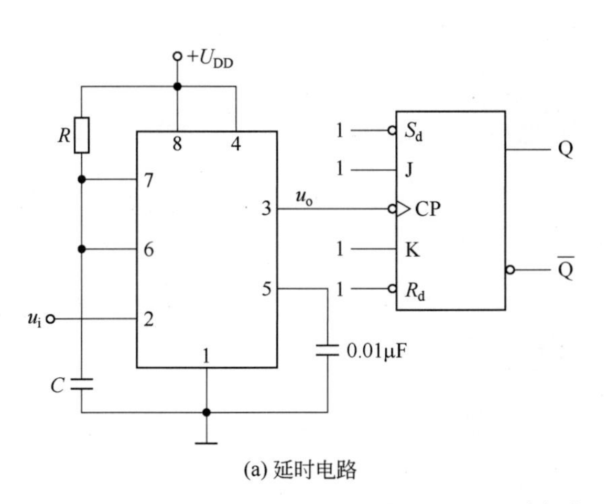

(a) 延时电路

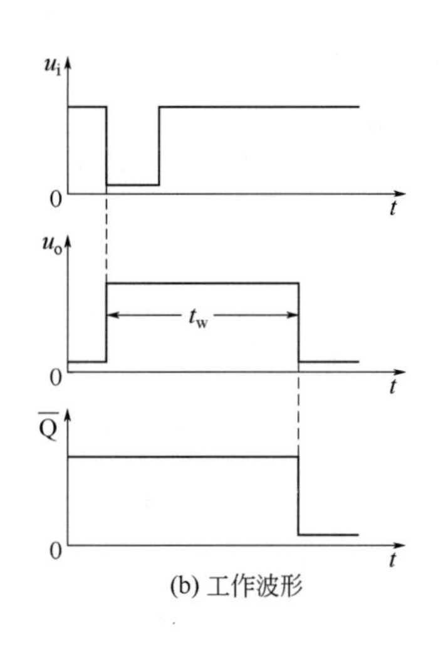

(b) 工作波形

图 5.67　延时电路及波形

任务实施

分析图 5.68 所示过压监视电路中多谐振荡电路的组成，分析电路报警原理，分析当 u_x 超过多少时电路报警，求出 LED 的闪烁周期。学生可分组完成。

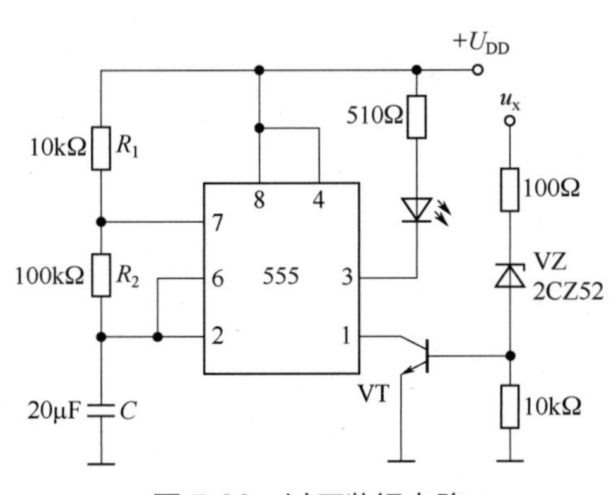

图 5.68　过压监视电路

图 5.68 中，由 555 定时器和 R_1、R_2、C 构成多谐振荡电路，当 u_x 小于 5.1V 时，VZ 处于截止状态，VT 也处于截止状态，多谐振荡电路并不工作，LED 不闪烁；

当 u_x 大于 5.1V 时，VZ 被反向击穿，VT 饱和导通，将 555 的 1 端与地连接，多谐振荡电路开始工作，LED 闪烁，进行 u_x 过电压报警。

由前面的知识可知，LED 闪烁周期为：

$$T = 0.7(R_1 + 2R_2)C = 0.7 \times (10 + 2 \times 100) \times 10^3 \times 20 \times 10^{-6} \approx 3(\text{s})$$

如果要改变 LED 灯的闪烁频率，可以将电阻 R_2 更换成可调电阻，通过改变其电阻值来改变 LED 的闪烁频率。

任务自测

任务自测 5.3

微学习

微学习 5.3

任务四　A/D 与 D/A 转换器

任务描述

分析已知的 A/D 与 D/A 转换电路，并说出为什么需要进行这样的转换。

任务分析

要能完成上述任务，需要首先了解 A/D 与 D/A 转换系统的原理、电路结构，然后才能正确分析其功能和作用。

知识准备

自然界存在的物理量大多是模拟量，工程上处理这些信号，一般先要将这些物理量变成电压、电流等电信号模拟量，再经过 A/D 转换器变成数字量，送给计算机或数字控制电路进行处理；处理结果又需要经过 D/A 转换器变成电压、电流等模拟量，实现自动控制，如图 5.69。把模拟信号转换成数字信号的电路称为模/数转换器，简称 A/D 转换器或 ADC；把数字信号转换成模拟信号的电路称为数/模转换器，简称 D/A 转换器或 DAC。

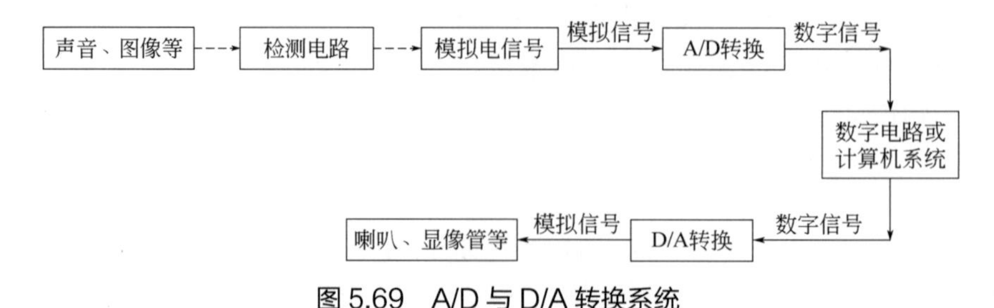

图 5.69　A/D 与 D/A 转换系统

一、D/A 转换器（DAC）

笔记

数字量是将代码按数位组合起来表示的，对于有权码，每位代码都有一定的权。为了将数字量转换成模拟量，必须将每位的代码按其权的大小转换成相应的模拟量，然后将这些模拟量相加，即可得到与数字量成正比的总模拟量，从而实现了数字-模拟转换。图 5.70 所示是 D/A 转换器的输入输出关系框图，D_0～D_{n-1} 是输入的 n 位二进制代码。

数/模转换器

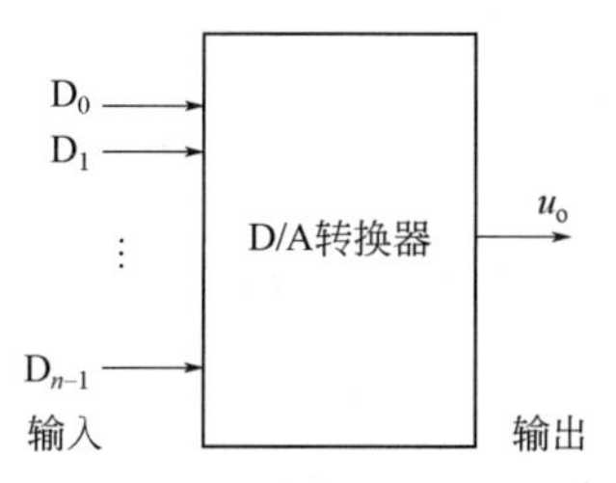

图 5.70　D/A 转换器的输入输出关系框图

图 5.71 所示是一个 3 位 D/A 转换器的转换特性，它具体而形象地反映了 D/A 转换器的基本功能。

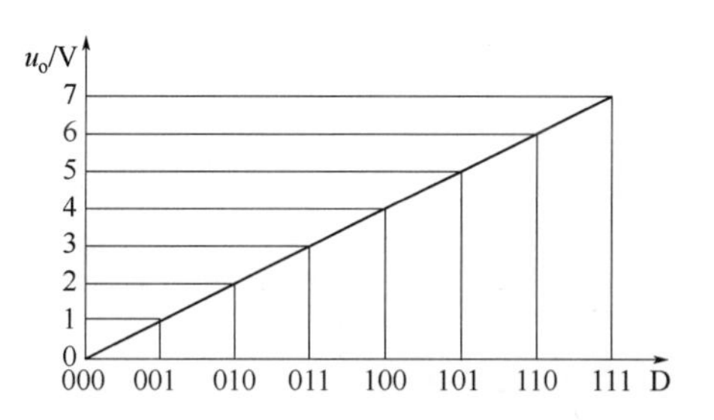

图 5.71　3 位 D/A 转换器的转换特性

D/A 转换器按电阻网络的结构不同可分为权电阻网络、T 型电阻网络和倒 T 型电阻网络。按电子开关的形式不同可分为 CMOS 开关转换器和双极型开关转换器。

图 5.72 所示为权电阻网络 D/A 转换器原理图，由权电阻网络、模拟开关和运算放大器组成。U_{ref} 为基准电压。电阻网络的各电阻的值呈二进制权的关系，并与输入二进制数字量对应的位权成比例关系。最低位对应的电阻最大，为 2^3R，然后依次减半，最高位对应的电阻值最小，为 2^0R。权电阻网络中的每个电阻的一端都接基准电压源 U_{ref}，另一端则分别和相应的电子开关相连；输入数字量 D_3、D_2、D_1 和 D_0 分别控制模拟电子开关 S_3、S_2、S_1 和 S_0 的工作状态。当 D_i 为 1 时，开关 S_i 接通参考电压 U_{ref}；当 D_i 为 0 时，开关 S_i 接地。

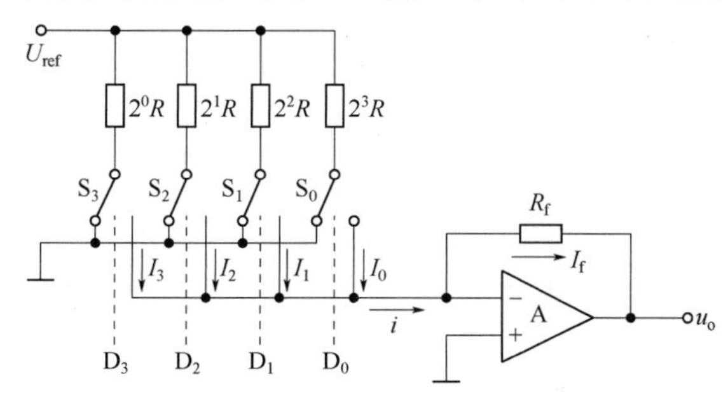

图 5.72　权电阻网络 D/A 转换器原理图

流过所有电阻的电流之和与输入的数字量成正比。运算放大器总的输入电流为

$$
\begin{aligned}
i &= I_0 + I_1 + I_2 + I_3 \\
&= \frac{U_{\text{ref}}}{2^3 R}\mathrm{D}_0 + \frac{U_{\text{ref}}}{2^2 R}\mathrm{D}_1 + \frac{U_{\text{ref}}}{2^1 R}\mathrm{D}_2 + \frac{U_{\text{ref}}}{2^0 R}\mathrm{D}_3 \\
&= \frac{U_{\text{ref}}}{2^3 R}\left(2^0\mathrm{D}_0 + 2^1\mathrm{D}_1 + 2^2\mathrm{D}_2 + 2^3\mathrm{D}_3\right) \\
&= \frac{U_{\text{ref}}}{2^3 R}\sum_{i=0}^{3} 2^i \mathrm{D}_i
\end{aligned}
$$

若运算放大器的反馈电阻 $R_{\mathrm{f}}=R/2$，由于其输入电阻无穷大，所以 $I_{\mathrm{f}}=i$，则运放的输出电压为

$$
u_{\mathrm{o}} = -I_{\mathrm{f}} R_{\mathrm{f}} = -\frac{R}{2}\times\frac{U_{\text{ref}}}{2^3 R}\sum_{i=0}^{n-1} 2^i \mathrm{D}_i = -\frac{U_{\text{ref}}}{2^4}\sum_{i=0}^{3} 2^i \mathrm{D}_i
$$

对于 n 位的权电阻 D/A 转换器，其输出电压为

$$
u_{\mathrm{o}} = -\frac{U_{\text{ref}}}{2^n}\sum_{i=0}^{n-1} 2^i \mathrm{D}_i
$$

二进制权电阻 D/A 转换器的模拟输出电压与输入的数字量成正比关系。当输入数字量全为 0 时，输出电压为 0V；当输入数字量全为 1 时，输出电压为 $-(1-\frac{1}{2^n})U_{\text{ref}}$。

权电阻网络 D/A 转换器的优点是结构简单，所用的电阻个数比较少。它的缺点是电阻的取值范围太大，这个问题在输入数字量的位数较多时尤其突出。例如当输入数字量的位数为 12 位时，最大电阻与最小电阻之间的比例达到 2048∶1，要在如此大的范围内保证电阻的精度是十分困难的。

在单片集成 D/A 转换器中，使用最多的是倒 T 形电阻网络 D/A 转换器。图 5.73 所示为倒 T 形电阻网络 D/A 转换器的原理图。S_0～S_3 为模拟开关，电阻网络呈倒 T 形，运算放大器 A 构成求和电路。S_i 由输入数码 D_i 控制。当 D_i=1 时，S_i 接运放反相输入端（“虚地”），I_i 流入求和电路；当 D_i=0 时，S_i 将电阻 $2R$ 接地。无论模拟开关 S_i 处于何种位置，与 S_i 相连的 $2R$

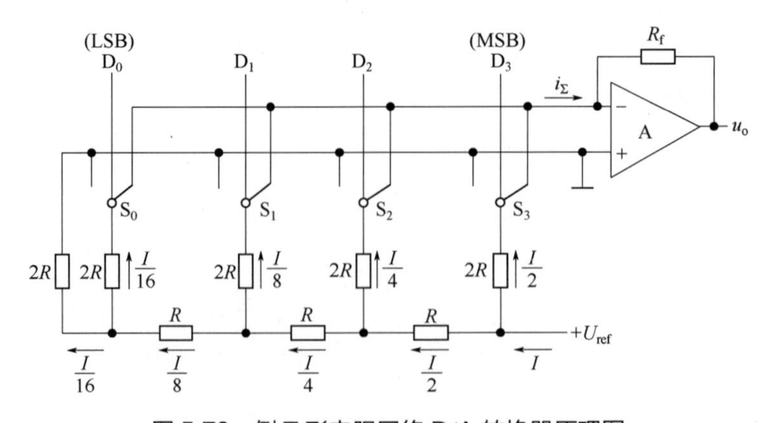

图 5.73 倒 T 形电阻网络 D/A 转换器原理图

电阻均等效接“地”（地或虚地）。这样流经 2R 电阻的电流与开关位置无关，为确定值。分析电阻网络不难发现，从每个接点向左看的二端网络等效电阻均为 R，流入每个 2R 电阻的电流从高位到低位按 2 的整倍数递减。设由基准电压源提供的总电流为 $I(I=U_{\text{ref}}/R)$，则流过各开关支路（从右到左）的电流分别为 $I/2$、$I/4$、$I/8$ 和 $I/16$。

于是可得总电流：

$$\begin{aligned} i_{\Sigma} &= \frac{U_{\text{ref}}}{R}\left(\frac{\text{D}_0}{2^4}+\frac{\text{D}_1}{2^3}+\frac{\text{D}_2}{2^2}+\frac{\text{D}_3}{2^1}\right) \\ &= \frac{U_{\text{ref}}}{2^4 R}\sum_{i=0}^{3}\left(\text{D}_i \times 2^i\right) \end{aligned}$$

输出电压

$$\begin{aligned} u_{\text{o}} &= -i_{\Sigma} R_{\text{f}} \\ &= -\frac{R_{\text{f}}}{R}\times\frac{U_{\text{ref}}}{2^4}\sum_{i=0}^{3}\left(\text{D}_i \cdot 2^i\right) \end{aligned}$$

将输入数字量扩展到 n 位，可得 n 位倒 T 形电阻网络 D/A 转换器输出模拟量与输入数字量之间的一般关系式如下：

$$u_{\text{o}} = -\frac{R_{\text{f}}}{R}\times\frac{U_{\text{ref}}}{2^n}\left[\sum_{i=0}^{n-1}\left(\text{D}_i \times 2^i\right)\right]$$

设　$K=\dfrac{R_{\text{f}}}{R}\times\dfrac{U_{\text{ref}}}{2^n}$，$N_{\text{B}}$ 表示括号中的 n 位二进制数，则：

$$u_{\text{o}} = -KN_{\text{B}}$$

要使 D/A 转换器具有较高的精度，对电路中的参数有以下要求：①基准电压稳定性好；②倒 T 形电阻网络中 R 和 2R 电阻的比值精度要高；③每个模拟开关的开关电压降要相等。

为实现电流从高位到低位按 2 的整倍数递减，模拟开关的导通电阻也相应地按 2 的整倍数递增。

由于在倒 T 形电阻网络 D/A 转换器中，各支路电流直接流入运算放大器的输入端，它们之间不存在传输上的时间差。电路的这一特点不仅提高了转换速度，而且也减少了动态过程中输出端可能出现的尖脉冲。

D/A 转换器的主要性能指标包括以下两个。

① 转换精度。D/A 转换器的转换精度通常用分辨率和转换误差来描述。分辨率指 D/A 转换器的模拟输出所能产生的最小电压变化量与满刻度输出电压之比。最小输出电压变化量就是指对应于输入数字量最低位（LSB）为 1，其余各位为 0 的输出电压，记为 U_{LSB}，满刻度输出电压就是对应于输入数字量的各位全为 1 的输出电压，记为 U_{FSR}。对于一个 n 位的 D/A 转换器，分辨率可表示为 $U_{\text{FSR}}/U_{\text{LSB}}=1/(2^n-1)$。分辨率与 D/A 转换器的位数有关，位数越多，能够分辨的最小输出电压变化量就越小。但分辨率是一个设计参数，不是测试参数。

转换误差的来源很多，是一个综合指标，包括零点误差、增益误差等，它不仅与 D/A 转换器的元件参数的精度有关，而且还与环境温度、求和运算放大器的温度漂移以及转换器的位数有关。转换误差是指 D/A 转换器实际输出的模拟电压与理论输出模拟电压的最大误差。所以，要获得较高精度的 D/A 转换结果，除了正确选用 D/A 转换器的位数外，还要选用低漂移高精度的求和运算放大器。通常要求 D/A 转换器的误差小于 $U_{LSB}/2$。

② 转换时间。转换时间是指 D/A 转换器从输入数字信号开始转换到输出的模拟电压达到稳定值所需的时间。它是反映 D/A 转换器工作速度的指标。转换时间越小，工作速度就越高。

图 5.74 所示的 DAC0832 是 8 位 D/A 转换器，它有两个数据寄存器，可以实现两次缓冲。DAC0832 中采用的是倒 T 形电阻网络，无运算放大器，是电流输出型，使用时需外接运算放大器。芯片中已经设置了 R_{fb}，只要将 9 号引脚接到运算放大器输出端即可。但若运算放大器增益不够，还需外接反馈电阻。

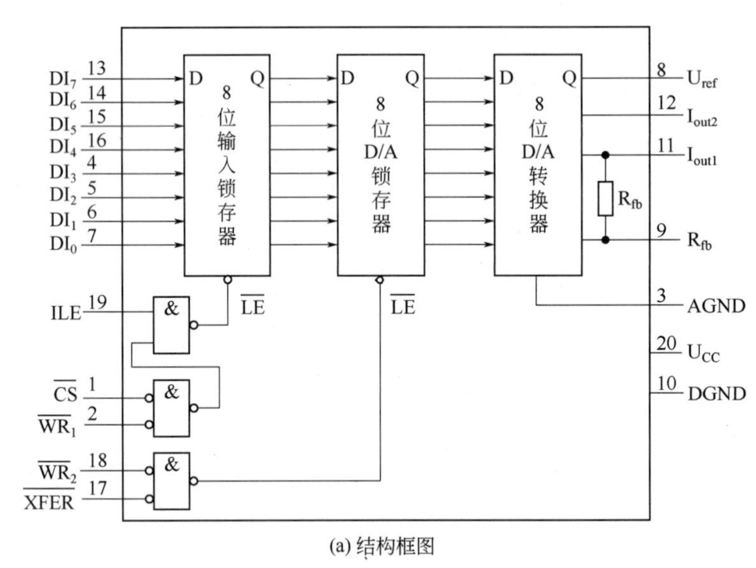

(a) 结构框图

(b) 引脚排列图

图 5.74　DAC0832 D/A 转换器

DAC0832 的引脚功能说明如下：

DAC0832 简介

DI_0～DI_7：数字信号输入端；

ILE：输入寄存器允许，高电平有效；

$\overline{CS}$：片选信号，低电平有效；

$\overline{WR_1}$：输入锁存器的写信号，低电平有效；

$\overline{XFER}$：传送控制信号，低电平有效；

$\overline{WR_2}$：D/A 锁存器的写信号，低电平有效；

I_{out1}，I_{out2}：DAC 电流输出端；

R_{fb}：反馈电阻，是集成在片内的外接运放的反馈电阻；

U_{ref}：基准电压，−10～+10V；

U_{CC}：电源电压，+5～+15V；

AGND：模拟地，可接在一起使用；

DGND：数字地。

DAC0832 输出的是电流信号，要转换为电压，还必须经过一个外接的运算放大器。

$\overline{CS}$、ILE、$\overline{WR_1}$ 这三个信号在一起配合使用，用于控制对输入锁存器的操作。只有当 $\overline{CS}$、ILE、$\overline{WR_1}$ 同时有效时，输入的数字量才能写入输入锁存器，并在 $\overline{WR_1}$ 的上升沿实现数据锁存。$\overline{XFER}$、$\overline{WR_2}$ 这两个信号在一起配合使用，用于控制对 D/A 锁存器的操作。只有当 $\overline{XFER}$、$\overline{WR_2}$ 同时有效时，输入锁存器的数字量才能写入到 D/A 锁存器，各个 D/A 转换器同时转换，同时给出模拟输出。D_0～D_7 是 8 位数字量输入，其中，DI_0 为最低位，DI_7 为最高位。当 D/A 锁存器中的数据全为 1 时，满量程输出；当 D/A 锁存器中的数据全为 0 时，I_{out1}=0。I_{out2} 为满量程输出电流与 I_{out1} 之差。

DAC0832 包含两个数字寄存器——输入锁存器和 8 位 D/A 锁存器，因此称为双缓冲，这是不同于其他 D/A 转换器的显著特点。数据在进入倒 T 形电阻网络之前，必须经过两个独立控制的寄存器，这对使用者是有利的。

在不需要双缓冲的场合，为了提高数据通过率，可采用单缓冲与直通方式。例如 $\overline{CS}=\overline{WR_2}=\overline{XFER}$=0，ILE=1 时，8 位 D/A 锁存器处于“透明”状态，即直通。$\overline{WR_1}$=1 时，数据锁存，模拟输出不变，$\overline{WR_1}$=0 时，模拟输出更新，这称为单缓冲工作方式。又如 $\overline{CS}=\overline{WR_2}=\overline{XFER}=\overline{WR_1}$=0，ILE=1 时，两个寄存器都处于直通状态，模拟输出能够快速反映输入数码的变化，使输入的二进制信息直接转换为模拟输出。

两片 74LS161 可构成一个 8 位二进制计数器，通过 DAC0832 将计数器输出的 8 位二进制信息转换为模拟电压，完成数字量和模拟量之间的转换，如图 5.75 所示。

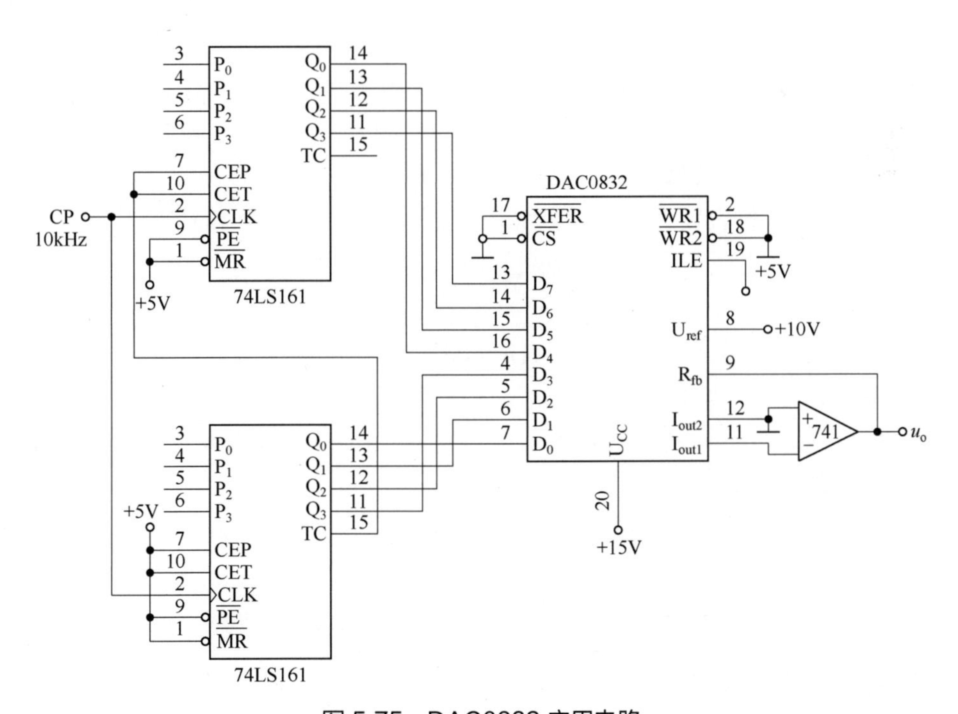

图 5.75　DAC0832 应用电路

DAC0832 在很多应用系统中用来作电压波形发生器，图 5.76 为一种双极性电压波形发生器的电路图，与 D/A 转换器无关的部分未画。DAC0832 输入数据采用单缓冲方式，$\overline{WR_1}$ 和 $\overline{XFER}$ 控制线与 DGND 一起接地，使第二级输入 DAC 寄存器处于常通状态。$\overline{WR_1}$ 与 89C51 的 $\overline{WR}$ 连在一起，$\overline{CS}$ 接 P2.6，当 P2.6=0 时，选通输入寄存器，由于 DAC 寄存器始终处于常通状态，数字量可直接通过 DAC 寄存器，并由 D/A 转换器转换成输出电压。

在单极性输出运算放大器 A1 后面加一级运算放大器 A2，形成比例求和电路，通过电平移动，使单极性输出变为双极性输出。只要编写不同的程序便可产生不同波形的模拟电压。

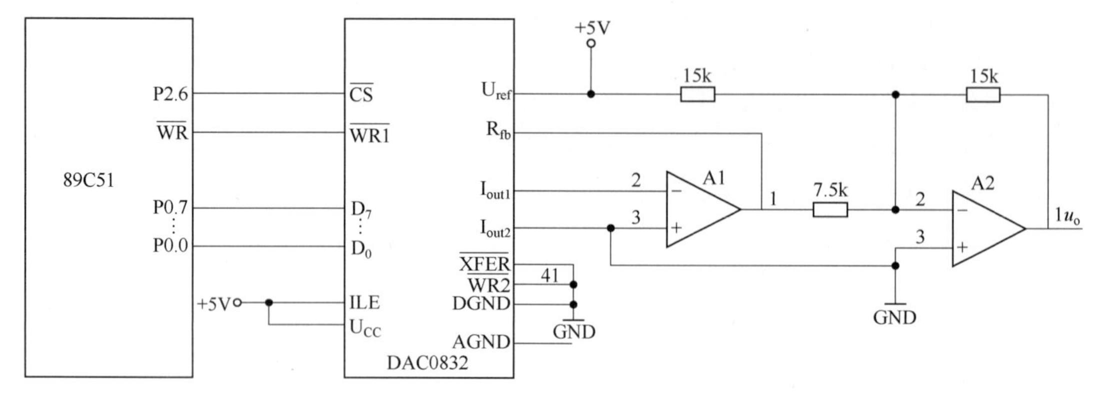

图 5.76　双极性电压波形发生器电路

随着工业自动化程度的不断提高，在工业中使用的仪表日趋智能化、多功能化、小型化，其硬件电路设计大多采用单片机微处理器为核心，再配以外围电路构成。由于部分仪表需要把现场的模拟信号转换成单片机能够处理的数字信号，再把单片机经数据处理后得到的数字信号转换成模拟信号输出，这些仪表的硬件电路设计需要同时具有 A/D 转换和 D/A 转换两种功能。在同时需要 D/A 和 A/D 转换功能的仪表中，可以用一片 A/D 转换器和一片 D/A 转换器来分别实现 A/D 和 D/A 转换功能，但由于 A/D 和 D/A 转换器芯片的价格都较高，仪表的成本也较高。一些工业仪表设计中采用可编程双通道 D/A 转换器 TLC5618 的一个通道实现 D/A 转换，用它的另一个通道通过软件编程以逐次比较方式来实现 A/D 转换，该方法具有以下特点：

① 节省一片 A/D 转换器，降低了仪表成本。

② TLC5618 体积小（8 引脚的小型 D 封装），便于小型化设计，减少了印刷线路板面积。

③ TLC5618 采用 3 线串行数据输入方式，占用 CPU 的 I/O 口少，硬件搭接简单，外围器件少，软件编程方便。

④ 对于标准 1～5V 信号，TLC5618 的分辨率至少可达到 1.3mV，完全可满足工业过程控制精度要求。

⑤ 通过软件编程以逐次比较方式来实现 A/D 转换，建立时间约为 400μs。

二、A/D 转换器（ADC）

A/D 转换器（ADC）是一种将输入的模拟量转换为数字量的转换器。要实现将连续变化的模拟量变为离散的数字量，通常要经过 4 个步骤：采样、保持、量化和编码。一

般前两步由采样保持电路完成，量化和编码由量化编码电路来完成。工作原理如图 5.77 所示。

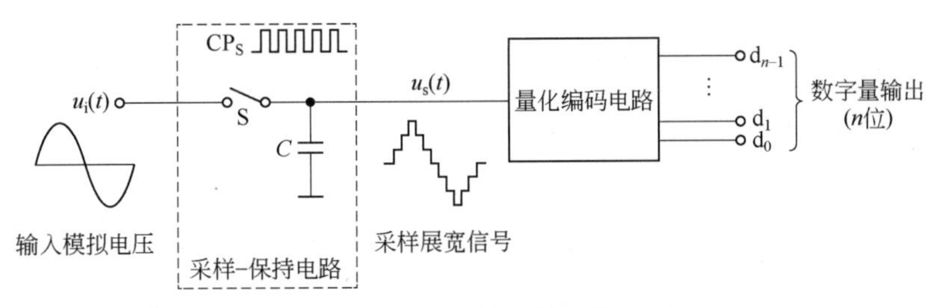

图 5.77　A/D 转换器的工作原理

采样是在时间上连续变化的信号中选出可供转换成数字量的有限个点。根据采样定理，只要采样频率大于模拟信号频谱中的最高频率的 2 倍，就不会丢失模拟信号所携带的信息。ADC 把取样信号转换成数字信号需要一定的时间，图 5.78 所示是一种常见的采样保持电路。

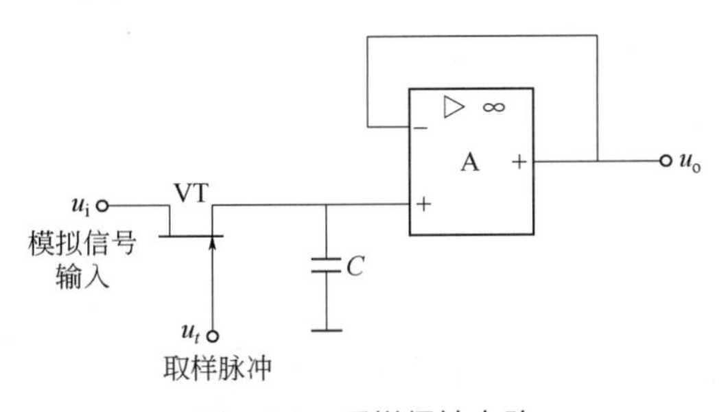

图 5.78　采样保持电路

u_t 有效期间，开关管 VT 导通，u_i 向 C 充电，u_o 跟随 u_i 的变化而变化；u_t 无效期间，开关管 VT 截止，u_o 保持不变，直到下次采样。由于集成运放 A 具有很高的输入阻抗，在采样保持阶段，电容 C 上所存电荷不易泄放。

数字信号不仅在时间上是离散的，而且在数值上也是不连续的，任何一个数字量的大小，都是以某个最小数量单位的整倍数来表示的。因此在用数字量表示取样电压时，必须把它化成这个最小数量单位的整倍数，这个转化过程就叫作量化，所规定的最小数量单位叫做量化单位，用 Δ 表示。显然，数字信号最低有效位中的 1 表示的数量大小，就等于 Δ。把量化的数值用二进制代码表示，称为编码，这个二进制代码就是 A/D 转换的输出信号。既然模拟电压是连续的，那么它就不一定能被 Δ 整除，因而不可避免会引入误差，这种误差称为量化误差。在把模拟信号划分为不同的量化等级时，用不同的划分方法可以得到不同的量化误差。假定需要把 0～+1V 的模拟电压信号转换成 3 位二进制代码，这时便可以取 $\Delta=\frac{1}{8}$V，并规定凡数值在 0～$\frac{1}{8}$V 之间的模拟电压都当作 $0\times\Delta$ 看待，用二进制的 000 表示；凡数值在 $\frac{1}{8}$～$\frac{2}{8}$V 之间的模拟电压都当作 $1\times\Delta$ 看待，用二进制的 001 表示，依此类推，如图 5.79（a）所示。不难看出，最大的量化误差可达 Δ，即 $\frac{1}{8}$V。

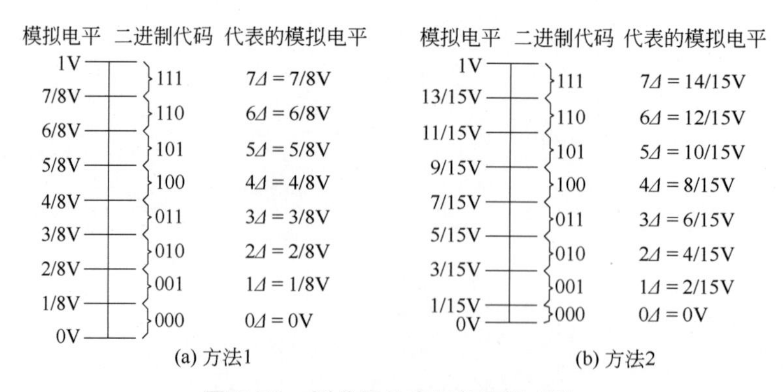

图 5.79 划分量化电平的两种方法

为了减少量化误差，通常采用图 5.90（b）所示的划分方法，取量化单位 $\Delta=\frac{2}{15}$ V，并将 000 代码所对应的模拟电压规定为 $0\sim\frac{1}{15}$ V，即 $0\sim\Delta/2$。这时，最大量化误差将减少为 $\Delta/2=\frac{1}{15}$ V。这个道理不难理解，因为现在把每个二进制代码所代表的模拟电压值规定为它所对应的模拟电压范围的中点，所以最大的量化误差自然就缩小为 $\Delta/2$ 了。

ADC 可分为直接 ADC 和间接 ADC 两大类。在直接 ADC 中，输入模拟信号直接被转换成相应的数字信号，如计数型 ADC、逐次逼近型 ADC 和并行比较型 ADC 等，其特点是工作速度高，转换精度容易保证，调准也比较方便。而在间接 ADC 中，输入模拟信号先被转换成某种中间变量（如时间、频率等），然后再将中间变量转换为最后的数字量，如单次积分型 ADC、双积分型 ADC 等，其特点是工作速度较低，但转换精度可以做得较高，且抗干扰性强，一般在测试仪表中用得较多。下面介绍几种常用的 A/D 转换器。

（1）并联比较型 A/D 转换器

图 5.80 所示为并联比较型 A/D 转换器，图中 U_{ref} 是基准电压，u_i 是输入模拟电压，起幅值在 $0\sim U_{ref}$ 之间，$d_2d_1d_0$ 是输出的 3 位二进制代码，CP 是控制时钟信号。用 8 个串联起来的电阻对 U_{ref} 进行分压，得到从 $U_{ref}/15$ 到 $13U_{ref}/15$ 之间的 7 个比较电平，并把它们分别接到比较器 $C_1\sim C_7$ 的反相输入端，输入模拟电压 u_i 接到每个比较器的同相输入端上，使之与 7 个比较电平进行比较。

寄存器由 7 个边沿 D 触发器构成，CP 上升沿触发，输出送给编码器进行编码，编码器的输出是与输入模拟电压 u_i 相对应的 3 位二进制数。

当 $u_i<U_{ref}/15$ 时，7 个比较器输出全为 0，CP 到来后，寄存器中各个触发器都被置成 0 状态；经编码器编码后输出的二进制代码为 $d_2d_1d_0=000$。

当 $U_{ref}/15<u_i<3U_{ref}/15$ 时，只有 C_1 输出为 1，所以 CP 信号到来后，也只有触发器 FF_1 被置成 1 状态，其余触发器仍为 0 状态；经编码器编码后输出的二进制代码为 $d_2d_1d_0=001$。

当 $3U_{ref}/15<u_i<5U_{ref}/15$ 时，C_2C_1 输出为 1，所以 CP 信号到来后，也只有触发器 FF_2 和 FF_1 被置成 1 状态，其余触发器仍为 0 状态。

当 $13U_{ref}/15<u_i<15U_{ref}/15$ 时，$C_7\sim C_1$ 输出为 1，所以 CP 信号到来后，所有触发器 $FF_7\sim$

FF_1 被置成 1 状态；这样很容易得到不同输入电压下的寄存器状态及相应的输出数字量。表 5.17 是并联比较型 A/D 转换器的真值表。

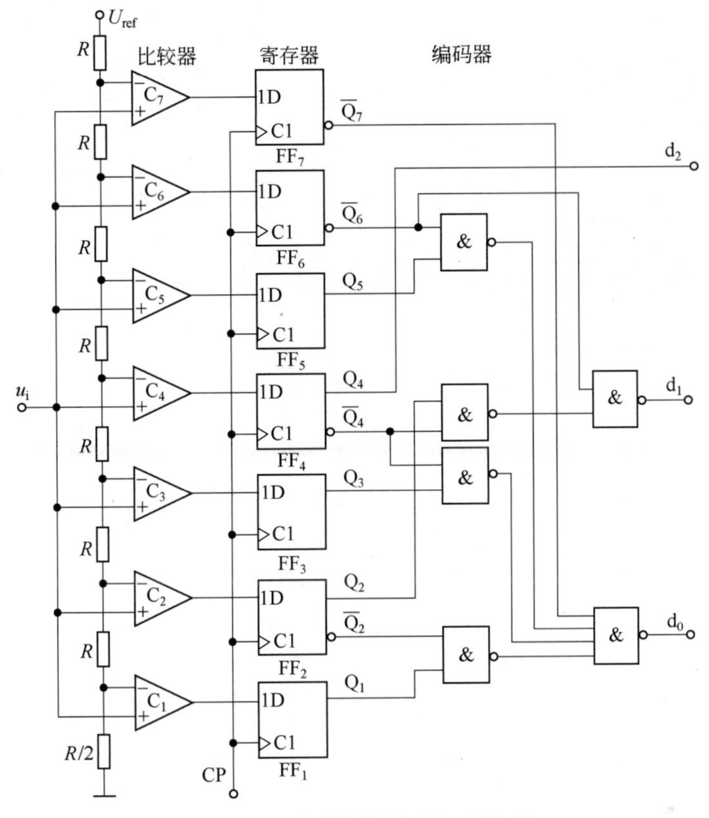

图 5.80　并联比较型 A/D 转换器

表 5.17　并联比较型 A/D 转换器的真值表

输入模拟信号	比较器输出							数字输出		
	Q_7	Q_6	Q_5	Q_4	Q_3	Q_2	Q_1	d_2	d_1	d_0
$0 < u_i < U_{ref}/15$	0	0	0	0	0	0	0	0	0	0
$U_{ref}/15 < u_i < 3U_{ref}/15$	0	0	0	0	0	0	1	0	0	1
$3U_{ref}/15 < u_i < 5U_{ref}/15$	0	0	0	0	0	1	1	0	1	0
$5U_{ref}/15 < u_i < 7U_{ref}/15$	0	0	0	0	1	1	1	0	1	1
$7U_{ref}/15 < u_i < 9U_{ref}/15$	0	0	0	1	1	1	1	1	0	0
$9U_{ref}/15 < u_i < 11U_{ref}/15$	0	0	1	1	1	1	1	1	0	1
$11U_{ref}/15 < u_i < 13U_{ref}/15$	0	1	1	1	1	1	1	1	1	0
$13U_{ref}/15 < u_i < U_{ref}$	1	1	1	1	1	1	1	1	1	1

当 n>4 时，并行 ADC 较复杂，一般很少采用。因此并行 ADC 适用于速度要求很高，而输出位数较少的场合。

（2）逐次逼近型 A/D 转换器

图 5.81 所示为逐次逼近型 A/D 转换器。

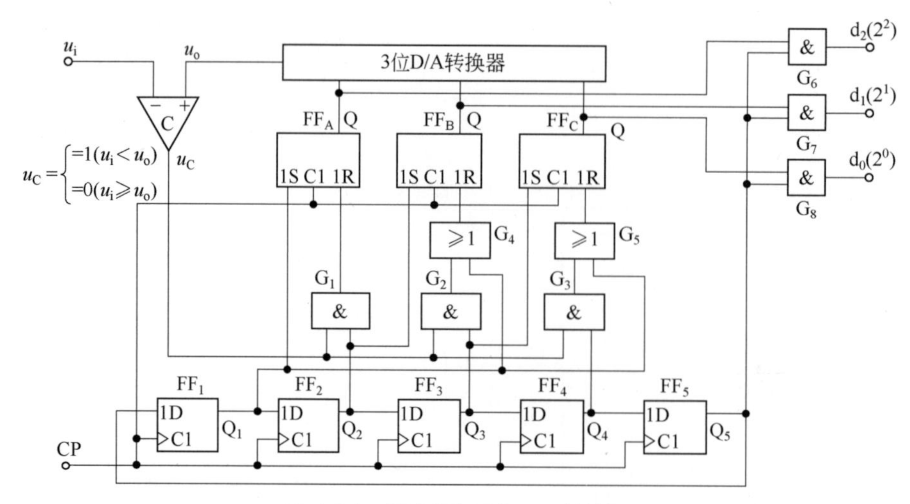

逐次逼近型
A/D 转换器

图 5.81　逐次逼近型 A/D 转换器

逐次逼近型 A/D 转换器的转换原理类似用天平称重量，一边是采样保持电路输出的模拟电压 u_i，另一边是预先加上的反馈电压 u_o（u_o 是数码寄存器中的数字量经 D/A 转换得来的），用比较器将 u_i 与 u_o 做比较，输出信号控制数码寄存器中的数做加减。经反复比较，使反馈电压 u_o 逐次逼近输入模拟量 u_i。首先把数码寄存器最高位置 1，其余各位置 0，该数码经 D/A 转换后的输出电压为 u_o，它等于满量程电压的一半。将 u_i 与 u_o 做比较，若 $u_i \geqslant u_o$，比较器输出 u_C=0，则通过逻辑控制保留数码寄存器最高位的 1；若 $u_i < u_o$，比较器输出 u_c=1，则将数码寄存器最高位的 1 变为 0。然后，控制器再将数码寄存器的次高位置 1，低位还是 0，此数码再经 D/A 转换得出电压 u_o，再与 u_i 进行比较，以确定数码寄存器的数值是 1 还是 0。如此反复比较 n 次，直至数码寄存器最低位的值确定。此时数码寄存器中产生的数码即为 A/D 转换器输出的数字量。

转换开始前，先对电路置初值，使逐次逼近寄存器 FF_A～FF_c 清零，则 D/A 转换器输出电压 u_o=0，使比较器输出 u_c=0；同时环形计数器 FF_1～FF_5 的状态置为 $Q_1Q_2Q_3Q_4Q_5$=10000，由于 Q_5=0，将输出门 G_6～G_8 封锁，没有代码输出。此时逐次逼近寄存器的 3 个 RS 触发器的 R、S 端分别为 S_A=1，R_A=0，S_B=0，R_B=1，S_C=0，R_C=1。

第一个 CP 到来后，FF_A～FF_C 被置为 $Q_AQ_BQ_C$=100，经 D/A 转换后输出模拟电压 u_o，送到比较器与输入的模拟电压 u_i 比较，比较结果 u_C 反馈到控制逻辑电路，去控制 FF_A 输出是否保留，若 u_C=0，保留 1，若 u_C=1，则去掉 1，同时环形计数器右移一位，使 $Q_1Q_2Q_3Q_4Q_5$=01000，由于 Q_5=0，无代码输出，此时逐次逼近寄存器各触发器变为 S_B=1，R_B=0，S_C=0，R_C=0，S_A=0，而 R_A 由 u_C 的值决定。

第二个 CP 到来后，FF_B 被置 1，FF_C 保持 0，而 FF_A 的状态则由 u_C 决定，若 u_C=1，则 R_6=1，使 FF_6 置 0；若 u_C=0，FF_B 保持 1 不变。环形计数器再右移一位，使 $Q_1Q_2Q_3Q_4Q_5$=00010，由于 Q_5=0，仍无代码输出，FF_A～FF_C 个触发器的输入信号变为 S_A=R_A=0，S_C=1，R_C=0，S_B=0，而 R_B 由 u_C 的值决定。

第三个 CP 到来后，FF_C 被置 1，FF_A 保持不变，FF_B 的状态则由 u_C 的值决定，u_C=1，则

笔记

R_6=1，则 FF_B 置 0；如 u_C=0，则 R_6=0，FF_6 保持 1 状态不变。环形计数器再右移一位，使 $Q_1Q_2Q_3Q_4Q_5$=00100，由于 Q_5=0，仍无代码输出。FF_A～FF_C 个触发器的输入信号变为 S_A=R_A=0，S_B=R_B=0，S_C=0，而 R_C 由 u_C 的值决定。

第四个 CP 到来后，FF_A 和 FF_B 都保持不变，FF_C 由 u_C 的值决定，u_C=1，使 FF_C 置 0；如 u_C=0，FF_C 保持 1 状态不变。同时环形计数器再右移一位，使 $Q_1Q_2Q_3Q_4Q_5$=00001，Q_5=1，将输出门 G_6～G_8 打开，转换结果输出，使 $d_2d_1d_0$=$Q_AQ_BQ_C$。

第五个 CP 作用后，环形计数器再右移一位，复位为初始状态，$Q_1Q_2Q_3Q_4Q_5$=10000。

由上分析可知，逐次逼近型 A/D 转换器的数码位数越多，转换结果越精确，但转换时间越长。一个 n 位逐次逼近型 A/D 转换器完成一次转换要进行 n 次比较，需要 n+2 个时钟脉冲。

图 5.82 所示为双积分型 A/D 转换器。

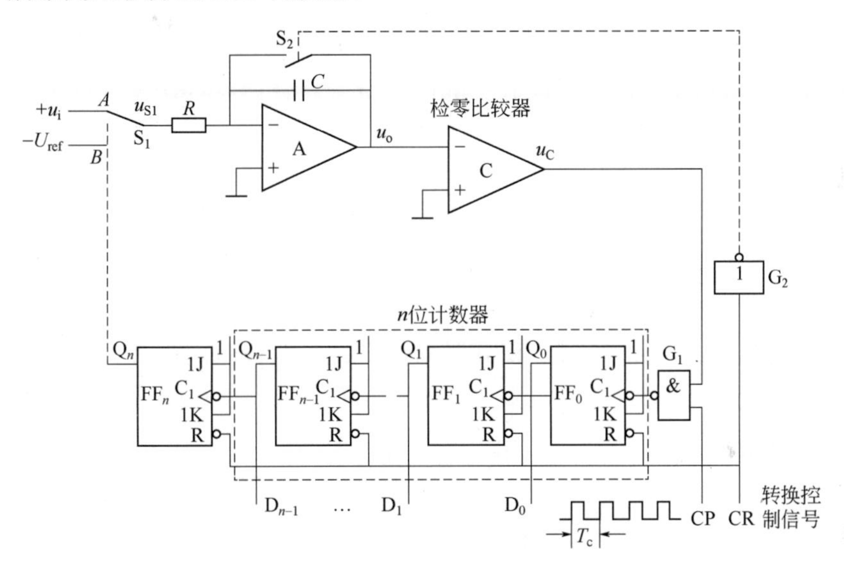

图 5.82　双积分型 A/D 转换器

（3）双积分型 A/D 转换器

对输入模拟电压 u_i 和基准电压-U_{ref} 分别进行积分，将输入电压平均值变换成与之成正比的时间间隔，然后在这个时间间隔里对固定频率的时钟脉冲计数，计数结果就是正比于输入模拟信号的数字量信号。

Q_n=0 时，积分器对被测电压 u_i 进行积分；Q_n=1 时，对基准电压-U_{ref} 进行积分。

当 $u_o \geqslant 0$ 时，检零比较器 C 的输出 $u_c = 0$；当 $u_o < 0$ 时，$u_c = 1$。

计数器为 $n+1$ 位异步二进制计数器。第一次计数是从 0 开始直到 2^n，对 CP 脉冲计数，形成固定时间 $T_1 = 2^nT_c$（T_c 为 CP 脉冲的周期），T_1 时间到时 $Q_n = 1$，使 S_1 从 A 点转接到 B 点。第二次计数，是将时间间隔 T_2 变成脉冲个数 N 保存下来。

当 u_C=1 时，时钟脉冲控制门 G_1 打开，CP 脉冲通过门 G_1 加到计数器输入端。

在准备阶段，转换控制信号 CR = 0，将计数器清 0，并通过 G2 接通开关 S_2，使电容 C 放电；同时，Q_n = 0 使 S_1 接通 A 点。

在采样阶段，当 $t=0$ 时，CR 变为高电平，开关 S_2 断开，积分器从 0 开始积分，积分器的输出电压从 0V 开始下降，即：

$$u_o = -\frac{1}{RC}\int_0^t u_i \mathrm{d}t$$

与此同时，由于 $u_o<0$，故 $u_C=1$，G_1 被打开，CP 脉冲通过 G_1 加到 FF_0 上，计数器从 0 开始计数。直到当 $t=t_1$ 时，$FF_0 \sim FF_{n-1}$ 都翻转为 0 态，而 Q_n 翻转为 1 态，将 S_1 由 A 点转接到 B 点，采样阶段到此结束。若 CP 脉冲的周期为 T_c，则 $T_1=2nT_c$。

设 U_i 为输入电压在 T_1 时间间隔内的平均值，则第一次积分结束时积分器的输出电压为

$$U_P = -\frac{1}{RC}\int_0^{T_1} u_i \mathrm{d}t = -\frac{T_1}{RC}U_i = -\frac{2^n T_C}{RC}U_i$$

在比较阶段，在 $t=t_1$ 时刻，S_1 接通 B 点，$-U_{REF}$ 加到积分器的输入端，积分器开始反向积分，u_o 开始从 U_p 点以固定的斜率回升，若以 t_1 算作 0 时刻，此时有

$$u_o = U_P - \frac{1}{RC}\int_0^t (-U_{ref})\mathrm{d}t = -\frac{2^n T_C}{RC}U_i + \frac{U_{ref}}{RC}t$$

当 $t=t_2$ 时，u_o 正好过零，u_C 翻转为 0，G_1 关闭，计数器停止计数。在 T_2 期间计数器所累计的 CP 脉冲的个数为 N，且有 $T_2=NT_C$。

若以 t_1 算作 0 时刻，当 $t=t_2$ 时，积分器的输出 $u_o=0$，此时有

$$\frac{U_{ref}}{RC}T_2 = \frac{2^n T_C}{RC}U_i$$

由于 $T_1=2^nT_C$，所以有

$$T_2 = \frac{2^n T_C}{U_{ref}}U_i$$

$$T_2 = \frac{T_1}{U_{ref}}U_i$$

双积分型 A/D 转换器工作波形图见图 5.83。

双积分型 A/D 转换器的特点：

① 一次转换要进行二次积分，转换时间长，速度低，若位数多，要求精确转换，时间更长；

② 精度高，两次积分，RC 数值的变化不影响精度；

③ 转换速度较慢。完成一次转换至少需要（T_1+T_2）时间，它多用于精度要求高、抗干扰能力强而转换速度要求不高的场合。

A/D 转换器的主要参数如下。

① 分辨率。A/D 转换器的分辨率用输出二进制数的位数表示，位数越多，误差越小，

转换精度越高。例如，输入模拟电压的变化范围为 0～5V，输出 8 位二进制数可以分辨的最小模拟电压为 $5V \times 2^{-8} = 20mV$；而输出 12 位二进制数可以分辨的最小模拟电压为 $5V \times 2^{-12} \approx 1.22mV$。

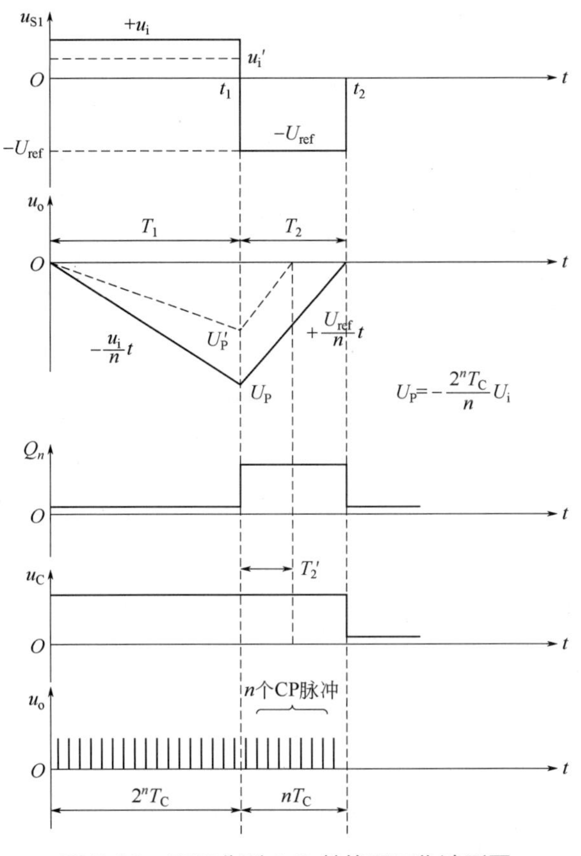

图 5.83　双积分型 A/D 转换器工作波形图

② 相对精度。表示 A/D 转换器实际输出的数字量和理想输出数字量之间的差别。常用最低有效位的倍数表达。

③ 转换速度。转换速度是指完成一次转换所需的时间。转换时间是指从接到转换控制信号开始，到输出端得到稳定的数字输出信号所经过的这段时间。

双积分 A/D 转换器的转换时间在几十 ms 至几百 ms 之间；逐次比较型 A/D 转换器的转换时间大都在 10～50μs 之间；并行比较型 A/D 转换器的转换时间可达 10ns。

下面我们以 ADC0809 为例介绍。ADC0809 是 8 位逐次逼近型 A/D 转换器，芯片内采用 CMOS 工艺，结构框图及引脚图如图 5.84 所示。

IN_0～IN_7：八路单端模拟输入电压的输入端。

$U_R(+)$、$U_R(-)$：基准电压的正、负极输入端，其中心点应在 $U_{CC}/2$ 附近，偏差不应超过 0.1V。

START：启动脉冲信号输入端。当需启动 A/D 转换时，在此端加一个正脉冲，将所有的内部寄存器清 0，下降沿时开始 A/D 转换过程。

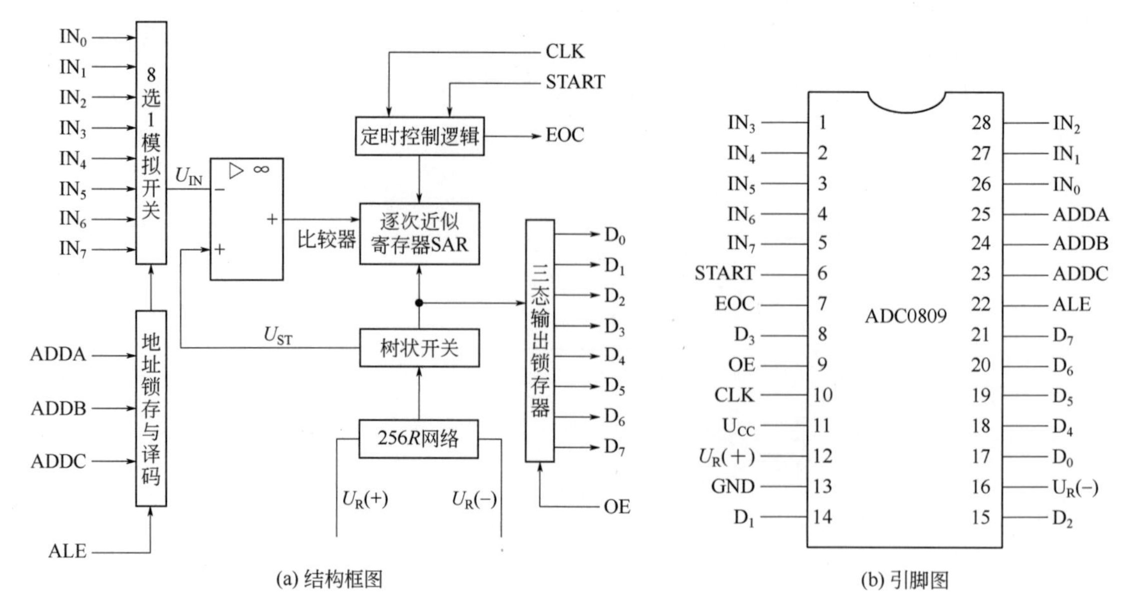

图 5.84　ADC0809 结构框图和引脚图

ADC0809 简介

ADDA、ADDB、ADDC：模拟输入通道的地址选择线。

ALE：地址锁存允许信号，高电平有效。当 ALE=1 时，将地址信号锁存，并经译码器选中其中一个通道。

CLK：时钟脉冲输入端。

D_0～D_7：转换器的数码输出线，D_7 为高位，D_0 为低位。

OE：输出允许信号，高电平有效。当 OE=1 时，打开输出锁存器的三态门，将数据送出。

EOC：转换结束信号，高电平有效。在 START 信号上升沿之后 1～8 个时钟周期内，EOC 变为低电平，标志转换器正在进行转换，当转换结束，所得数据可以读出时，EOC 变为高电平，通知接收数据的设备读取数据。

图 5.85 给出了单片机 89C51 与 ADC0809 的接口电路。

系统中的 ADC0809 转换器的片选信号由 P2.7 线选控制，当 89C51 产生 $\overline{WR}$ 写信号时，由一个或非门产生启动信号 START 和地址锁存信号 ALE（高电平有效），同时将地址 ADDA、ADDB、ADDC 送地址总线，模拟量通过被选中的通道送到 A/D 转换器，并在 START 下降沿开始逐位转换，当转换结束时，转换结束信号 EOC 变高电平，经反相器可向 CPU 发中断请求。当 89C51 产生 $\overline{RD}$ 读信号时，则由一个或非门产生 OE 输出允许信号（高电平有效），使 A/D 转换结果读入 89C51 单片机。

任务实施

图 5.86 所示为 D/A 转换器 DAC0832 实验线路，电路接成直通方式，即 $\overline{CS}$、$\overline{WR_1}$、$\overline{WR_2}$、$\overline{XFER}$ 接地；ALE、U_{CC}、U_{ref} 接+5V 电源；运放电源接±15V；D_0～D_7 接逻辑开关的输出口，输出端接直流数字电压表。

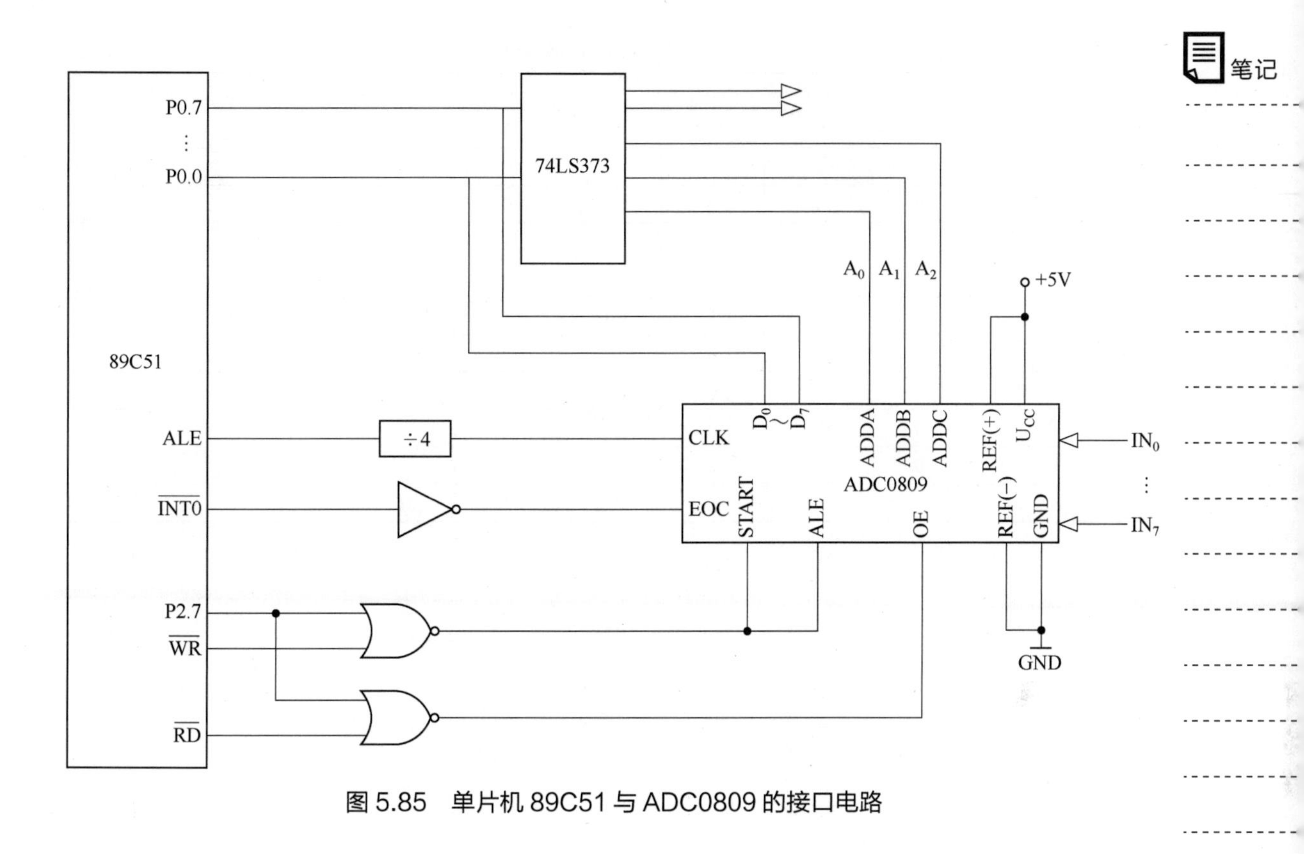

图 5.85 单片机 89C51 与 ADC0809 的接口电路

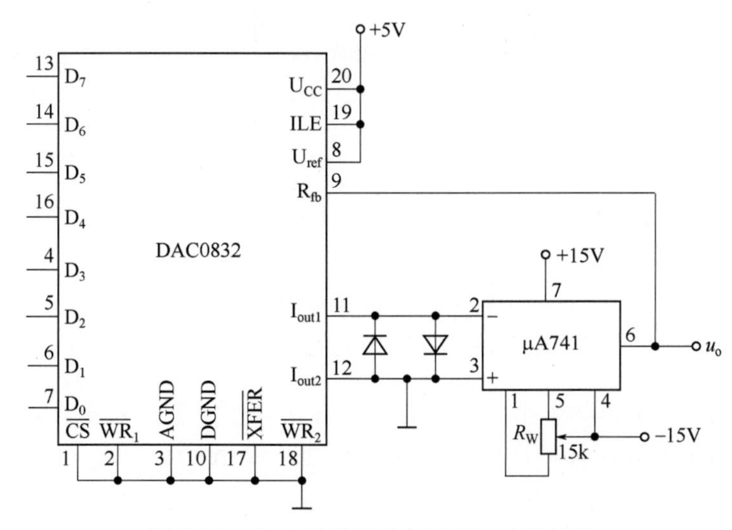

图 5.86 D/A 转换器 DAC0832 实验线路

在 DAC0832 的信号输入端 D_0～D_7 利用电平输出器输入相应的电路状态，分别用电压表测量各输入情况下对应的模拟输出电压 u_o，并将测试结果输入填入表 5.18。

调零，令 D_0～D_7 全置零，调节运放的电位器使 μA741 输出为零。

按表 5.18 所列的输入数字量，用数字电压表测量运放的输出电压 u_o，将测量结果填入表中，并与理论值进行比较。

表 5.18　D/A 转换数据

输入数字量								输出电压 u_o/V
D_7	D_6	D_5	D_4	D_3	D_2	D_1	D_0	$U_{CC}=+5V$
0	0	0	0	0	0	0	0	
0	0	0	0	0	0	0	1	
0	0	0	0	0	0	1	0	
0	0	0	0	0	1	0	0	
0	0	0	0	1	0	0	0	
0	0	0	1	0	0	0	0	
0	0	1	0	0	0	0	0	
0	1	0	0	0	0	0	0	
1	0	0	0	0	0	0	0	
1	1	1	1	1	1	1	1	

图 5.87 所示为 ADC0809 实验线路。

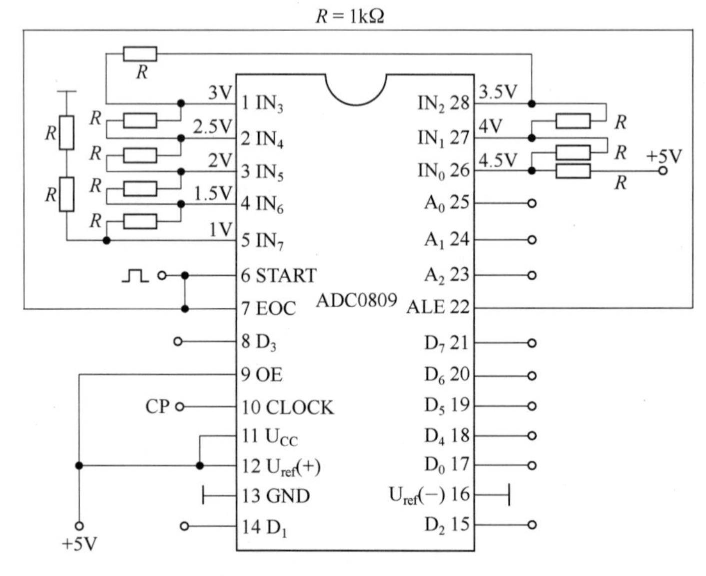

图 5.87　ADC0809 实验线路

八路输入模拟信号 1～4.5V 由+5V 电源经电阻 R 分压产生；变换结果 D_0～D_7 接逻辑电平显示器输入口，CP 时钟脉冲由计数脉冲源提供，取 f= 100kHz；A_0～A_2 地址端接逻辑电平输出口。接通电源后，在启动端 START 加一正脉冲，在下降沿即开始 A/D 转换。按表 5.19 的要求观察，记录 IN_0～IN_7 八路模拟信号的转换结果，并将转换结果换算成十进制数表示的电压值，与数字电压表实测的各路输入电压值进行比较，分析误差原因。

表 5.19　A/D 转换数据

被选模拟通道	输入模拟量	地址			输出数字量								
	u_i/V	A_2	A_1	A_0	D_7	D_6	D_5	D_4	D_3	D_2	D_1	D_0	十进制
IN_0	4.5	0	0	0									
IN_1	4.0	0	0	1									

笔记

续表

被选模拟通道	输入模拟量 u_i/V	地址			输出数字量								
		A_2	A_1	A_0	D_7	D_6	D_5	D_4	D_3	D_2	D_1	D_0	十进制
IN_2	3.5	0	1	0									
IN_3	3.0	0	1	1									
IN_4	2.5	1	0	0									
IN_5	2.0	1	0	1									
IN_6	1.5	1	1	0									
IN_7	1.0	1	1	1									

写出电路方案，简述各电路的工作原理。记录并整理测试数据，并将测试数据与理论数据进行比较。若测试中的数据与理论值不同或差异较大，讨论如何检查电路并排除故障。

任务自测

任务自测 5.4

微学习

微学习 5.4

任务五　组装、调试与故障排除

任务描述

设计制作一个抢答器，要求能支持至少四名选手抢答，抢答器要有一个供主持人控制用的系统清除和抢答控制开关，抢答器要具有锁存和显示功能，即选手按动按钮，锁存相应编号，并在 LED 数码器上显示，选手抢答实现优先锁存，优先抢答选手编号一直保持到主持人将系统清除为止。

任务分析

在掌握 555 定时器构成、工作原理、功能及集成电路等相关知识的基础上，通过认真讨论、审核后，再进行制作、参数测试。制作时要根据给定参数要求选定元器件，编制工艺流程，要求具备一定的焊接技能，会使用检测工具，明白检测标准和检测方法，以较好地完成任务。

知识准备

一、抢答器原理方框图

图 5.88 所示为八路抢答器原理方框图，锁存器输入信号均为同一电平时，控制电路输出控制信号使锁存器进入工作状态，这时锁存器输入端的电平送往相应的输出端。当有一输入端电平发生跳变时，其对应输出端电平也随着变，此变化的输出电平送入控制电路，控制电路产生使锁存器锁存的控制信号，送给锁存器控制端一个电平，使其进入锁存工作状态，此时任何一个输入端电平发生变化，各输出端电平都会保持不变；与其他输出端电平不一样的那个输出端的电平经编码器编码后送入数码显示译码器，控制驱动器驱动七段数码管进行数字的显示。

八路抢答器组装调试

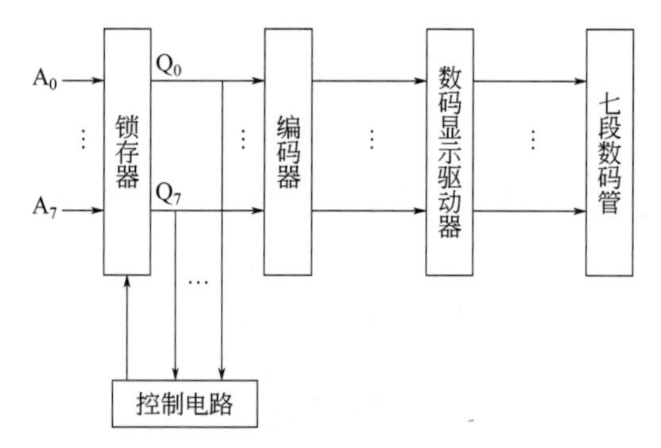

图 5.88 八路抢答器原理方框图

图 5.89 所示为四路抢答器原理方框图，采取 LED 显示。

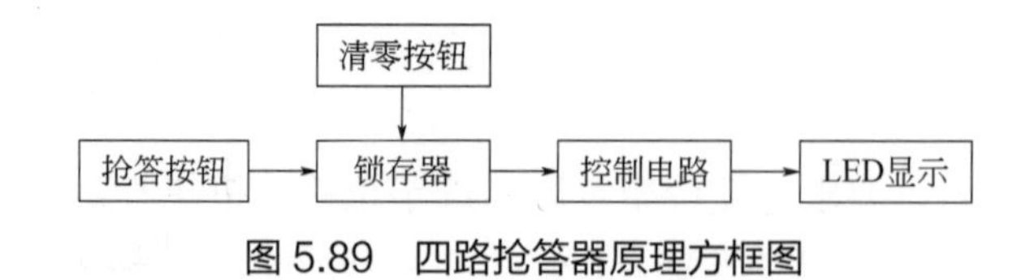

图 5.89 四路抢答器原理方框图

二、电路原理图分析

图 5.90 是八路抢答器的电路图，CD4511 为常用的四-七段 BCD 译码器，其 LT 为试灯脚，BI 为消隐（灭灯）脚，LT 和 BI 接高电平，LE 端为选通脚，开始抢答前 LE 接低电平。

笔记

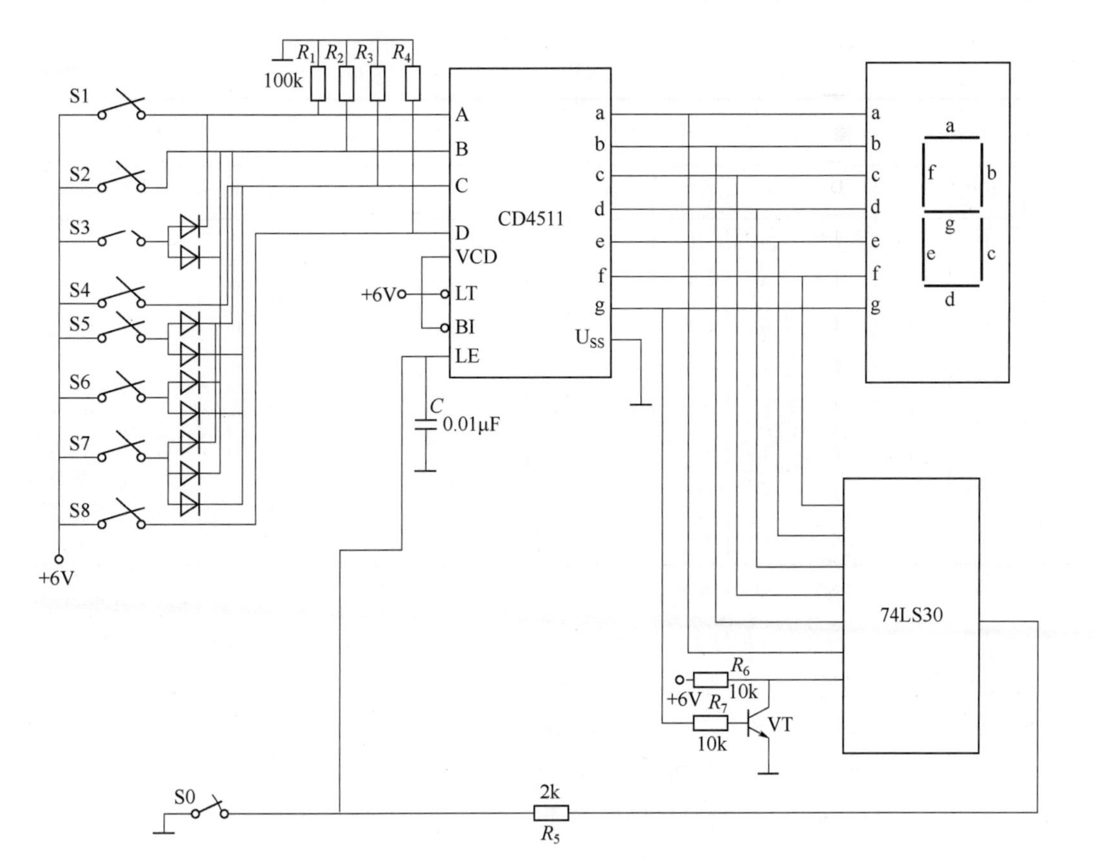

图 5.90　八路抢答器电路图

CD4511 真值表如表 5.20 所示。

表 5.20　CD4511 真值表

输入							输出							
LE	$\overline{BI}$	$\overline{LT}$	D	C	B	A	a	b	c	d	e	f	g	显示
×	×	0	×	×	×	×	1	1	1	1	1	1	1	B
×	0	1	×	×	×	×	0	0	0	0	0	0	0	×
0	1	1	0	0	0	0	1	1	1	1	1	1	0	0
0	1	1	0	0	0	1	0	1	1	0	0	0	0	1
0	1	1	0	0	1	0	1	1	0	1	1	0	1	2
0	1	1	0	0	1	1	1	1	1	1	0	0	1	3
0	1	1	0	1	0	0	0	1	1	0	0	1	1	4
0	1	1	0	1	0	1	1	0	1	1	0	1	1	5
0	1	1	0	1	1	0	0	0	1	1	1	1	1	6
0	1	1	0	1	1	1	1	1	1	0	0	0	0	7
0	1	1	1	0	0	0	1	1	1	1	1	1	1	8

续表

输入							输出							
LE	$\overline{BI}$	$\overline{LT}$	D	C	B	A	a	b	c	d	e	f	g	显示
0	1	1	1	0	0	1	1	1	1	0	0	1	1	9
0	1	1	1	0	1	0	0	0	0	0	0	0	0	×
0	1	1	1	0	1	1	0	0	0	0	0	0	0	×
0	1	1	1	1	0	0	0	0	0	0	0	0	0	×
0	1	1	1	1	0	1	0	0	0	0	0	0	0	×
0	1	1	1	1	1	0	0	0	0	0	0	0	0	×
0	1	1	1	1	1	1	0	0	0	0	0	0	0	×
1	1	1	×	×	×	×	×	×	×	×	×	×	×	×

图 5.90 中，S0～S7 为 8 个抢答按键。初始状态下，CD4511 驱动 LED 数码管显示 0，即 a、b、c、d、e、f 这六个笔画为 1，仅 g 笔画为 0。将 g 笔画信号用三极管 VT 反相，这样，在初始状态下，74LS30 的 8 个输入端便全为 1，其输出为 0，使 7 段译码器 CD4511 处在译码状态，这时按键信号可以输入。当显示除 0 以外的其他数字时，a～g 中至少有一个是 0，使 74LS30 输出 1，相应地，CD4511 处于锁存状态，当某一按键按下时，74LS30 就输出锁存信号 1，使 CD4511 将已键入的数字锁存显示。这样，后按下的键就不起作用了，数码管就只显示最先按下的键号，起到了抢答的作用。R_5 和 C 组成积分电路，对锁存信号作短暂的延时，让数字电路有足够的响应时间，使锁存稳定，以免显示乱码。S8 为复位键，该键在主持人喊“开始”前按下，按下后数码管显示 0。

图 5.91 所示为某四路抢答器的电路图，可结合前面所学知识，通过上网查找资料，自行分析其工作原理。

任务实施

一、工具、材料、器件

工具：电烙铁，铁支架，螺钉旋具，镊子，小刀，试电笔，剪刀，斜嘴钳等。

材料与器件：焊锡，实验电路面包板，CD4511、74LS30、共阴极译码管，二极管，开关，0.01μF 电容，9013 三极管，100k 电阻，10k 电阻，2k 电阻。

二、多路抢答器的组装

多路抢答器组装工艺流程如下：

物料准备——→领料与发料——→手工焊接与拆焊——→表面安装——→焊接检查——→参数测试——→质量检测。

组装原则如下：

① 各元器件的工作电流、工作电压、频率和功耗应在允许的范围内，并留有适当的余量，以保证电路在规定的条件下正常工作，达到所要求的性能指标；

笔记

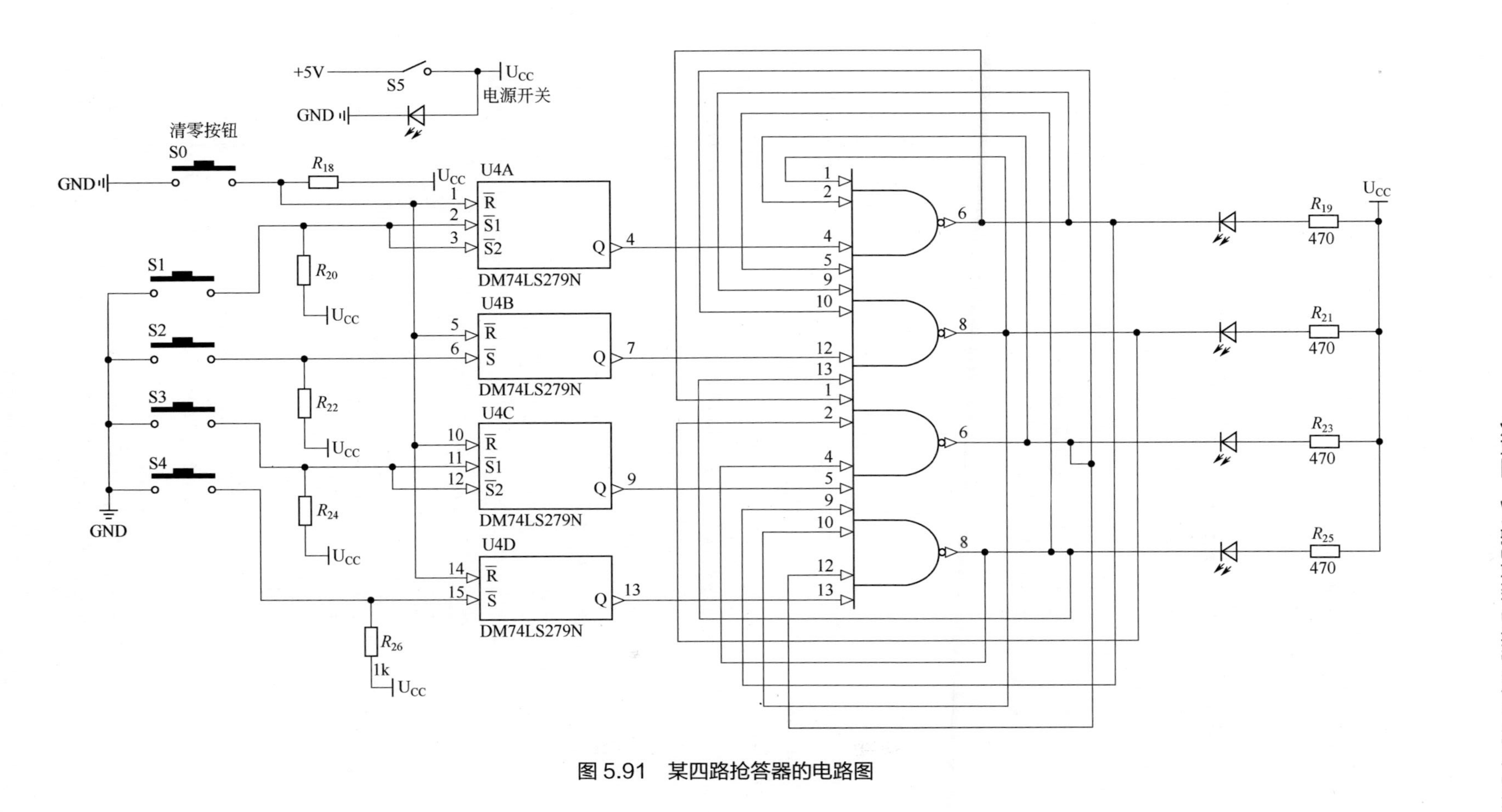

图 5.91　某四路抢答器的电路图

② 对于环境温度、交流电网电压等工作条件，计算参数时应按最不利的情况考虑；

③ 设计元器件的极限参数时，必须留有足够的余量，一般按 1.5 倍左右考虑。

三、多路抢答器的调试与检测

多路抢答器调试与检测流程如下：

元器件的质量控制——►各元件的手工焊接工艺检查——►外引线检查——►整机功能测试——►外壳组装与检查——►综合参数测试——►包装。

多路抢答器的调试与检测应注意以下事项。

1. 不通电检查

电路安装完毕后，不要急于通电，应首先认真检查接线是否正确，包括多线、少线、错线等，尤其是电源线不能接错，以免通电后烧坏电路或元器件。查线的方式有两种：一种是按照设计电路接线图检查安装电路，在安装好的电路中按电路图一一对照检查连线；另一种方法是按实际线路，对照电路原理图，对两个元件接线端之间的连线去向检查。无论哪种方法，在检查中都要对已经检查过的连线做标记。

2. 直观检查

连线检查完毕后，直观检查电源、地线、信号线，检查元器件接线端之间有无短路，连线处有无接触不良，有极性元器件引线端有无错接、反接，集成块是否插对。

3. 通电检查

把经过准确测量的电源接入电路，但暂不接入信号源。电源接通之后不要急于测量数据和观察结果，首先要观察有无异常现象，包括有无冒烟、有无异常气味、触摸元件是否有发烫现象、电源是否短路等。如果出现异常，应立即切断电源，排除故障后方可重新通电。

四、多路抢答器的故障排除

1. 调试中常见的故障及分析

如果显示器上不显示数字，我们从后级往前级进行测试，首先将 1.5～2V 的电压作用于各个笔段，看对应各笔段是否亮，判断是否完好。若完好则继续检测 CD4511 芯片是否完好。在 CD4511 的 A、B、C、D 四个输入端随意输入一组二进制数码（注意要用到 8V 以上的电源电压），看是否能显示数字。

若显示器上显示的是不符合要求的数字，在设计原理正确的前提下，首先通过测试判断 CD4511 的输出 a～g 与 LED 管的 a～g 是否连接有错。其方法是对 CD4511 的输出 a～g 分别按规律输入高低电平，观察 LED 管是否显示相应的数字。如果这个环节正常，则问题在二极管编码电路，再逐一进行检查。

如果不能锁存，或是锁存不了数字 1 和 7，则问题在锁存电路，应该从原理上进行分析。锁存电路的设计原理是启用 CD4511 的锁存功能端 LE，高电平有效，即输入高电平时执行锁存功能。锁存器应能锁定第一个抢答信号，并拒绝后面抢答信号的干扰。对 0～9 十个数字的显示笔画进行分析，只有 0 数字的 d 笔画亮与 g 笔画灭，其他数字至少有一点不成立，由此可以区分 0 与其他数字。我们将 LED 管的 a 笔画与 g 笔画的输入信号反馈到锁存电路，通过锁存电路控制锁存端 LE 输入为 0 或 1（锁存与否）。当 LED 显示为 0 时，LE=0，CD4511 译码芯片不锁存；当 LED 显示其他数字时，LE=1，芯片锁存。所以只要有选手按了按键，显示器上一定是显示 1～8 的数字，LE=1，芯片锁存，之后任何其他选手再按下按键均不起作用。例如 S1 键先按下，显示器上显示 1，芯片锁存，其他选手再按 S2～S8，显示器上仍显示 1，S1 按下之后的任一按键信号均不显示，直到主持人按清零键 S9，显示器上又显示 0，LE=0，锁存功能解除，又开始新一轮的抢答。

在测试过程中要注意不同测试电压数值的选取。对于 LED 管，高电平只能用 1.5～2V，而在 CD4511 的输入端，高电平要用到 8V 以上的电源电压。测试电压选高了会烧管子，选低了会看不到效果，甚至产生误判断。

将万用表拨至 $R\times1\text{k}$（或者 $R\times100$）挡，用黑表笔接晶体管的某一个引脚，用红表笔分别接其他两脚，如果表针指示的两个阻值都很大，那么黑表笔所接的那一个引脚是 PNP 型的基极，如果表针指示的两个阻值都很小，那么黑表笔所接的那个一个引脚是 NPN 型的基极；如果表针指示的阻值一个很大，一个很小，那么黑表笔所接的那一个引脚不是基极，就要另换一个引脚来试。以上方法不但可以用来判断基极，而且可以判断是 PNP 型还是 NPN 型晶体管。

判断基极后就可以进一步判断集电极和发射极。先假定一个引脚是集电极，另一个引脚是发射极，然后把原先假定的引脚对调一下，再估测 β 值，β 值大的那次的假定是对的。这样就把集电极、发射极判断出来了。

2. 故障排除难点提示

在安装电路之前要仔细地检查面包板的导通状态。在安装元件之前，注意检查面包板的插孔里面是否有留下的铁丝等金属物体，否则在调试的时候很难找到问题的出错点。

在安装的时候注意不能把二极管引脚接反了，否则数码管不能正常显示数字。

在安装开关的时候，接导线的引脚和接二极管的引脚之间不能短路；必须注意三极管的三个引脚不能接错，否则 74LS30 的锁存功能将遭到破坏。

在布线的时候注意铁丝不能插入面包板太深，也不能像搭高架桥似的，因这些细节导致的故障往往很难找到出错原因。

3. 查找故障的通用方法

查找故障的通用方法是把合适的信号或某个模块的输出信号引到其他模块上，然后依次对每个模块进行测试，直到找到故障模块。查找的顺序可以是从输入到输出，也可以是从输出到输入。找到故障模块后，要对该模块产生故障的原因进行分析查找。查找故障的步骤如下：

① 检查用于测量的仪器是否使用得当。

② 检查安装的线路与原理图是否一致，包括连线、元件的极性及参数、集成电路的安装位置等。

③ 测量元器件接线端的电源电压。使用接插板做实验出现故障时，应检查是否因接线端接触不良而导致元器件本身不能正常工作。

④ 断开故障模块输出端所接的负载，判断故障来自模块本身还是负载。

⑤ 检查元器件是否使用得当或已经损坏。对于中规模集成电路，由于它的接线端比较多，

使用时会将接线端接错，从而造成故障。对于电路中的元器件，由于安装前经过调试，损坏的可能性很小。如果怀疑某个元器件损坏，应进行单独测试，若已损坏应进行更换。

五、成果展示与评估

产品制作调试完成以后，要求每小组派代表对所完成的作品进行展示，展现制作的八路抢答器的功能，并呈交不少于 1500 字的小组任务完成报告，内容包括设计思路、设计电路图、八路抢答器的组装制作工艺及过程、功能实现情况、收获与体会几个方面。进行作品展示时要采用 PPT 汇报，PPT 课件要美观、条理清晰；汇报要思路清晰、表达清楚流利，可以小组成员协同完成。

首先进行小组内自我评价，由小组长组织组员对八路抢答器设计、制作完成过程与作品进行评价，每个组员必须陈述自己在任务完成过程中的贡献、体会与收获，并递交不少于 500 字的书面报告。小组长根据组员自我评价及作品完成过程中实际工作情况给组员评分。然后通过小组作品展示、陈述汇报及平时的过程考核，对小组进行评分。

小组得分=小组自我评价 × 30%+互评 × 30%+教师评价 × 40%

小组内组员得分=小组得分 −（小组内自评得分排名名次−1）

评价内容及标准见表 5.21。

表 5.21　评价内容及标准

类别	评价内容	权重/%	得分
学习态度（30 分）	出满勤（缺勤扣 6 分/次，迟到、早退扣 3 分/次）	30	
	积极主动完成制作任务，态度好	30	
	提交 500 字的书面报告，报告语句通顺，描述正确	20	
	团队协作精神好	20	
电路安装与调试（60 分）	熟练说出八路抢答器电路工作原理	5	
	会判断集成电路元器件引脚及元器件的好坏	15	
	电路元器件安装正确、美观	30	
	抢答器功能实现正常（有一按钮功能不能实现，则 4 分/个）	30	
	会对电路进行调试，并能分析小故障出现的原因	20	
完成报告（10 分）	小组完成的报告规范，内容正确，2000 字以上	50	
	字迹工整，汇报 PPT 课件图文并茂	50	
总分			

项目综合测试

项目综合测试 5

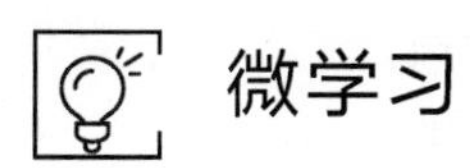

笔记

微学习 5.5

参考文献

[1] 隆平，胡静．模拟电子技术．2版．北京：化学工业出版社，2015．
[2] 刘悦音．数字电子技术应用．长沙：中南大学出版社，2012．
[3] 赵进全，杨拴科．模拟电子技术基础．3版．北京：高等教育出版社，2019．
[4] 史仪凯．电子技术．4版．北京：高等教育出版社，2021．
[5] 周良权，傅恩锡，李世馨．模拟电子技术基础．6版．北京：高等教育出版社，2020．
[6] 张国峰．电工电子技术及应用．北京：北京航空航天大学出版社，2021．
[7] 杨志忠．数字电子技术．5版．北京：高等教育出版社，2018．
[8] 张惠敏．电子技术．3版．北京：化学工业出版社，2021．
[9] 曹建林，魏巍．电工电子技术．北京：高等教育出版社，2019．
[10] 刘芳，邵雅斌，张永志．数字电子技术基础．北京：北京邮电大学出版社，2018．
[11] 田培成，沈任元，吴勇．数字电子技术基础．3版．北京：机械工业出版社，2018．
[12] 沈任元．数字电子技术基础．2版．北京：机械工业出版社，2019．
[13] 赵进全，杨拴科．模拟电子技术基础．3版．北京：高等教育出版社，2019．
[14] 林毓梁．电子技术基础实训．北京：电子工业出版社，2019．
[15] 栾良龙，王学森．电子技术实训教程．3版．大连：大连理工大学出版社，2019．